普通高等教育"十一五"国家级规划教材

# 虚拟仪器原理及应用

林 君 谢宣松等 著

科学出版社

北 京

# 内 容 简 介

　　全书共分 5 章。第 1 章简要介绍了虚拟仪器的基本概念、结构、特点与发展趋势；第 2 章介绍了如何构架虚拟仪器软件平台，包括图形化编程语言的要素、结构模型、运行机制、内存管理、分布式构架等；第 3 章较详细地介绍了图形化虚拟仪器软件平台设计技术，以 LabScene 为例讨论了图形化开发平台的设计方法与技术；第 4 章讨论了虚拟仪器硬件系统设计，包括基于PCI 总线和 USB 总线的数据采集（DAQ）模块设计、信号发生模块设计、LCR 测试模块设计、嵌入式 TCP/IP 模块设计、基于 IEEE1451.2 网络化智能变送器节点模块设计等；第 5 章给出了应用 LabScene 进行虚拟仪器设计的应用实例。

　　全书以第一手的实践为基础，结合深入的理论分析，对研制与开发虚拟仪器具有重要的参考价值。本书可作为大专院校相关专业的教材，也可供相关领域的工程技术和科研人员参考。

**图书在版编目(CIP)数据**

虚拟仪器原理及应用/林君，谢宣松著.—北京:科学出版社,2006
（普通高等教育"十一五"国家级规划教材）
ISBN 978-7-03-017206-8

Ⅰ. 虚… Ⅱ.①林… ②谢… Ⅲ. 智能仪器-高等学校-教材 Ⅳ. TP216

中国版本图书馆 CIP 数据核字(2006)第 044442 号

责任编辑：马长芳　李　清 / 责任校对：李奕萱
责任印制：徐晓晨 / 封面设计：陈　敬

*科学出版社* 出版
北京东黄城根北街 16 号
邮政编码：100717
http://www.sciencep.com

北京厚诚则铭印刷科技有限公司 印刷
科学出版社发行　各地新华书店经销

＊

2006 年 8 月第 一 版　　开本：B5(720×1000)
2019 年 1 月第四次印刷　　印张：25 1/2
字数：482 000

**定价：88.00 元**
（如有印装质量问题，我社负责调换）

# 前　言

　　数字化仪器、智能仪器的快速发展,使得仪器的精度越来越高,功能越来越强,性能也越来越好。但是,这类仪器还没有摆脱独立使用、手动操作的模式。对于较为复杂的、测试参数较多的场合,使用起来仍很不方便并受到局限。而充分利用计算机丰富的软硬件资源的虚拟仪器(virtual instrument, VI)技术可以克服上述缺点,将测试仪器的信号分析与处理、结果表达与输出交给计算机来完成,在计算机屏幕上形象地模拟出各种仪器控制面板,以多种形式表达输出测试结果。虚拟仪器利用计算机软件代替传统仪器的硬件来实现各种各样的信号分析、处理,完成多种多样的测试功能,突破传统仪器在数据处理、传送、存储、表达等方面的限制,具有组建灵活、研制周期短、成本低、易维护、扩展方便、软件资源丰富等优点,是当今科学仪器发展的主流,也是信息技术的一个重要应用领域。

　　虚拟仪器技术是仪器科学与计算机科学相结合的技术,是信息技术和仪器仪表技术的结合点,是近年来迅速发展起来的一门新兴的技术。虚拟仪器是未来仪器发展的主要方向之一,是计算机软硬件和测试仪器技术交叉渗透的结果,其两大特征是"用户自定义"和"软件是核心",虚拟仪器以缩短工程师的研发时间和提高用户的使用价值为目的。虚拟仪器可广泛用于高校的实验教学和科研院所的科学研究以及电子测量仪器、工业控制系统、医疗电子仪器、自动测试系统、分析测试仪器等领域的产品开发,应用前景极为广阔。预计,近年来虚拟仪器将占有仪器仪表市场的50%,并有进一步上升的趋势。

　　虚拟仪器概念最先由美国国家仪器公司(national instruments, NI)提出,在其主导产品 LabVIEW 中将图形化语言(以下简称 G 语言)加以实现,较完善地结合了图形的美观易用和文本语言的强大灵活,并在此基础上提供了面向广泛测试领域的虚拟仪器解决方案,在全球虚拟仪器领域占有垄断地位。LabVIEW 目前在世界上已被成千上万的工程师和科学家使用,全球著名的高等院校几乎都将LabVIEW等虚拟仪器开发平台引入到实验教学和科研工作中,虚拟仪器技术已经被越来越多的科学工作者所认同。美国惠普公司(现 Agilent)是另一个虚拟仪器软件平台的开发提供商,其开发平台 VEE 提供了虚拟仪器的另一种解决方案,在大型仪器领域也占有一席之地。

　　从国内外虚拟仪器发展趋势来看,主要有以下的几个发展方向:

　　(1) 功能强大灵活与开发简易直观的统一;

　　(2) 真实仪器外观和功能的仿真;

　　(3) 网络化技术在虚拟仪器中的应用;

　　(4) G 语言构架的完善,包括面向对象思想的应用。

　　近年来,国内在基于计算机的智能化测控仪器的研究与开发方面发展较快,有许多成型的产品,但是在虚拟仪器软件平台开发方面的投入太少,以至于到目前为止还没有形成在国际上有影响的、成熟的虚拟仪器软件开发平台。基于网络的虚拟实验室的研究也刚刚起步。国内的虚拟仪器开发平台研究一般是基于控件库的组合方式,在此基础上实现面向特定领域的虚拟仪器解决方案,而在虚拟仪器通用平台和核心实现语言(即图形化语言)方面没有做出成功的尝试。事实上,国际上最成熟的通用虚拟仪器开发平台——LabVIEW 就是采用 G 语言实现的。为推进虚拟仪器的进步,国内许多作者以 NI 的 LabVIEW 为基础,编写了多种版本的虚拟仪器教材,引导学生使用 LabVIEW 等软件开发虚拟仪器。到目前为止,还没有一本以国内自主设计的虚拟仪器软硬件开发平台为核心内容的虚拟仪器专著或教材。

　　工程师们习惯了电路图操作方式的直观易用性,而虚拟仪器相关软硬件的开发技术具有一定的复杂性,这就形成了虚拟仪器开发中的主要矛盾。解决这一矛盾的方法是提供一种基于图形的面对仪器领域的开发语言,即 G 语言。G 语言结合了数据流图的直接美观以及文本语言的复杂描述等优点,使得广大面向仪器领域的工程师能够脱离文本的繁杂,专注于仪器功能本身的实现,其本质是采用节点代表功能或仪器,用连线代表数据流向的方式来实现对真实仪器功能的虚拟。将类似电路的数据流程描述和 G 语言作为高级程序语言本身的控制功能有机地结合起来并实现 G 语言的解析运行,是本书的一个重要目的。

　　在科学仪器的软件化、集成化、智能化、网络化与微型化的发展趋势下,总结作者多年有关虚拟仪器的研究成果,撰写《虚拟仪器原理及应用》一书,以便在高等学校信息技术相关学科引入虚拟仪器新课程,让学生有机会接触到先进的虚拟仪器开发平台,跟上新技术发展的步伐。

　　本书系吉林省科技发展计划项目“虚拟仪器与虚拟实验室平台的开发”(20030324)等科研项目研究成果的总结,包括作者及其合作者近年来已发表和未发表的研究成果,其中“图形化虚拟仪器开发平台的研制”于 2004 年 11 月通过吉林省科技成果鉴定。这些研究成果成为本书的一个重要特色。

　　作者的合作者和研究生们为本书的出版做了大量的工作,参与了部分章节的编写,他们是范永凯、吴忠杰、随阳轶、朱振悦、韦建荣等,在此谨向他们表示衷心的感谢。

　　限于作者的水平,书中不妥和错误之处在所难免,敬请读者批评指正。

林　君

2006 年 4 月于吉林大学

# 目　　录

# 第1章 虚拟仪器概述

现代技术的进步以计算机的进步为代表,不断创新的计算机技术,正以不可逆转之势从各个层面上影响着各行各业的技术革新,今天的测控仪器行业同样经历着一场翻天覆地的变革。一方面,计算机技术的进步为新型的测控仪器的产生提供了现实基础,主要表现在:

(1) 微处理器和 DSP (digital signal processing)技术的快速进步及其性能价格比不断上升,大大改变了传统电子行业的设计思想和观念,原来许多由硬件完成的功能今天能够依靠软件实现。

(2) 面向对象技术、可视化程序开发语言在软件领域为更多易于使用、功能强大的软件开发提供了可能性。

另一方面,传统的测控仪器越来越满足不了科技进步的要求,主要表现在:

(1) 现代测控技术要求仪器不仅仅能单独测量到某个量,而更希望它们之间能够互相通信,实现信息共享,从而完成对被测各系统的综合分析、评估,得出准确判断。传统仪器在这方面显然存在严重不足,甚至根本不可能实现。

(2) 对于复杂的测试系统而言,为了能正确地使用各个不同厂家的测试设备,用户需要掌握和了解的知识点很多,涉及的知识面很广,造成了仪器本身使用率和利用率的低下,并在一定程度上造成了硬件设备的冗余。

鉴于上述原因,基于计算机的测试仪器逐渐变得现实,其出现和广泛使用对测控仪器产生了较为深刻的影响。作为传统仪器的革新产品,虚拟仪器的作用在今天已日益普及。

## 1.1 虚拟仪器的基本概念

电子测量仪器经历了由模拟仪器、带 GPIB 接口的智能仪器到全部可编程虚拟仪器的发展历程,其中每次飞跃都是以计算机技术的进步为动力。由于计算机技术特别是计算机总线标准的发展直接导致了虚拟仪器在 PXI 和 VXI 两大领域中得到了快速发展,它们将成为未来仪器行业的两大主流产品。

在给定计算机运算能力和必要的仪器硬件之后,构造和使用虚拟仪器的关键在于应用软件。基于软件在虚拟仪器中的重要作用,美国国家仪器公司(National Instruments)提出了"软件即仪器(software is instrument)"的口号,而其主打软件平台——LabVIEW(laboratory virtual instrument engineering workbench)也不能不被提起,它提供了虚拟仪器的图形化编程环境,在这个软件开发环境中提供了一种像数据流一样的编程模式,用户只需连接各个逻辑框即可构成程序,利用软件平台可大大缩短虚拟仪器控制软件的开发时间,而且用户可以建立自己的实施方案。

大致说来,虚拟仪器发展至今,可以分为四个阶段,而这四个阶段又可以说是同步进行的。

第一阶段是利用计算机增强传统仪器的功能。由于 GPIB 总线标准的确立,计算机和外界通信成为可能,只需要把传统仪器通过 GPIB 或 RS-232 同计算机连接起来,用户就可以用计算机控制仪器。随着计算机系统性价比的不断上升,用计算机控制测控仪器已经成为一种发展趋势。

第二阶段是开放式的仪器构成。仪器硬件上出现了两大技术进步:一是插入式计算机数据采集卡 (plug-in PC-DAQ);二是 VXI 仪器总线标准的确立。这些新的技术使仪器的结构得以开放,消除了第一阶段内在的由用户定义和供应商定义仪器功能的区别。

第三阶段是虚拟仪器框架得到了广泛认同和采用。软件领域面向对象技术把任何用户构建 VI 需要知道的内容封装起来。许多行业标准在硬件和软件领域产生,几个 VI 平台已经得到认可并逐渐成为 VI 行业的标准工具。发展到这一阶段,人们认识到了 VI 软件框架才是数据采集和仪器控制系统实现自动化的关键。

第四阶段是网络化虚拟仪器的快速发展。网络技术的发展已影响到社会工作、生活的各个方面。网络技术在虚拟仪器上的应用,可以实现仪器测量的数据资源共享,弥补传统仪器测量单一、灵活性不大的缺点。随着 Internet 的普及,测试技术网络化成为大势所趋,网络化虚拟仪器成为时代的产物。

虚拟仪器可以用这个定义来简要描述:用户自定义的基于 PC 技术的仪器解决方案。通过应用程序将通用计算机与功能化硬件结合起来,用户可通过友好的图形界面(通常叫作虚拟前面板)来操作这台计算机,就像在操作自己定义、自己设计的一台仪器一样,从而完成对被测试量的采集、分析、判断、显示和数据存储等。与传统仪器一样,它同样划分为数据采集、数据分析处理和显示结果三大功能模块,如图 1-1-1 所示。VI 以透明的方式把计算机资源(如微处理器、内存和显示器等)和仪器硬件(如 A/D、D/A、数字 I/O、定时器和信号调理等)的测量、控制能力结合在一起,通过软件实现对数据的分析处理、表达以及图形化用户接口。

应用程序将可选的硬件 (如 GPIB、VXI、RS-232 和 DAQ) 和可重复使用的源码库函数等软件结合起来,实现仪器模块间的通信、定时与触发,源码库函数为用户构造自己的 VI 系统提供了基本的软件模块。当用户的测试要求变化时,可以方便地由用户自己来增减软件模块,或重新配置现有系统以满足系统的测试要求。当用户从一个项目转向另一个项目时,就能简单地构造出新的 VI 系统而不丢弃已有的硬件和软件资源。所以,VI 是由用户自己定义、自由组合的计算机平台、硬

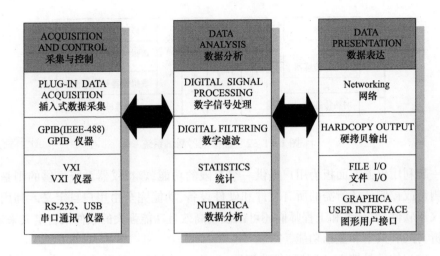

图 1-1-1　虚拟仪器的内部功能划分

件、软件以及完成系统所需的附件等组成的,而这在由供应商定义、功能固定和独立的传统仪器上是无法实现的。

　　有关 VI 的概念,要注意到"virtual"一词通常被译成"虚拟",在测控仪器领域,"virtual"不仅仅指用计算机屏幕去"虚拟"各种传统仪器的面板,"virtual"还有"实质上的"、"实际上的"、"有效的"和"似真的"的含义,完全不同于虚拟现实中的虚拟人、虚拟太空、虚拟海底和虚拟建筑等非"实际"的概念,测控仪器强调的是"实"而不是"虚"。因此,在研究与发展 VI 技术时,要注重利用计算机的软硬件技术实现测控仪器的特点和功能,不能仅强调虚拟的、视觉上的内容,更要强调面向测控领域快速有效地解决测试实质问题。

　　随着产品结构的日趋复杂、产品性能的不断提高,以及市场对成本、时效性限制的日益严格,产品的测试问题已成为大多数厂家关注的焦点。VI 系统能更迅捷、更经济、更灵活地解决所需的测试问题。随着 VI 驱动程序标准化及软件开发环境的发展,代码复用已经成为仪器编程中的基础,这意味着用户可以避免仪器编程过程中的大量重复劳动,从而大大缩短复杂程序的开发时间;而且,用户可以用各种不同的模块构造自己的 VI 系统,选择统一的测试策略。VI 系统的使用可以提高用户的测试水平与效率,它已成为仪器领域的一个基本解决方案,是技术进步的必然结果,VI 系统的应用已经遍及各行各业。图 1-1-2 是一个典型的采用虚拟仪器开发平台设计的虚拟仪器测试系统。

　　VI 是对传统仪器概念的重大突破,采用虚拟仪器技术的系统具有以下特点:

　　(1) 用户自定义功能:不使用厂商定义的、预封装好的软件和硬件,设计者和工程师们获得了最大的用户定义的灵活性。传统仪器把所有软件和测量电路封装

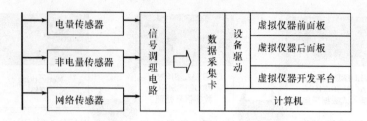

图 1 - 1 - 2　虚拟仪器测试系统

在一起利用仪器前面板为用户提供一组有限的功能,虚拟仪器系统提供的则是完成测量或控制任务所需的所有软件和硬件设备,功能完全由用户自定义。利用虚拟仪器软件,设计者和工程师们还可以使用高效且功能强大的软件来自定义采集、分析、存储、共享和显示功能。

(2) 软件是核心:VI 的硬件确定后,它的功能主要是通过软件来实现的,软件在 VI 中具有关键的地位,是 VI 的灵魂。

(3) 良好的人机界面:在 VI 中,测量结果的输出和表达是通过软件生成的,并通过与传统仪器面板相似的图形界面软面板来实现。因此,用户可以根据自己的爱好,利用 PC 的强大图形环境和在线帮助功能,通过编制软件来定义用户所喜爱的面板形式。

(4) 性价比高:虚拟仪器是在 PC 技术的基础上发展起来的,所以完全"继承"了以现成即用的 PC 技术为主导的最新商业技术的优点,包括功能超卓的处理器和文件 I/O,在数据导入磁盘的同时就能实时地进行复杂的分析。随着从数据传输到硬驱功能的不断加强,以及与 PC 总线的结合,高速数据记录已经具有更合理的可行性。

(5) 扩展性强:虚拟仪器的另一大特点就是扩展性强。因为虚拟仪器是基于用户自定义的,因此可以在以下几个方面进行扩展:

① 软件扩展:软件的不断升级。在兼容以往成果的基础上,不断扩展功能,一样的接口,可扩展更强的实现。

② 硬件扩展:由于软硬件设计接口的灵活性,只需更新计算机或测量硬件,就能以最少的硬件投资和极少的,甚至无须软件上的升级即可改进整个系统。在利用最新科技的时候,可以把它们集成到现有的测量设备,最终以较少的成本加速产品上市的时间。

③ 网络扩展:虚拟仪器技术的另一突出优势就是不断提高的网络带宽。因特网和越来越快的计算机网络使得数据分享进入了一个全新的阶段,将因特网和软硬件产品相结合,能够轻松地与地球另一端的同事共享测量结果,分享"天涯若比邻"的便捷,不断提高系统的扩展能力。

（6）开发时间短:基于图形的编程,与文本语言相比,大大降低了开发的门槛,缩短了开发时间。对硬件的驱动封装,选择现有高效的硬件模块,与硬件的完美融合,可以大幅降低在硬件开发方面的工作量。设计模块化的封装以及可选择的组合方式,可以最大限度地使用现有的资源进行组合,进一步缩短开发时间。配置、创建、部署、维护和修改高性能、低成本的测量和控制解决方案。

（7）集成与组合性能:虚拟仪器技术从本质上说是一个集成的软硬件概念。随着产品在功能上不断地趋于复杂,工程师们通常需要集成多个测量设备来满足完整的测试需求,但是这些不同设备间的连接和集成总是耗费大量时间,不是轻易可以完成的。虚拟仪器软件平台为所有的 I/O 设备提供了标准的接口,例如,数据采集、视觉、运动和分布式 I/O 等,帮助用户轻松地将多个测量设备集成到单个系统,减少了任务的复杂性。为了获得最高的性能、简单的开发过程和系统层面上的协调,这些不同的设备必须保持其独立性,同时还要紧密地集成在一起。虚拟仪器的各个功能实现都是清晰的模块化组合方式,选择不同的硬件、不同的软件模块,进行不同的组合即可达到不同的目的。

由上可知,虚拟仪器与传统仪器最重要的区别之一是:虚拟仪器的功能由用户自己定义,而传统仪器的功能是由厂商事先定义好的。如图 1-1-3 所示。

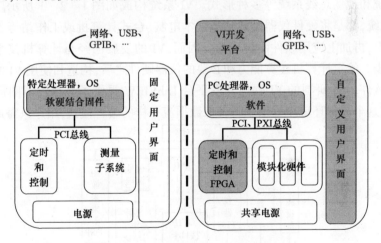

图 1-1-3　传统仪器与虚拟仪器框架比较

把两者加以比较,结果如表 1-1-1 所示。

表1-1-1　传统仪器与虚拟仪器的比较

| 仪　　器 | 传统仪器 | 虚拟仪器 |
|---|---|---|
| 关键技术 | 硬件 | 软件 |
| 费用 | 开发与维护的费用高 | 开发与维护的费用低 |
| 技术更新周期 | 长 | 短 |
| 价格 | 高 | 低,可重用性与可配置性强 |
| 功能定义 | 厂商定义 | 用户定义 |
| 开放性 | 系统封闭、固定 | 系统开放、灵活,与计算机的进步同步 |
| 连接性 | 不易与其他设备连接 | 容易与其他设备连接 |

# 1.2　虚拟仪器的体系结构

　　从构成要素讲,VI 是由计算机、应用软件和专用仪器硬件组成的。从构成方式讲,则有以 DAQ 板和信号调理部分为硬件来组成的 PC-DAQ 测试系统,以 GPIB、VXI、串行总线和现场总线等标准总线为硬件组成的 GPIB 系统、VXI 系统、串口系统和现场总线系统等多种形式。VI 系统构成如图 1-2-1 所示。无论哪种 VI 系统,都是将硬件仪器搭载到笔记本电脑、台式计算机或工作站等各种计算机平台上,再加上应用软件而构成的。因而,VI 的发展已经与计算机技术的发展完全同步。给定计算机运算能力和必要的仪器硬件之后,构造和使用 VI 的关键在于应用软件。NI 研制的 VI 软件开发平台 LabVIEW 提供了测控仪器图形化编程环境,在这个软件环境中提供了一种像数据流一样的编程模式,用户只需连接各个

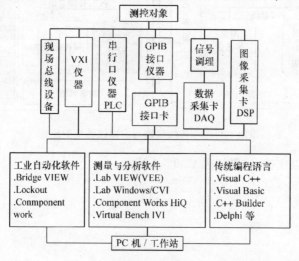

图 1-2-1　虚拟仪器的典型体系结构

逻辑框即可构成程序,利用软件平台可大大缩短 VI 控制软件的开发时间,而且用户可以建立自己的措施方案。

这种体系结构在 NI 的实现当中用一个形象的图来反映,如图 1 - 2 - 2 所示。

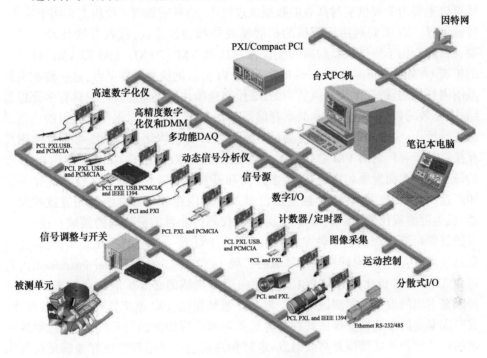

图 1 - 2 - 2　NI 的虚拟仪器体系

硬件与软件相对独立,因此不同的应用可以选择不同的软硬件组合,在此基础上,可以达到一个应用对应多个设备或一个设备对应多个应用的要求,这也是传统仪器做不到的地方,如图 1 - 2 - 3 所示。

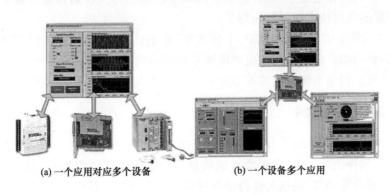

(a) 一个应用对应多个设备　　　　(b) 一个设备多个应用

图 1 - 2 - 3　设备与应用的组合

### 1. 2. 1　虚拟仪器的硬件

硬件是 VI 的基础。VI 的硬件主要由计算机和信号采集调理模块组成,其中计算机主要用于提供实时高效的数据处理性能,信号采集调理模块主要用于采集、传输信号。VI 需要利用计算机的扩展槽或外部通讯总线,故其总线技术至关重要。目前专用于测试仪器的高性能仪器总线是 VXI 和 PXI。VXI 即 VME 对仪器的扩展 (VME extensions for instrument),是 VI 公认的优秀硬件平台,是一种在世界范围内开放的、适于多仪器供货商的 32 位高速模块化仪器总线。它具有多处理器结构、高效的数据传送性能和共享存储器等特点,能实时地对多个已获得的数据通道进行操作,实现多参数高精度测量。系统硬件的模块化、开放性、可重复使用及互换性源于各厂商对 VXI 总线技术规范的支持。VXI 是结合 GPIB 仪器和 DAQ 板的最先进技术而发展起来的高速、多厂商和开放式工业标准。VXI 技术优化了诸如高速 A/D 转换器、标准化触发协议以及共享内存和局部总线等先进技术和性能,成为可编程仪器的新领域,并成为测量仪器行业目前最热门的领域。现在,已有数百家厂商生产的上千种 VXI 产品面市。PXI 是一种全新的开放性、模块化仪器总线规范,是 PCI 总线在仪器领域的扩展 (PCI bus extensions for instrument),它将台式 PC 的性价比优势与 PCI 总线面向仪器领域的必要扩展结合起来,形成一种未来主流的虚拟仪器测试平台。与 VXI 系统相比,PXI 系统具有更高的性价比,其坚固紧凑的系统特征保证其在恶劣工业环境中应用时的可靠性,还通过增加更多的仪器模块扩展槽以及高级触发、定时和高速边带通信性能更好地满足仪器用户的需要。

在 VI 硬件中,数据采集(DAQ)板是主要硬件之一。目前,具有上百兆赫兹,甚至 1GHz 采样率,高达 24bit 精度的 DAQ 板已经面市。A/D 转换技术,仪器放大器、抗混叠滤波器与信号调理技术的进一步发展使 DAQ 板成为最具吸引力的 VI 选件之一。具有多通道、可编程的信号调理等性能指标仅仅是目前市场上多种多样 DAQ 板的先进技术指标的一部分。

VI 中的数字信号处理 (DSP)十分重要,它的计算能力可使 VI 以算法为基础而实现多种功能。DSP 也是构成时域测量和频域测量的桥梁,可方便地实现时-频特性的变换。目前市场上有多种 DSP 硬件系统支持 VI 的设计与实现。

### 1. 2. 2　虚拟仪器的软件

软件在 VI 中的地位十分重要,它担负着对数据进行分析与处理的重任。在很大程度上,软件决定了 VI 系统能否成功地运行。应用软件为用户构造或使用 VI 提供了集成开发环境、高端的仪器硬件接口和简便的用户接口。

## 1. VI 的软件结构

一般测试仪器的软件结构主要分为四层:测试管理层、测试程序层、仪器驱动层和 I/O 接口层。用户要自己制作这四层 VI 软件是十分耗时费力的。VI 标准的出现,使这些软件层的设计均以"与设备无关"为特征,极大地改善了开发环境。仪器驱动程序和 I/O 接口程序均实现了工业标准化,由仪器厂商随仪器配套提供,这样就使用户可以把注意力集中在测试程序和测试管理两个软件层的开发上。对于这两层,标准测试开发工具包含了大量不同类型、预先编制好的程序库,用于数据分析、显示、报表等;测试管理软件开发工具也具有强大、灵活的性能来满足用户的广泛需求。VI 软件开发工具的另一个重要特征是用户可以使用该工具完成测试程序的开发,包括仪器驱动程序、测试程序和用户的应用程序等,而且要求不同的开发人员、不同的开发工具所编写的测试程序可以方便地集成在一个系统中。VI 的软件结构如图 1-2-4 所示。图 1-2-4 中,DLL 为动态链接库,SPC 为统计过程控制,SQC 为统计质量控制,VISA 为 VI 软件结构,DAQ 为数据采集,IMAG 为图像采集。

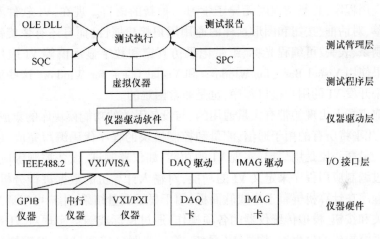

图 1-2-4　VI 的软件结构层

## 2. VI 的软件开发平台

VI 软件开发平台趋势之一是图形化编程环境。最早应用图形化编程开发技术的是 NI 公司在 1986 年推出的虚拟仪器开发平台——LabVIEW。图形化的 VI 开发环境还有惠普的 HP VEE 和吉林大学研制的 LabScene 等。除了图形化编程开发平台,针对习惯了文本开发的工程师,目前市场上还有 NI 公司的 LabWindows/CVI 和 Tektronix 公司的 TekTMS 等。

通过 VI 开发平台提供的仪器硬件接口,用户可以用透明的方式操作仪器硬件。这样,用户不必成为 GPIB、VXI、DAQ 或 RS232 方面的专家,就可以方便、有效地使用这些仪器硬件。

控制诸如万用表、示波器、频率计等特定仪器的软件模块就是所谓的仪器驱动程序(instrument driver),它现在已经成为 VI 开发平台的标准组成部分。这些驱动程序可以实现对特定仪器的控制与通信,成为用户建立 VI 系统的基础软件模块。以前,用户必须通过学习各种仪器的命令集、编程选项和数据格式等才能进行仪器编程,采用标准化的仪器驱动程序从根本上消除了用户编程的复杂过程,使用户能够把精力集中于仪器的使用而不是仪器的编程。目前市场上,几乎任何一个带标准接口的仪器都有现成的驱动程序可供利用。如购买 NI 公司 LabVIEW 软件的用户可定期得到一张免费的光盘,该光盘包括世界上六十多家仪器公司的六百多种仪器的驱动程序。

除仪器驱动程序是 VI 开发平台的标准模块之外,用户接口开发工具(user interface development tool)也已成为 VI 开发平台的标准组成部分。在传统的仪器程序开发中,用户接口的开发一直是最耗时的任务,如何编写从用户接口响应输入、输出的应用程序,其复杂程度无异于学习一种新的语言。现在,VI 软件不仅包括诸如菜单、对话框、按钮和图形这样的通用用户接口属性,而且还有像旋钮、开关、滑动控制条、表头、可编程光标、纸带记录仿真窗和数字显示窗等 VI 应用接口控件。如果使用 Visual Basic for Windows 和 Visual C++ for Windows 这些面向对象的语言来开发 VI 的用户接口程序,也是非常困难的。

目前市场上出现的带有大量通用的、与设备无关的功能模块库的集成化 VI 编程环境,几乎将所有的用于通信、测量和控制模块的程序代码编写完成,供用户即调即用。最高一层是用户层,实现 VI 的功能,如仪器测试、设备控制等应用过程。用户通过编制应用程序来定义 VI 的功能,对输入计算机的数据进行分析和处理。软面板程序在计算机屏幕上生成软面板,用于显示测量结果,用户可以通过软面板上的开关和按钮,模拟传统仪器的各项操作,通过鼠标或键盘实现对 VI 系统的操作。从系统构建的过程看,构造 VI 系统,首先要明确实现目标,然后细化物理参数,选择合适的硬件模块,在应用开发环境上设计应用软件,最后将系统集成。

图形化虚拟仪器编程环境具有突出的优点,但是需要图形语言的支持,开发难度很大。我国目前使用的虚拟仪器软件开发平台主流是美国 NI 公司开发的 LabVIEW,该软件新推出的 8.0 版本据说是公司投资上亿美元,由 300 多名软件工程师用 4 年的时间才完成的。我国目前还没有具有自主知识产权的商品化虚拟仪器开发平台。

### 1.2.3　网络化虚拟仪器

网络技术的发展影响到社会工作、生活的各个方面。网络技术在虚拟仪器上的应用可以实现仪器测量的数据资源共享,弥补传统仪器测量单一、灵活性不大的缺点。随着 Internet 的普及,测试技术网络化成为大势所趋,网络化虚拟仪器成为时代的产物。网络化虚拟仪器在测试领域有以下两个重要突出点:

(1) 利用网络技术将分散在不同地理位置、不同功能的测试设备联系在一起,使昂贵的硬件设备、软件在网络内得以共享,减少了设备的重复投资;

(2) 对于一个复杂的测试系统而言,系统的测量、输入、输出和结果分析往往分布在不同的地理位置,仅用一台计算机并不能胜任测试任务,需要由分布在不同地理位置的若干计算机共同完成整个测试任务。通过网络实现对被测对象的测试与控制,是对传统测控方式的一场革命。测控方式的网络化,是未来测控技术发展的必然趋势。

网络化虚拟仪器是指虚拟仪器将昂贵的外部设备、被测试点以及数据库等资源纳入网络,实现资源共享,共同完成测试任务。使用网络化虚拟仪器,人们可以在任何地点、任何时间获得测量信息或数据。网络化的虚拟仪器也适合异地或远程监测、数据采集、故障检测和报警等。网络化虚拟仪器将传统仪器由单台计算机实现的三大功能:数据采集、数据分析和图形化显示分开处理,分别使用独立的硬件模块实现传统仪器的三大功能,以网线相连接,测试网络的功能将远远大于系统中各部分的独立功能。传统的虚拟测试仪器、测量系统一旦联网,便构成了网络化的虚拟仪器。根据具体的工程实践需要,可以构成各种样式的网络化虚拟仪器。网络化虚拟仪器一般包括:网络操作系统、虚拟仪器(有网络测试功能)、分散的 I/O 系统模块、数据采集卡和控制器。目前通用的虚拟仪器平台通常具有很多网络方面的功能,这样使得建立网络虚拟仪器更加容易和方便,而不必去学习复杂的TCP/IP 传输协议。随着测试系统越来越庞大,测试节点分布越来越广泛,需要各种各样的分散 I/O 系统模块。此类系统模块提供 3 种类型的元件:I/O 模块、接线座和网络模块,为工业检测和控制应用提供经济的解决策略。用户可以通过以太网将这些模块集成到已有的虚拟仪器系统中或与 RS232、RS485 等串行设备通信连接。网络测试中的数据采集卡(DAQ)有远端数据设备访问的驱动软件(RDA),这样才能实现在网络上的资源共享。网络测试中所使用的仪器必须是带有网络功能的控制器。

网络化虚拟仪器必将伴随着许多相关技术的发展而不断发展和成熟,焕发出新的活力,也将对测量和自动化工业做出更大的贡献,拥有广阔的发展前景。

# 1.3　图形化虚拟仪器开发平台现状

国际上成功的商用图形化开发平台主要有两个：NI 公司的 LabVIEW 与惠普公司的 HP VEE。此外，还有一些在数据流图形编程方面的不很成熟的开发平台面世。国内浙江大学的 VPP 和重庆大学的组控智能虚拟仪器平台也做出了一些尝试并有初级版本出现。

## 1.3.1　LabVIEW

LabVIEW 是由美国 NI 公司开发的应用于商业领域的虚拟仪器开发平台。它的实现语言是 G 语言。G 语言是一种通用的编程语言，从理论上说，它和其他高级语言如 Pascal、C 等一样可以组建任何可能的应用程序。但是 G 语言主要是面向测量仪器领域的，包括了大量仪器系统中专用的库函数，用以完成实验室中数据采样、信号处理、仪器控制以及数据显示等功能。

G 语言编写的程序称为虚拟仪器 VI，因为它的界面和功能与真实仪器十分相像，在 LabVIEW 环境下开发的应用程序都被冠以 VI 后缀，以表示虚拟仪器的含义。一个 VI 由用户交互接口、数据流框图和图标连接端口组成，各部分功能如下：

(1) VI 的交互式用户接口因为与真实物理仪器面板相似，又称作前面板。前面板包含旋钮、刻度盘、开关、图表和其他界面工具，允许用户通过键盘或鼠标获取数据并显示结果。

(2) VI 从数据流框图接收指令。框图是一种解决编程问题的图形化方法，实际上是 VI 的程序代码。

(3) VI 模块化特性。一个 VI 既可以作为上层独立程序，也可以作为其他程序(或子程序)的子程序。当一个 VI 作为子程序时，称作 SubVI。VI 图标和连接端口的功能就像一个图形化参数列表，可在 VI 与 SubVI 之间传递数据。

正是基于 VI 的上述特性，决定了实现模块化编程思想最佳的方式是 G 语言。用户可以将一个应用分解为一系列任务，再将每个任务细分，将一个复杂的应用分解为一系列简单的子任务，为每个子任务建立一个 VI，然后，把这些 VI 组合在一起完成最终的应用程序。因为每个 SubVI 可以单独执行，所以很容易调试。进一步而言，许多低层 SubVI 可以完成一些常用功能，因此，用户可以开发特定的 SubVI 库，以适用一般的应用程序。

图 1-3-1 所示是一个 LabVIEW 中进行虚拟 RLC 测试仪的程序例子。图 1-3-1(a)是流程图，图 1-3-1(b)是程序面板。

到目前为止，LabVIEW 是图形化编程语言在商业上最为成功的一种。

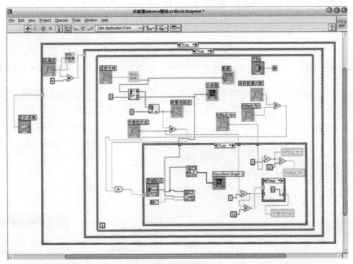

(a) LabVIEW中的一个虚拟RLC测试仪分析程序（示波部分）

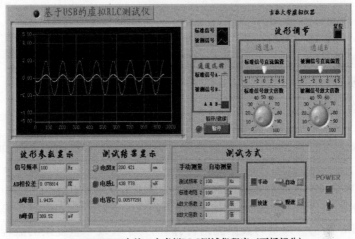

(b) LabVIEW中的一个虚拟RLC测试仪程序（面板部分）

图 1 - 3 - 1

## 1.3.2　HP VEE

　　HP VEE(图 1 - 3 - 2)是美国 HP 公司开发的商业产品,有 X-Window 版本,运行于 HP-UX 上,也有 Windows 版本。与 LabVIEW 相类似,HP VEE 的程序也包括两部分:一部分是数据流程图,一部分是软件面板。相比于 LabVIEW,VEE 显得更为易于使用。VEE 提供了许多高层次的控件,其目的只是为了让用户可以轻易地组建仪器系统,而不期望制作一个通用的程序设计语言。与 LabVIEW 不同,

HP VEE不直接提供对底层操作系统和硬件端口的访问能力。

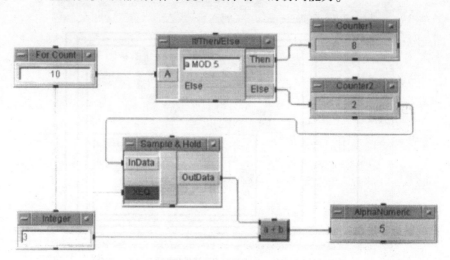

图 1-3-2　HP VEE

在 HP VEE 中,程序的运行模式可以归纳为如下几个原则:

(1) 在流程图中数据从左到右流动,而流程自上而下执行;

(2) 所有数据输入端口都必须有连接;

(3) 没有数据输入端和流程控制端,没有连接的元件最先被处理;

(4) 一个元件只有在所有输入端有数据时才可被激活;

(5) 如果元件的流程控制端有连接,则此流程控制端必须使能,元件才被激活;

(6) 每个元件只能被激活一次,除非与循环元件相连;

(7) 并行的子线程可以以任何顺序运行。

HP VEE 是相当典型的数据流语言,然而为了实现一些复杂的流程控制功能,它定义了一些特殊的元件和输入/输出端口,并对它们进行特别处理。

用户可以用通用的文本语言编写扩展的模块加入 HP VEE 中,如针对 Windows 版本的 HP VEE,用户可按一定的规范编写动态链接库,从而实现一些特定的运算和操作。HP VEE 5.0 版本还支持 ActiveX 和具备一定的网络功能。

与 LabVIEW 相比,初期的 HP VEE 不能编译生成独立运行的程序代码。它的程序必须由 HP VEE 解释运行。

### 1.3.3　Prograph

Prograph 由 Cox 等人设计,提供了一些基本的面向对象的编程能力。Prograph 中加入了一些流程控制功能,支持条件转移和循环,期望建立一个通用的编程语言环境。

在 Program 中提出函数抽象化(procedure abstract)的概念,一个子程序是一个子图,当它需要进行编辑时会展开,而在上一级的主程序中则表现为一个节点符号。

在 Program 中,节点用 box 表示,数据从 box 上方的端口输入,运算的结果由下方的端口输出。Box 可以嵌套,因此,Program 适合于结构化的编程。例如,一个条件分支元件中包含三个子图,分别实现 IF 表达式的计算,THEN 子图和 ELSE 子图。循环结构也是用两个嵌套的子图表示循环结束条件和循环条件来实现的。

Program 还支持流程图的并行运算。一个输入端如果在其上显示一条粗线则表示此输入可以是多通道的。这种结构特别适用于矩阵计算,见图 1-3-3。

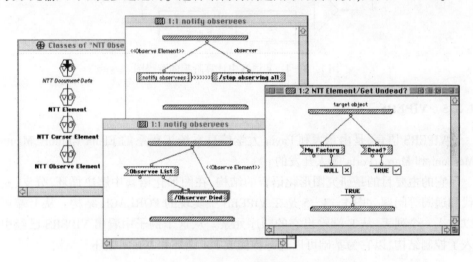

图 1-3-3　Program 中实现的 quick-sork 算法

Hugh Glaser 等人在 Program 的基础上设计了一种图形化的 UNIX Shell 称为 Psh,以图形化的界面操作文件和管道(pipe)等。

### 1.3.4　V 语言

V 语言由新墨西哥州立大学计算机系开发,其目的是开发一种以可视化形式描述数据定义和运算的通用型语言,目前它还处在开发阶段,已经提出一些测试版本。

V 语言的设计思想,主要可以归结为以下几点:

(1)程序表现为一个二维的数据流程图,其中定义了函数调用的顺序和数据相关性,其数据处理是并行执行的;

(2)流程图可以嵌套,可以被递归调用;

（3）数据类型支持向量、二维矩阵和复合集；

（4）支持条件分支，并可和 Fork/Merge 元件构成循环结构。

图 1-3-4 是一个在 V 语言中应用递归计算阶乘的例子。

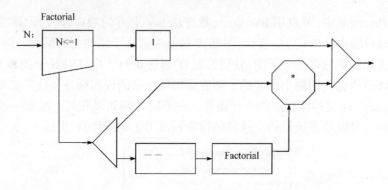

图 1-3-4　V 语言中计算阶乘的流程图

## 1.3.5　VIPERS

VIPERS 语言，是由意大利 Pavia 大学信息系统工程系的 Elena Ghittori、Mauro Mosconi 和 Marco Porta 等人开发的。

它的主要目的是研究图形化语言的结构，在图形化语言中解决循环、分支、迭代和递归等问题。图 1-3-5 是在 VIPERS 中实现的 FOREACH 结构。从 L 端可以输入一个列表，从 E 端输出它的顺序元素。从这个例子中看出 VIPERS 已经引入了控制结构，以它为基础可以进一步构成 For 循环和 While 循环等结构。

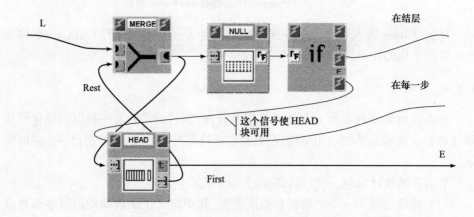

图 1-3-5　在 VIPERS 中实现分支结构

### 1.3.6　Show and Tell

Show and Tell 是由 Kimura 等人于 1990 年提出的第一代图形化编程语言,其语法模型基于数据流概念。最早在 Macintosh 机器上开发,当初的目的是用于教学,向学生展示编程的基本概念。

在 Show and Tell 中,一个程序由许多的 BOX 和箭头连接所成的网络构成。每个 BOX 代表一个操作符(函数)或者操作数(变量)。每个箭头表示数据由一个 BOX 向另一个 BOX 传输。

Kimura 等人后来改进了 Show and Tell,提出一种新的语言,称为 Hyper flow。其中引入对多媒体的支持,运行在 Pen Computer 上,期望让学龄前儿童可以接受和操作。

图 1-3-6 分别显示了用 Show and Tell 与 Hyper flow 编写的阶乘计算程序。

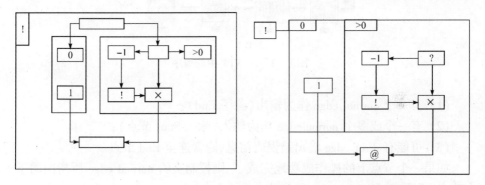

图 1-3-6　Show and Tell 与 Hyper flow 实现的迭代算法

### 1.3.7　VPF

VPF( visualized programming environment for form manipulation language )由 Miyao 等人于 1989 年提出,它是一个专用编程环境,专门面向办公室中的表格处理。见图 1-3-7。

在 VPF 中有 8 种不同的节点:

Start,End,Message,Get,Sort,Form-fill-in,Query 和 Display。这些节点的详细定义,是在 Form Definition Language 中定义的。

在 VPF 中有两种边:

(1) normal edge:完成数据处理;

(2) error edge:用于出错处理。

对于 VPF 中的每个节点:

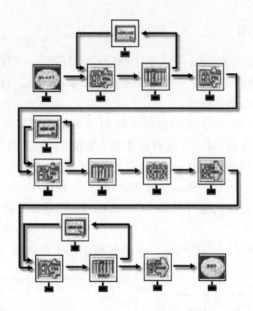

图 1 – 3 – 7　VPF 中的程序

（1）有一个 normal edge 作为输出（除了 End）；

（2）有一个或多个 normaledge 作为输入（除了 Start 节点）；

（3）可能有 error edge 输出错误码信息，隐含连至 End 节点。

如果一个节点上的操作成功地完成了，则控制交给 normal edge 所指向的下一个节点；否则，转向 error edge 所指节点。

VPF 是一种专用的数据流语言，它的应用范围比较有限。由于它定义的边传递的是流程顺序，因而可以比较方便地实现条件转移和循环。

VPF 有如下特性：

（1）内含多个编辑器，以处理 Form 的不同属性；

（2）无模式的操作，即可以在运行时修改程序；

（3）调试功能，允许程序由任一节点开始运行；

（4）当输入端数据改变时自动重新运行。

## 1.3.8　MAVIS

MAVIS 语言是由美国福杰尼亚大学计算机系的 Thomas J. Olson 等人编写的，它的应用领域是计算机视觉与图像处理，提供了一个非常灵活的环境用于组建和测试视觉算法库。

MAVIS 开发的主要目的是开发适合诸如自动驾驶的交通工具、机器人的实时应用程序的视觉算法。运动视觉(active vision)是让自动工具去完成类似现实世界的工作。运动视觉的搜集与处理是为了通过传感器输入的信号来决定实时的操作决策。

MAVIS 语言的特点:

(1) 粗粒度(coarse granularity):MAVIS 就像一个 UNIX Shell,是一个由用户来连接操作的界面,应用粗粒度数据流,处理过程可由传统的语言来编写;

(2) MAVIS 认为所有的用户都是对系统和计算机了解的;

(3) 活动(liveness):MAVIS 是一个完全活动(fully live)的系统,除非被禁止,它里面的图形一旦改变,就会触发相应的处理;

(4) 依从(compliance):MAVIS 的许多激活条件可以由用户来控制和输入。

图 1-3-8 是 MAVIS 的开发环境。

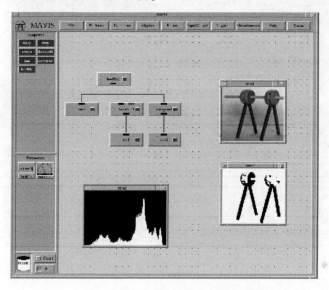

图 1-3-8　MAVIS 的用户接口

## 1.3.9　Khoros

Khoros 是由德国 Darmstadt 大学计算机系集成电路和系统实验室的 Konstantinos Konstantin ides 等人开发的用于信息处理和可视化的语言。它含有丰富的图像和数字信息处理工具,特别适合于图像处理。

Khoros 是建立在一种可视化数据流语言 Cantata 之上的,它的主要特点是:

(1) 支持分布式计算、程序和数据共享;

(2) 流程框图(在 Cantata 中称为 glyphs)之间的通信方法有:共享内存、临时文件和 Socket;

（3）元件可以选择用于执行的目标机；

（4）应用大数据粒度（large granularity）；

（5）主要的数据类型为图像：Multiband 数组。

图 1 - 3 - 9 为 Cantata 中的程序和开发环境。

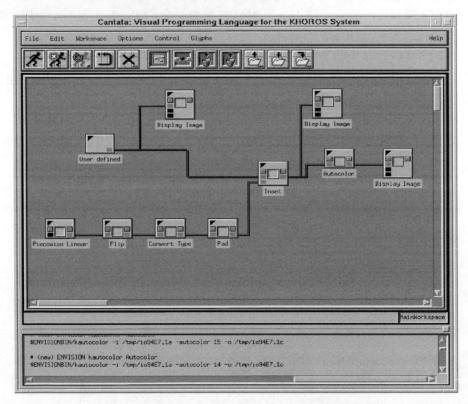

图 1 - 3 - 9　Cantata 中的程序以及开发环境

## 1.3.10　VPP

VPP（visual programming platform）是由浙江大学数字技术及仪器研究所在"九五"期间完成的面向自动测试系统的图形化编程软件平台。该平台基于一种扩展数据流语言 E 语言。该扩展数据流语言具有以下特点：元件（又称虚拟仪器控件）设计中定义了一种可激活函数，不同类型的节点允许定义各自的可激活条件，通过合理设计虚拟仪器元件，可以扩展语言的功能；在边的定义中引入了类型转换函数，在输入端的设计中引入了可连接函数，从而解决了不同数据类型之间的数据传递问题。

在 E 语言的开发过程中也参考并继承了 VPP 中扩展数据流语言的可激活函

数,这对组建一些特殊的具有流程控制作用的控件是非常有用的。不过扩展数据流本身并没有脱离动态纯数据流模型。VPP 在运行效率以及实时性能上与 LabVIEW、HP VEE 相比并没有明显的提高。图 1-3-10 是 VPP 的开发界面。

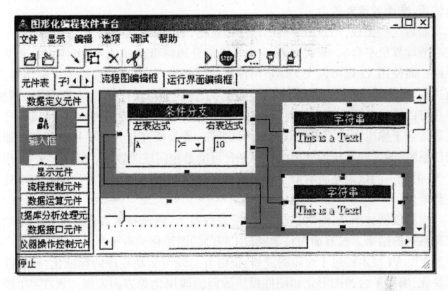

图 1-3-10　VPP 的开发界面

此外,重庆大学测试中心秦树人项目组开发了基于组件库的虚拟仪器组合平台,主要面向机械测试领域,其原理基于"层次消息总线"和零编程的控件化虚拟仪器开发系统,并在系统内建立了测试功能库和虚拟控件库,实现了可复用智能虚拟控件和控件化虚拟仪器的柔性制造。这里不一一介绍了。

## 1.4　虚拟仪器面临的挑战

从用户的观点来讲,今天的测试领域面临着三大主要挑战:测试成本不断增加、测试系统越来越庞杂以及对测试投资的保护要求越来越强烈。

虽然增加产品的电气性能可以增加其功能与性能,但所增加的功能与性能都需要通过测试来保证其质量。因此随着产品电气性能的增加,测试成本也在不断增大。

只要随机走访几家大专院校、科研院所与工厂的实验室或生产车间,就会发现使用着各种各样、互不相同的测试系统。这些测试系统往往既不兼容,又不能共享软、硬件资源。造成这种状况的根源在于缺乏统一的测试策略,这是因为传统仪器无法向用户提供统一的测试策略。

在产品的研究、开发与研制、生产的过程中,不同阶段有不同的测试要求。在研究、开发阶段,技术责任不仅需要用高性能的测试设备来检查其设计是否达到技术规格书上的要求,而且还要确定其安全裕量是否足够;在生产阶段对测试系统的主要要求是易于使用和测试快捷。军事上使用的测试设备还要求便携、坚固,并具有快速、准确的诊断能力。

面对这些挑战,用户最可能的做法是试图选用标准化硬件平台(如 VXIbus 与统一的计算机平台)。硬件的标准化可以部分地降低测试成本,但作用是非常有限的。而使用 VI 则可以大大缩短用户软件的开发周期,增加程序的可复用性,从而达到降低测试成本的目的。而且,由于 VI 是基于模块化软件标准的开放系统,用户可以选择最适合于自己应用要求的任何测试硬件。例如,你完全可以自己定义最适合于你生产线上用的低成本测试系统,或为研究与开发项目设计高性能的测试系统,而这些系统的软件或硬件平台可能是相同或兼容的。概括起来:采用基于 VI 的统一测试策略将有助于用户面对当今的测试挑战而在激烈的竞争中处于优势地位。

虚拟仪器技术是计算机软件、硬件、总线技术、测试技术和仪器技术等多学科交叉渗透的结果。没有面向科学家与工程师的图形化编程平台就很难谈得上广泛普及 VI。VI 技术经过十余年的发展,正沿着总线与驱动程序的标准化、硬软件的模块化、编程平台的图形化和硬件模块的即插即用化等方向发展。现在,VI 技术在发达国家的应用已非常普通,而我国基本上还处于传统测试仪器与计算机互相分离的状态。因此,从引进国外先进的 VI 技术和产品入手,大力推广 VI 的应用,并着手开发具有自主知识产权的虚拟仪器开发平台,无论是对加速发展我国的测控仪器工业,还是对提高我们的测试水平都是有益的。

## 思考与练习

虚拟仪器的定义是什么? 与传统仪器相比,有什么优点?

# 第2章 构架虚拟仪器软件平台

虚拟仪器开发的最大特点是采用图形化的方式来实现,即所谓的图形语言(G语言),它结合了数据流图的直接美观以及文本语言的复杂描述等优点,使得广大面向仪器领域的工程师能够脱离文本的繁杂,专注于仪器功能本身的实现。G语言实现的依托即虚拟仪器软件开发平台,是一种整合的图形化编程开发与运行环境,采用软面板界面仿真仪器的外观,提供给用户真实的交互环境;虚拟仪器平台封装了底层仪器接口、各种函数功能实现等,给设计人员提供了直观惯用的标调用及连线方式的数据流控制;利用计算机强大的数据处理、图形显示及网络化功能,以一种通用平台的方式来实现"软件即仪器"的新一代仪器的概念。

由上可知,开发虚拟仪器的核心技术在于虚拟仪器开发平台的设计与开发,它是计算机与测控领域相关技术结合的产物,由吉林大学虚拟仪器项目组自主研发的基于图形编程的虚拟仪器开发平台——LabScene,作为G语言的一种实现,和一般的软件有很多不同的特征,综合了许多相关技术,具有如下特征:

(1) 基础性、稳固性及高效性;

(2) 高度的灵活性和可扩展性;

(3) 提供二次开发能力;

(4) 具有设计期和运行期两种状态;

(5) 具有对象层次的持久化能力;

(6) 解释及运行调试能力。

同时,G语言作为面向虚拟仪器领域的描述性开发语言,具有领域方面的特征。针对G语言对真实仪器仿真和作为高级语言本身两方面的特点,必须确立G语言模型能以图形化方式对虚拟仪器应用领域的开发程序进行描述,同时具有数据类型、函数模块实现、顺序循环选择等控制功能等高级语言的特征,并能够在此基础上建立G语言的解析和运行模型。基于这些原因,对G语言的研究应该具有以下内容:

(1) 硬件电路的虚拟模型建立,提供G语言的原始要素抽象;

(2) 从图论上确立G语言的数据结构模型;

(3) 确立适合于G语言的解析和运行模型;

(4) 建立数据流图的实际编辑流向描述模型;

(5) 找到适合于虚拟仪器数据流动的内存分配与管理算法;

(6) 在以上基础上提供一种G语言实现;

(7) 找到 G 语言节点扩展模型、分布式构架与本地编程的统一。

LabScene 是一种可实现的 G 语言环境,其主要实现体系框图如下所示:

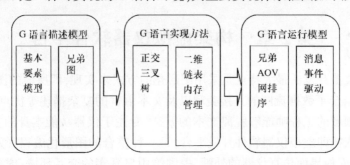

其中,对 G 语言特征进行描述的数据结构模型和在此基础上的运行相关算法是需要解决的关键问题,以下从 G 语言要素、数据结构基础、运行机制、内存管理、网络构架、类库体系以及设计模式等几个方面来论述 LabScene 中所用到的基础理论和关键技术。

# 2.1　G 语言要素抽象

当前的硬件在功能上越来越规模集成化,在体积上趋向小型化,包括 CPU 在内的各种高度复杂的芯片成为硬件平台的核心,而这种芯片体现的是对硬件功能的模块化封装思想,它的实现依赖于各种辅助软件及低级语言,由它们来实现其内部硬件逻辑指令的功能。实际上,硬件与软件在某种概念上没有严格区分了。

G 语言和常见的 C ++ 、Java 和 Pascal 等一样,是一种用来编程的高级语言,只不过后者用的是文本方式,而 G 语言则是以图标、图框和连线等图形方式来实现代码编制。由于 G 语言面向的是虚拟仪器领域,因此,它的图形方式与所要模拟实现的相关仪器有着天然的联系。

## 2.1.1　现实中的硬件

现实中的硬件由面对直接用户使用的接口界面、包装和面向设计工程师的电路构图组成;而设计用的电路板由电路设计师通过制图、作板、焊片和测试等工序完成;设计制图又由 CAD 软件如 Protel 等软件辅助完成。这种过程如图 2 - 1 - 1 所示。

由图 2 - 1 - 1 可知,用户操作使用的是接口面板上的按钮和显示屏等,即怎么来实现控制的输入,以及信息的获取,并不关心内部的电路板以及电路板是如何设计出来的;设计人员则使用电路图来进行各种功能性的设计,并完成用户面板的联

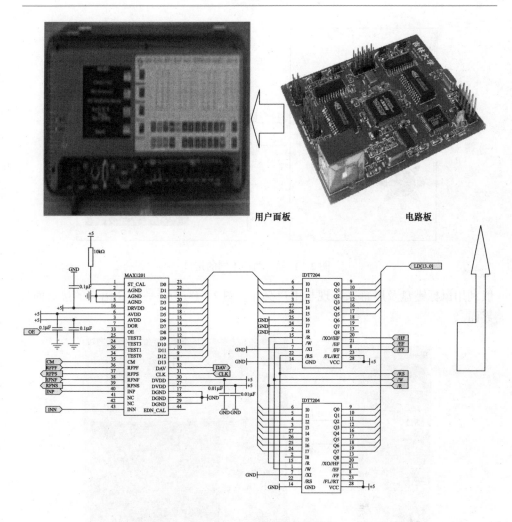

图 2-1-1　现实中的硬件

接。虚拟仪器具备真实仪器的功能但是使用计算机来模拟,因此 G 语言必须兼顾用户的使用界面以及设计师的电路设计。

## 2.1.2　用户界面

　　一台仪器的使用依赖于它所提供的用户接口,一般说来它分成两种:输入信息控制,如开关按钮和旋钮等;另一种是输出结果显示,如表盘和图表等。一般通过手和眼来完成交互操作,另外还有一些美化的装饰用具,如图 2-1-2 所示。

　　G 语言应该同样具有仿真的图形化界面,至少提供两种用户接口控件:输入控件和输出控件。同时作为一种通用编程环境,利用软件本身的强大及灵活功能,可以提供更多的适用于计算机概念的用户控制,如路径和数组等。在操作方法上一

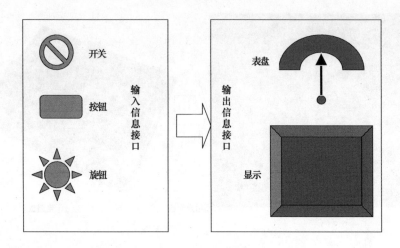

图 2 - 1 - 2　两种不同的接口

般利用鼠标键盘及屏幕来实现与用户交互。图 2 - 1 - 3 是一个 G 语言的接口面板界面。

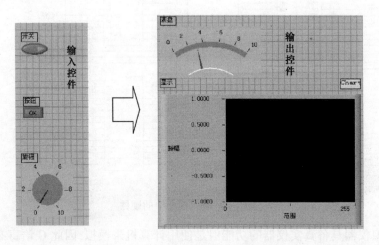

图 2 - 1 - 3　G 语言的用户接口面板

由图 2 - 1 - 3 可以知道,G 语言的用户接口面板所完成的功能和真实仪器一样,也是输入和输出信息,也就是说,它可以使用户得到同样的仪器功能,只是操作方式上有些不一样。

### 2.1.3　电路图

电路图是用来实现设计者意图的,分析各种电路图可知,不管它的表现形式千变万化,其基本元素可以抽象为六种:

（1）基本元件：它是功能实现的最小单元，一般来说不可再分。

（2）芯片：也是一个功能实现单元，也可以是某一部分功能的封装实现，内部含有一自成体系的电路图。

（3）管脚：上述两种元素与外界的交互通道，提供信息的输入与输出。

（4）连线：标明各种信息量的走向，如电压的和电流的等。

（5）连线分叉点：电路连线相交汇的地方，一般是一个点，形成分叉的线路。因为它在信息目标的获取上有重要作用，因此将它从连线相互关系中提取出来。

（6）线路板：包含上述元素的容器，如电路板等。

由上述六种元素就可以组合成各种各样的电路图，如图 2-1-4 所示。

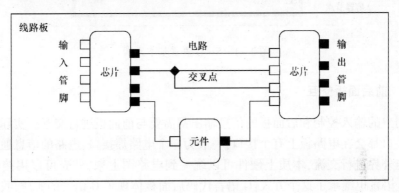

图 2-1-4　电路图模型

由图 2-1-4 可知，G 语言的图形代码设计至少也应该具有上述六种元素。实际上，芯片是其他五种元素的组合封装，可由其他五种基本元素组成，相当于一个子虚拟仪器，体现了 G 的模块化封装思想；而线路板又可以作为一个子板，参与其他更上层的板的设计，从而形成多层立体的电路图。

如果将电路图的基本元素抽象一下，元件和芯片都作为一种节点，而不可分的元件视为功能节点，芯片及线路板视为容器节点，意为其内部可以再包容电路，可以形成在 G 语言中对应的概念，如表 2-1-1 所示。

表 2-1-1　电路和 G 语言对应概念表

| 实际电路 | 元件 | 管脚 | 电路 | 电路分叉处 | 线路板/芯片 | 电子系统 |
|---|---|---|---|---|---|---|
| G 语言 | 功能节点 | 管脚 | 连线 | 连接处 | 容器节点 | VI |

这些对应的概念加上前面板的输入输出控件就构成了 G 语言的基本要素，这种图即为 G 语言的代码，这种代码图如图 2-1-5 所示。

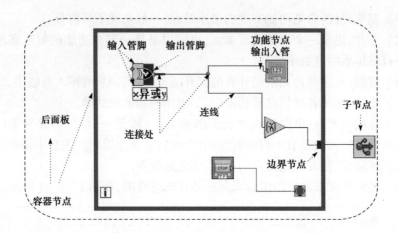

图 2－1－5　G 语言基本元素

### 2.1.4　前后面板交互

用户的输入控制和后面板的信息输出都需要与前面板进行交互。实际电路的外壳接口都会在电路板上有个接口,一般为一个电路焊接口,电路的信息通过这个接口与外界进行交流,本质上硬件可以统一到电路图上来,外壳可以用接口来代理。G 语言也继承了这个方式:G 语言代码后面板体现了 G 语言的实质,我们一般讨论 G 语言时就针对后面板代码而言。为了解决前面板控件与后面板代码无缝融合的问题,有个规则:前面板每一个控件,在后面板都有一个相对应的节点,但后面板的节点,不一定前面板有个对应的控件。如图 2－1－6 所示。

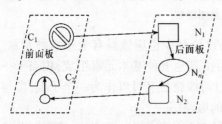

图 2－1－6　前后面板交互

在图 2－1－6 中,$C_1$ 和 $C_2$ 在后面板分别得到对应的代理节点 $N_1$ 和 $N_2$,后面板中 $N_n$ 在前面板没有对应的控件,其中的数据流向如图 2－1－6 的箭头所示。

综上所述,面向真实仪器的 G 语言应该具有以下四个特征:

(1) 由两种控件构成的交互界面;

(2) 由基本元素构成的图形代码;

(3) 前两者交互的模型;

(4) 模块化封装机理。

### 2.1.5　图形语言要素

图形化语言的核心在于其对真实仪器的虚拟,但是它又有作为一种通用编程语言所具有的特征,如定义了数据模型、结构类型和模块调用语法规则等,还具有扩展函数库,这些库主要面向数据采集、仪器控制、数据分析、数据显示和存储等,如表 2 - 1 - 2 所示的高级语言要素共同约束代码,来达到多种编程任务的目的。

表 2 - 1 - 2　高级语言要素

| 基本数据类型 | | | | 基本类型组合 | | | 控制结构 | | | 接口 | | 功能 | | |
|---|---|---|---|---|---|---|---|---|---|---|---|---|---|---|
| 数字量 | 布尔量 | 字符串 | 指针及引用 | 数组 | 结构 | 组件及类 | 顺序 | 选择 | 循环 | 输入 | 输出 | 函数及过程 | 模块化 | 调用规则 |

　　G 语言模型要解决两方面的问题:一是要实现面向虚拟仪器的特定领域功能,二是要实现它作为高级语言本身的功能,如何达到这种平衡就是图形化语言模型要解决的问题,如图 2 - 1 - 7 所示。

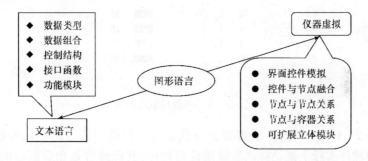

图 2 - 1 - 7　G 语言面对的问题

　　(1) 用户所关心的只是一种信息的交互,实际上可理解为数据的交互,为了将界面美观和功能实现剥离开来,以一种统一的模型进行管理,可以将整个图形系统分成两个部分,一般称之为前面板和后面板,也可以叫控件面板和流程面板。前面板的每个控件,都在后面板映射一个代理节点,参与后面板流程设计,即电路设计。

　　(2) 公共数据类型的获取应该通过属性的方式提供,而属性的提供实际上是通过读写两个函数来实现的;基本数据类型的组合同样可以视为一种属性,也就是说,数据与函数可以统一成一种元素,我们称之为节点,节点提供功能的实现,它与外界的交互是数据,而内部则是函数功能的实现。

　　(3) 控制结构是对某一部分元素进行管理,由于有这种关系,就可将控制视为一种容器,从封装层面上来看,容器只不过是不同粒度的节点而已。

　　以上面的理解为基础,可以进行函数功能节点的模型建立。

### 2.1.6　函数节点功能实现

观察实际的 G 语言实现,如 LabVIEW 和自主实现的 LabScene,可以知道后面板的 G 代码主体是一个个节点,这种节点代表了一个功能函数的实现。分析一个函数,其基本模型如下:

$$R\ Func(P_i0,\ P_i1,\cdots,P_in,\ P_o0,\ P_o1,\cdots,P_on);\qquad(2-1-1)$$

其中 R 为函数返回值,Func 为函数名,代表了这个函数,$P_i0,\ P_i1,\cdots,P_in$ 为 $n$ 个输入参数,$P_o0,\ P_o1,\cdots,P_on$ 为 $n$ 个输出参数。

返回值和输出参数没有本质上的区别,因此,式(2-1-1)的基本要素为三种:函数名本身、输入参数、输出参数。由 2.1.3 节可以知道,G 语言节点和管脚可以自然地与式(2-1-1)对应起来,如图 2-1-8 所示。

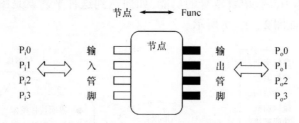

图 2-1-8　函数与节点的关系

由图 2-1-8 可知,G 语言要素与其语言特性可以通过函数模型统一起来。前面板的控件实际上都是提供数据的读写操作,其代理节点和后面板的数据节点没有区别。在现代语言设计中,数据值的获取应该通过属性的方式提供,实际上是通过读写两个函数来实现的;基本数据类型组合的使用同样可以视为一种属性操作,不过它的读写函数形式更多。

控制结构是对某一部分元素进行管理,实现高级语言的基本流程控制:顺序、循环及选择功能的实现。由于与内部节点有包含关系,可将控制视为一种容器,由于封装的需求,容器只不过是不同粒度的节点而已。容器节点的功能实现依赖于不同功能的函数实现,如循环可封装为一个有一个循环条件的输入参数的函数;选择可封装为一个有选择参数的函数等。

由上可知,G 语言的语言特性都可以通过一个函数功能实现,通过函数可以与节点模型统一起来,这样即实现 G 语言的仪器虚拟与语法规则的统一。

## 2.2　G 语言结构模型

由 2.1 节对电路图的描述可知,各基本元素之间存在着由连线描述的某种关联,同时,容器对其他元素还可形成一种包含关系,以及包含自身的嵌套关系,各种元素还可以进行更高一层的封装。对这种模型的抽象,是进行开发平台设计所必须做的事情。

由节点和线的关系,很容易想到用图来描述这种关系;而包含嵌套关系,树则是自然的表达,但是现有的数据结构及图论找不到这种能把这两种关系统一的模型,我们可以从图的生成树的特征来寻找符合要求的模型。

### 2.2.1　根树

对无向树而言,如果确定其中一个结点为根,得到一棵根树,这里所牵涉到的树如无特殊声明,均为根树。如图 2-2-1(a)为一棵 5 个结点的无向树,对之实施根树的概念,若以 $V_1$ 为根,则形成根树图 2-2-1(b);同理,若以 $V_2$ 为根,则形成根树图 2-2-1(c)。对根树而言,它的概念都可视同有向树的概念,如根、双亲、孩子、兄弟、层次、深度、叶子结点和分支结点等。

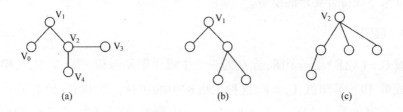

(a)　　　　　　　　(b)　　　　　　　　(c)

图 2-2-1　根树

### 2.2.2　G 语言特性

G 语言借鉴了数据流图的概念,从 LabVIEW 及其他的 G 语言的实现中,可以看出 G 语言描述具有如下特征:

(1) 有向:数据流是有方向的,总是从输出管脚流向输入管脚;

(2) 有条件:对一个节点而言,所有的输入管脚都有数据流入时才满足起始条件;

(3) 有限:节点运行过程必须是有穷的,不能存在死循环。

上述特征可用一种有向无环图来表示,即 AOV(顶点表示活动)网,它满足:

(1) 从顶点到另一顶点存在有向关系,前者为后者的前驱,描述具有时间或位置优先关系的有向流动;

(2) 某个顶点可能有多个前驱,即入度,可以用入度的全部满足表达该节点的开始条件;

(3) 过程有穷则表示该网中无环,即没有以自己为起始条件的顶点。

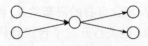

图 2-2-2　G 语言基本单元

因此,我们可以把 AOV 网当作描述 G 语言的基本数据流向关系模型,如图 2-2-2 所示。

同时,G 语言作为一种高级语言,必须能够具有包括数据类型、数据组合、控制结构、接口函数和模块封装等各方面的功能,这样的模型是一种多层次具有嵌套包容关系的模型,其中最主要的包容关系有:

(1) 所有单元必须置于一个最上层容器中,这个容器在 G 语言实现中为代码后面板容器;

(2) 三种基本关系控制结构即循环、选择和顺序,能够控制其中的基本单元或更复杂单元;

(3) 形成封装体系的子 VI 模块,其中封装了上述单元,构成扩展的立体模型。

包容关系可以用树来自然地描述,找到树和 AOV 网统一起来的模型,即实现了 G 语言的结构描述模型,在此基础上实施运行模型的构造。我们从图的生成树的特征来寻找符合要求的模型。

### 2.2.3　层图

设 $G = (V,E)$ 是一个图,若 G 的一个生成子图是棵树 $T = (V, E_B)$,即 T 是 G 的生成树,很容易知道: $E_B \in E$,这种生成树中的边称之为树枝,设有另一个边集 $E_C \in E$,且有关系: $E_C \cup E_B = E$ 且 $E_C \cap E_B = \varnothing$,则 $E_C$ 称之为树 T 的补,而在补中的边称之为弦。

那么有层图的定义:对图 G 而言,它有一棵生成树 T,若 T 的任意一条弦的邻接结点,在 T 中都具有相同的深度,那么称 G 为可分层的图,简称层图。如图 2-2-3,其中图(a)和(b)的生成树都是图(c),但图(a)为一个层图,而图(b)则不是。为了区分树枝与弦,以下的图中用实线表示树枝,用虚线表示弦。

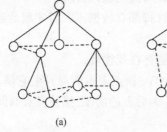
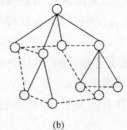
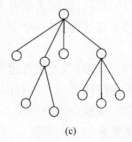

(a)　　　　　　　　(b)　　　　　　　　(c)

图 2-2-3　层图的概念

根据层图的定义,可以知道它有几个特殊的性质:

**定理 1**：设图 G 为层图，如果它的根顶点确定，则它的层图生成根树已确定。

**定理 2**：将层图的弦全部割去，则至少可形成层图的 $n$ 个互不连通的子图，其中 $n$ 为层图的生成树 T 的深度。

层图在实际应用中比较广泛，这里不过多讨论。层图有一个特殊的子集，即兄弟图，以下主要论述兄弟图的定义及其相关的定理和应用。

### 2.2.4　兄弟层图

对图 G 而言，它有一棵生成树 T，若 T 的任意一条弦的邻接结点在 T 中必为兄弟，那么称 G 为兄弟图，称 T 为 G 的兄弟树，G 为 T 的兄弟图。

对一棵已有的树而言，使其兄弟之间产生图的关系，即生成了它的兄弟图。树本身也是一种特殊的兄弟图，它的兄弟之间的关系为一个个孤立的结点。如图 2-2-3(c) 即是图 2-2-3(a) 的兄弟树，而图 2-2-3(a) 则是图 2-2-3(c) 的兄弟图。

**定理 3**：兄弟图是层图的子集。

**证明**：假设某兄弟图不属于层图，则由层图定义，它必定有一条弦的邻接结点，在生成树中具有不同的深度。而由兄弟图定义，可知这一对邻接结点必为兄弟，由树的定义，可知兄弟必定具有相同的深度，故可知上述假设不成立，得证。

如图 2-2-4 中的图都是层图，且具有相同的生成树见图 2-2-4(c)，但图 2-2-4(a) 是一个兄弟图，而图 2-2-4(b) 则不是。

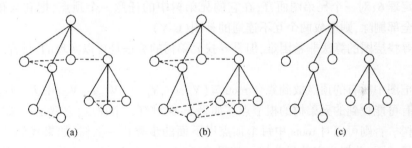

图 2-2-4　兄弟图的概念

由于兄弟同属于一个双亲，那么它就有许多不同于层图的特征。先不防假设兄弟树中的顶点之间的关系都适用于其兄弟图，即在 T 中的根、双亲、孩子、兄弟、层次、深度、叶子结点和分支结点等，在 G 中也可以如此称呼，如图 2-2-5 所示。

树是一个递归的定义，即每个节点和它的后代又构成一棵树，对兄弟图而言，同样有：

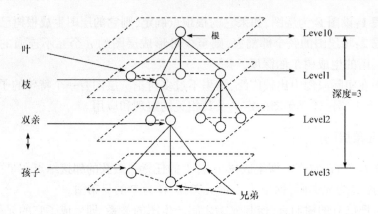

图 2-2-5　层图的概念

**定理 4**：每个节点和它的后代构成的集合，也是一个兄弟图。

对一个兄弟图而言，它的根可以代表这个图，由定理 4 进一步推广可知，任何一个分支节点，都可以代表它所属的兄弟图。实际上，就一个双亲的孩子构成的图而言，它是一个普通的图，并没有任何的特殊之处。在这个意义上来说，兄弟图的定义也可以说是广义图的定义，即广义图中的一个顶点，可以代表另外一个图，形成一种嵌套的定义。

**定理 5**：对兄弟图的生成树 T，若给 T 加一条弦，则形成一个基本回路，那么，兄弟图的任意基本回路均是一个三角形。所以说，兄弟图也可以称为三角图。

**定理 6**：对一个兄弟图而言，在它的兄弟树中的任意一个顶点，把它与孩子的树枝全部删除，则形成两个互不连通的补图（G-V）。

寻找层图的算法非常困难，但是寻找兄弟树的算法是可以实现的，且称之为割弦法。

把图中所有的顶点放到集合 roots = ($V_0$,…,$V_i$,…,$V_j$,…,$V_n$) 中去，这些顶点作为有可能找到的兄弟树的根节点。如果 roots 只有一个顶点，它就是一棵特殊的兄弟树。否则可以对 roots 中每个顶点以下面的步骤找一棵树，如果找到了，则此图是兄弟图，此树为它的兄弟树。如果遍历完 roots 集合仍然没有找到兄弟树，则此图非兄弟图。

（1）设当前顶点 $V_c$ 和当前根节点为 $V_r$ 都为空；

（2）为每个顶点建立一个跟踪层次的变量 L，取 roots 中某一个不与 $V_r$ 相同的顶点为 $V_r$，把 $V_r$ 赋给 $V_c$；

（3）标记 $V_c$ 为以遍历过的顶点，找 $V_c$ 的所有除它的双亲之外的有关联的顶点；

（4）若没有这种有关联的顶点，则判断所有的顶点是否均遍历到；

① 若是，则所有顶点和没被割去的边形成的树即为兄弟树；

② 否则如果 $V_c$ 有兄弟,则以 $V_c$ 另外一个兄弟为 $V_c$。如果 $V_c$ 没有兄弟,则递归找出 $V_c$ 某祖先的兄弟为 $V_c$,转到步骤(3)。

(5) 若有这种有关联的顶点,则将 $V_c$ 所有关联的顶点视为它的孩子,修改孩子们的层次为 $V_c$ 的层次加一。

① 若 $V_c$ 孩子之间(也可以说兄弟之间)有关联就当作弦,割去。

② 若某个孩子与除 $V_c$ 外层次小于等于 L 的结点有关联,则进行步骤(2)。

③ 以其中一个孩子为 $V_c$,转到步骤(3)。

图 2-2-6 是采用割弦法求取其兄弟图的示例,其中虚线代表已经过处理的步骤。

此算法的复杂度:$N^2$。

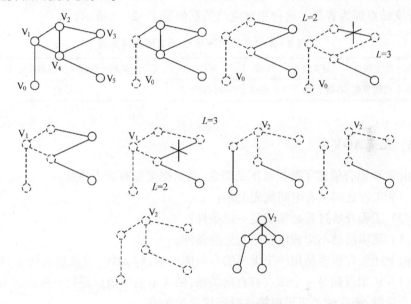

图 2-2-6 寻找兄弟图的步骤

## 2.2.5 应用

实际上,上述的这种既有图的关系又有树的嵌套关系在容器类图、层次图和代理图中均有广泛应用,以往的模型研究均是利用两种模型的组合来描述这种关系,即用树来描述嵌套或代理关系,用图来表示其他关系。

(1) 基于特征图树的装配模型通过树和图的形式来表示构成装配体的所有信息,树表示装配模型的层次关系,图表示同一结构层中各结构要素之间的连接关系,即装配关系。

(2) 对图的某一部分的访问,必须经过与那部分图有特定关系的某一结点,或者说,图的某一部分必须通过一个代理节点与外界产生关联。

（3）图的广义顶点概念:去除对图中顶点的限制,容许它们自身具有图的结构,形成一种递归的图的定义。

对 G 语言而言,我们先应该抽象出基本关系,即兄弟树当中的兄弟之间的图关系。在兄弟图中有两种边:即树枝和弦,实际上是两种关系,弦是普通的图中的边,表达了一种特定的关系,而树枝代表一个包容嵌套关系。对应到 G 语言中,弦表达了连线的概念,而树枝对应了包容关系,即容器对节点的包含关系。

两种结点:叶子结点为普通图中的结点,而分支结点则为可容纳其他结点的容器结点,它的孩子即为包容在它当中的结点。对应到 G 语言中,叶子即为功能节点,分支结点即为容器。这种相对应的关系如表 2 - 2 - 1 所示。

表 2 - 2 - 1　兄弟图与 G 语言概念对应表

| 兄弟图 | 叶子结点 | 分支结点 | 弦 | 树枝 | 从同一结点出发的相同的弦 |
|---|---|---|---|---|---|
| G 语言 | 功能节点 | 容器节点/子 VI | 连线 | 容器包含节点 | 连接处 |

### 2.2.6　兄弟 AOV 网

由于 G 语言借鉴了数据流图的概念,而数据流图有如下特征:

（1）工程之间具有时间优先关系;

（2）工程开始过程必须满足一定条件;

（3）某项活动不应该以自己为先决条件。

由上述条件很容易用一个无环的有向图表示,即 AOV(顶点表示活动)网:

（1）从顶点到另一个顶点有有向关系,则表示前一顶点是后一顶点的前驱,反之称为后继,而这种关系可以描述时间优先的关系;

（2）某个顶点可能有多个前驱,即入度,用入度的同时满足表达工程的开始条件;

（3）无环表示网络中没有以自己为条件的顶点。

因此,我们把 AOV 网当作 G 语言的基本图关系,如图 2 - 2 - 7 (a)所示。为了提供程序语言基本设计功能,G 语言应该提供顺序、选择和循环等控制节点,与功能节点构成包含关系,形成一种控制单元,如图 2 - 2 - 7 (b)所示。这种控制单元本身又可作为一个结点,组成一个 G 语言程序,如图 2 - 2 - 7 (c)所示。实际上,G 语言中节点与节点之间不仅有时间优先的关系,还有包含关系。

这种关系很自然用兄弟图来表示,如图 2 - 2 - 8 所示。

虽然兄弟图可以用来描述 G 语言的基本关系,但是 G 语言还有一个边界穿越

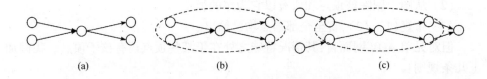

图 2-2-7　G 语言结构模型

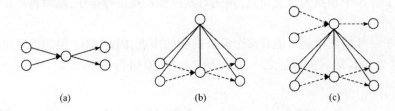

图 2-2-8　G 语言结构的兄弟图表示

的问题,即一个容器外的节点与容器内的节点的通信。实际上这是一个关系传递的问题。由于兄弟树中的任何兄弟关系以外的关系都必须通过双亲来传递,因此这可以通过包含关系的异化来表示,即内外节点的关系,等同于在中间插入一个双亲节点。

如图 2-2-9 (a)所示,$V_1$ 与 $V_2$ 产生一种关系,但是 $V_2 \in V_0$,因此 $V_1$ 和 $V_2$ 是属于不同层次的关系,而产生 $\langle V_1, V_2 \rangle$ 的关系,必须通过 $V_0$,将 $V_2$ 与 $V_0$ 的包含关系异化成方向关系,如图 2-2-9 (c),即有一条路径 $\langle V_1, V_0, V_2 \rangle$,这条路径等同于关系 $\langle V_1, V_2 \rangle$,即实现了 G 语言中兄弟图中的边界传递问题,这种能处于容器内但只能传递实际关系的节点我们称之为边界节点。图 2-2-9 (c)的关系经传递后变成了图 2-2-9 (d)。

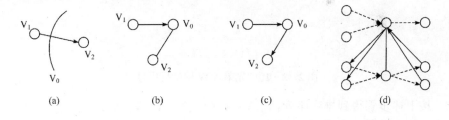

图 2-2-9　关系的传递

至此,G 语言的图论模型已经建立起来,我们暂且称之为兄弟 AOV 图。G 语言还要能够解析运行,实际上是其兄弟 AOV 网的拓扑排序问题。

对 AOV 网的排序很简单:

(1) 在图中选一个没有前驱的顶点(即入度为 0)且输出之;

（2）从图中删除该顶点和所有以它为尾的弧；

（3）重复（1）、（2），直至全部顶点均已输出。

但对兄弟 AOV 网而言，其情况特殊之处在于某些顶点还有孩子顶点。我们加上几条规则：

（4）只是体现包含关系但不是关系传递性的边，首先删除；

（5）删除具有关系传递性的弧时，应把异化的弧一并删除；

（6）若某个顶点为分支顶点，则先对其孩子顶点进行排序，然后再回到双亲顶点排序。

由于一开始图中就可能有多个没有前驱的顶点，因此 AOV 网的排序过程并不唯一，这也是 G 语言的特征之一，如对图 2－2－10 进行排序。

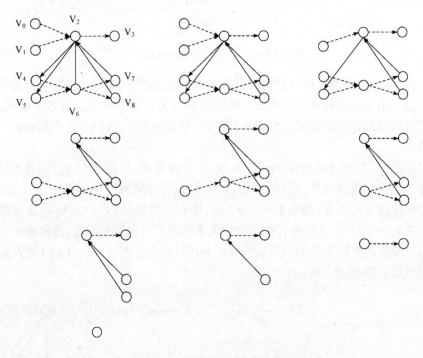

图 2－2－10　兄弟 AOV 网的排序过程

按上述步骤得到排序序列：$V_0$，$V_1$，$V_2$（$V_4$，$V_5$，$V_6$，$V_7$，$V_8$）$V_2$，$V_3$。其中 $V_2$ 代表了一个子过程的开始，又表示该子过程的结束。

为了实现某些特殊的控制功能，如循环、选择和顺序等，G 语言的运行过程可能有些不同，这在 2.4 节 G 语言的运行和调试模型中再作解释。

# 2.3　正交三叉树

对 2.2 节中的数据结构可以抽象的方式进行描述,如顶点用圆点,关系用线,在形状上要求不严格,但是在图形化编程上则必须兼顾操作、美观和功能等多方面的要求,所以,必须选择一种特殊的方式来实现关系的描述,首先从线的描述开始。

## 2.3.1　正交线段

对一段线段而言,如果它在平面上要么垂直,要么水平,暂且称之为正交线段,其他的都称为斜线段。如图 2-3-1 所示,图 2-3-1(a)、图 2-3-1(b)即为正交线段,而图 2-3-1(c)、图 2-3-1(d)为斜线段。

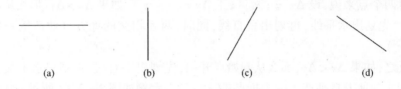

图 2-3-1　线段的分类

对平面上的两个特定的点 $A(x_a,y_a)$,$B(x_b,y_b)$ 而言(其中 $x_a,y_a,x_b,y_b$ 分别为两点在平面坐标中的横纵坐标,并且我们假定两点不能重合,即它们的横纵坐标不能同时相等),且假定连接它们之间的线都是直线段,即不是曲线,那么连接它们之间的线根据两点的位置有不同的情况,如图 2-3-2 所示。

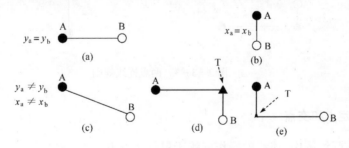

图 2-3-2　两点间的连接关系

情况一:A、B 两点的横纵坐标之一相等,那么它们之间的连线方式只有唯一的一种,而且都是正交线段,如图 2-3-2(a)、图 2-3-2(b)所示。

情况二:A、B 两点的横纵坐标都不相等,那么它的连接方式有三种,如图 2-3-2(c)为斜线段,只有一种情况,而正交线段则有两种方式,如图 2-3-2(d)、图 2-3-2(e),对这两种方式来说,它们都是由两段互不相同的正交线组成的,也就是说,一段垂直,一段水平,它们之间有个交点 $T(x_t,y_t)$,我们称之为折点。如图 2-3-2(d)、图 2-3-2(e)中的 T 点。

折点的坐标有其特殊之处,即折点的横坐标为 A、B 之一的横坐标,纵坐标则为 A、B 之一的纵坐标。如图 2-3-2(d)中的 $y_t=y_a$,$x_t=x_b$,而图 2-3-2(e)中的 $x_t=x_a$,$y_t=y_b$。

我们先确定几个规则:

规则 1:正交线段两端必定连接有点。

规则 2:如果两个目标点已确定,并连线有折点的话,那么折点也确定。

对图 2-3-2(a)、图 2-3-2(b)来说,两点确定,则连线也已确定,但对图 2-3-2(d)、图 2-3-2(e),我们必须依赖一个规则,使得这两者只有一种是所需要的。

对两个点来说,设 $\Delta x=|x_b-x_a|$,$\Delta y=|y_b-y_a|$;如果 $\Delta x>\Delta y$,那么从起始点 A 开始,先划出水平线,再划出垂直线,同时,两者相交的地方自动产生一个折点 $T(x_b,y_a)$。

反之,如果 $\Delta x<\Delta y$,那么从起始点开始,先划出垂直线,再划出水平线,同时,两者相交的地方自动产生一个折点 $T(x_a,y_b)$。示例如图 2-3-3 所示。

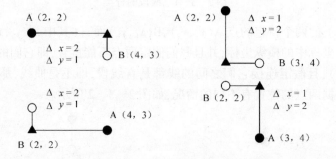

图 2-3-3　两点连线规则

### 2.3.2　定点和交点

在实际绘图中,连线的操作依赖于鼠标等交互工具,更具体一点则是键按下、松开、移动等,当用户想经过某一个坐标点进,他可能在某个位置点击一下,产生一种点,我们称之为定点,从模型上来说,即有时两点之间的线路必须经过一个指定的位置 $P(x_p,y_p)$,我们称之为定点。如图 2-3-4 所示。

定点也可能是上述折点的一种,它们的区别在于,定点是指定存在的,而上述折点是根据需要自动生成的。

为了区别上述的各种点,我们将 A、B 称之为目标点,而 T、P 等称之为非目标

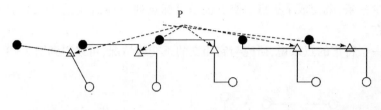

图 2 - 3 - 4　定点

点,目标点是图形中不可缺少的点,而非目标点只是一种辅助的点,缺少它们只是在美观等方面产生影响,并不影响图所要表达的含义。为了更清晰地描述,我们假定线有方向,即 A 为起始点,B 为目标点,即线是从 A 指向 B 的,所产生的图即有向图。

对定点来说,可以从起始点 A 开始将第一个定点当作结束点 B,实施规则 1,然后再将这个定点当作起始点,依次实施得到连线,如图 2 - 3 - 5 所示。

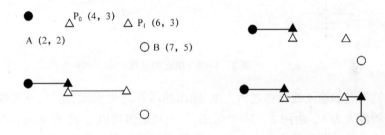

图 2 - 3 - 5　定点的连线

如果两条不同方向的正交线段相交,那么它们会形成如图 2 - 3 - 6 的情况。

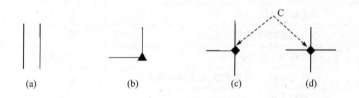

图 2 - 3 - 6　两线相交

如果两线平行,则形成图 2 - 3 - 6(a)的情形。

如果两线交于末端,则形成图 2 - 3 - 6(b)的情形,添加一个折点。

如果一线交于末端,一线交于中间,则形成图 2 - 3 - 6(c)的情形,多了一个交点 $C(x_c, y_c)$。

如果两线都交于中间,则形成图 2 - 3 - 6(d)的情形,多了一个交点 $C(x_c, y_c)$。

交点的特性就是,它连接的线段要么是 3 条,要么是 4 条。3 条线段的交点的线段减少一条,就变成了折点。交点也是目标点的一种,它也是自动生成的,但是必须存在。

对一个特定的点来说,研究与它相交的正交线情况,可以得到图2-3-7中的情形。

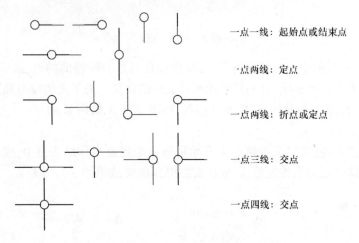

一点一线:起始点或结束点

·点两线:定点

一点两线:折点或定点

一点三线:交点

一点四线:交点

图2-3-7 单点的连线

我们将点的输入线段称之为入度,输出线段称之为出度,易知,正交线系的出入度之和最大为4。由图2-3-7可知,一个点最多可以有15种不同方向的不重合正交线连接。我们将点与点之间、点与线之间的关系列表,如表2-3-1所示。

表2-3-1 元素属性

| 元素 | 属性 | 可转换为 | 目标点 |
|---|---|---|---|
| 起始点 | 没有输入线段,入度为0 | 无 | 是 |
| 结束点 | 没有输出线段,出度为0 | 无 | 是 |
| 交点 | 有3段中4段连接线段 | 折点或定点 | 是 |
| 折点 | 一段输入线,一段输出线,且两线垂直水平 | 交点 | 否 |
| 定点 | 一段输入线,一段输出线 | 交点、折点 | 否 |
| 正交线段 | 水平或垂直 | | 否 |

表2-3-1中的转换是指:对一段已经存在的点和线来说,加入一根新线或删除一条线段,点的性质可以产生变化。

目标点与非目标点的转换:这里的目标点只能是交点,定点和折点都可以变成交点,前提是给它们添加一条连线,交点也可以变成定点可折点,前提是它的连线段为三条,且减少一条。

定点的消失:对非目标点的边线段作一种规定,非目标点的相连线段必须垂直。非目标点只有定点和折点两种,而由定义可知,折点就是两条相互垂直的线相交的地方。因此,不满足这个规定的,只可能是定点。

### 2.3.3　段线

段线:两点目标点以及它们之间的点线集合中,起始点到结束点之间的点线集合、起始点到交点之间的点线集合、交点到交点之间的点线集合和交点到结束点之间的点线集合,称之为段线。段线有如下特征:

(1) 段线的两端必须是目标点;

(2) 段线中间不能存在目标点;

(3) 抽离出来的段线不存在有三个或以上的连线的点。

图 2-3-8 所示的段线就有图 2-3-8(a)、图 2-3-8(b)、图 2-3-8(c)三段,而图 2-3-8(d)(起点不为目标点)、图 2-3-8(e)(中间存在目标点)、图 2-3-8(f)(中间有点有三段连线)就不能称为段线。

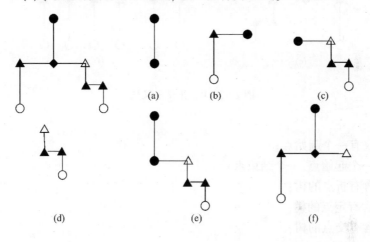

图 2-3-8　段线

### 2.3.4　正交线路图

对现有的图形软件的使用来看,为了使图更加规整和美观,很多都不使用斜线,而用两段正交线来代替斜线,我们称之为正交图。最简单的正交图是两个目标点,如图 2-3-2 所示。

我们将起始点、结束点、交点、折点、定点和正交线组成的系统称为正交线路图,上述 6 种元素是正交线路图的组成部分。

正交线路图的连接特征:点→正交线段→点…正交线段→点,一句话概括:同属者不能相邻,即正交线段不能与正交线段相邻,点与点也不能相邻。

如果我们假定:

(1) 线段是有方向的,即它始终从起始点流向结束点;

(2) 线段两端都存在一个点;

(3) 一个点的入度不能大于1;

(4) 一个图有且只有一个起始点。

那么这个图我们称之为正交三叉树。这种关系如图2-3-9所示。

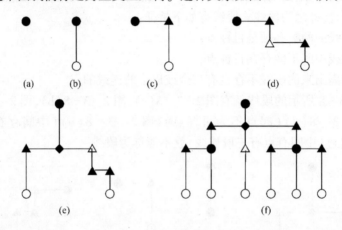

图2-3-9　正交三叉树

其中:

(a) 仅有一个起始点;

(b) 一个起始点,一个结束点;

(c) 含有折点的树;

(d) 含有定点的树;

(e) 含有交点的树;

(f) 完整的树。

由图2-3-6对点线关系的统计可以知道,一个点如果只有一个输入,那么出度最大为3,这是正交三叉树的最主要的特征。

### 2.3.5　正交三叉树的连线

在实际操作过程,正交三叉树的连线过程是一个非常复杂的操作,为了更清楚地说明问题,我们是假定在现有基础上进行一次连线来说明问题,即:

(1) 存在一个起始点,一个结束点,不存在定点;

(2) 存在上述一条线,最多存在一个定点和一个折点,同时增加一个结束点;

(3) 存在上述一条线,最多存在两个定点和两个折点,再增加一个结束点。

上述三个过程实际上就是一般三叉树的连线过程,如图 2-3-10 所示。前面讨论了两个点的连线,只有两种情况,如图 2-3-10 中 1 和 2 的连线实际上是 3 和 4 中连好的线路。而过程 2 的连线则如图中 6、7、8 已连好的线路,过程三的连线主要怕有误连,如图 2-3-10 所示。

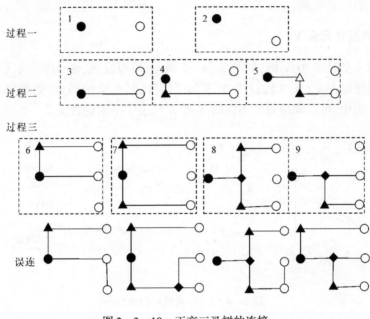

图 2-3-10　正交三叉树的连接

LabScene 当中连线遵从上述正交三叉树原理,当然实现过程更为复杂,牵涉到操作和目标点的不同。

## 2.4　G 语言运行机制

2.2 节探讨了 G 语言的数据结构模型,采用兄弟 AOV 网来描述 G 语言,然而要将这种模型在计算机中予以实现,需要解决以下三个问题的实现模型:

(1) 设计主体:节点及其关系描述;

(2) 运行主体:驱动及信息传递机理;

(3) 语法规则控制。

LabScene 采用消息驱动的数据流运行模型来解决上述问题,它可以定义为一个三元组 Mod = (V,M,R);其中:

V:可视化元素,构成 G 语言代码的设计主体,它是个二元组,可表示为 V = (N,A),其中 N 为节点的集合,A 为节点与节点之间的关联。

M:消息及其载体消息池,它是运行期间节点与节点传递的信息及其信息储存的场所,既完成排序的驱动,也完成信息的传递。

R:规则,是附加于 V 和 M 上的制约条件,它是个二元组,可表示为 R = (E, P),其中 E 为节点激活规则,P 为消息执行规则,由这个规则来实现 LabScene 在高级语言上的功能实现。

### 2.4.1　可视化元素 V

分析一个兄弟 AOV 网,如图 2-4-1 所示,可以发现,这个图实际上可以表示为一个二元组 V = (N, A),这个 V 表达了 G 代码可见的部分,如果将其实施到 LabScene 当中,可以知道每个不同的 N 和 A 代表了不同的含义。

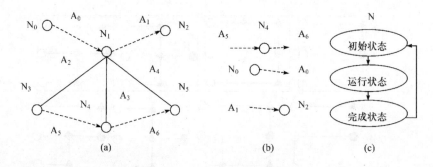

图 2-4-1　G 代码可视化部分

(1) 节点 N:发送和接收消息的主体,也是 G 语言功能实现的元素,它可以分为功能节点 $N_f$(图 2-4-1 中的 $N_0$、$N_2$、$N_3$、$N_4$ 和 $N_5$)和容器节点 $N_c$(图 2-4-1 中的 $N_1$)。将图论中的概念实施到 LabScene 当中,可以得到每个节点的基本属性,即 I/O 接口、位置以及状态。

(2) 输入输出接口:每个节点的基本特征是它的入度和出度,如果将每个关联与节点交接地方称之为接口,易知,入度为 $N_I$ 即输入接口有 $N_I$ 个,出度为 $N_O$ 则输出接口有 $N_O$ 个,用以实现不同的连接关系及数据输入输出;

(3) 位置:表示节点在 G 语言代码解析运行时所处的位置,分为起始、中间、末尾三种,把在兄弟 AOV 图中入度为零的节点看为起始节点(如图 2-4-1 中的 $N_0$),而输出为零的节点看作结束节点(如图 2-4-1 中的 $N_2$),其他的为中间节点。当然,在 LabScene 中不同的特定的运行中位置可能产生变化。

(4) 状态:表示节点在运行某一刻所处的状态,分为初始、运行和完成三种,状态在运行期间不停地变化,其变化顺序见图 2-4-1 (c)。在兄弟 AOV 网中,初始状态指未排序的节点,运行状态指正在排序的节点,而完成状态指已完成排序的节点。

(5) 关联 A:关联分为包容关系和连接关系两种。

包容关系:如果功能节点 $N_{fi}$ 是在容器节点 $N_{cj}$ 中,就称 $N_{fi}$ 和 $N_{cj}$ 有包容关系,$N_{cj}$ 包容 $N_{fi}$,即 $N_{cj}$ 是 $N_{fi}$ 的双亲。如果容器节点 $N_{ck}$ 是在容器节点 $N_{cj}$ 中,就称 $N_{ck}$ 和 $N_{cj}$ 有包容关系,$N_{cj}$ 包容 $N_{ck}$,即 $N_{cj}$ 是 $N_{ck}$ 的双亲。这种关系在图中即树枝的关系,双亲的孩子即可能是叶子,也可能是分支节点。这种关系如图 $2-4-1$ 中的 $A_2$、$A_3$ 和 $A_4$。

连接关系:如果功能节点 $N_{fi}$ 和功能节点 $N_{fn}$ 相互连接,就称 $N_{fi}$ 和 $N_{fn}$ 有连接关系,连接是一种有向边 A,从起始节点只流向其他节点,可以一对多,但不能多对一。这种关系如图 $2-4-1$ 中的 $A_0$、$A_1$、$A_5$ 和 $A_6$。

在这种三元组基础上实现的 G 代码如图 $2-4-2$ 所示。

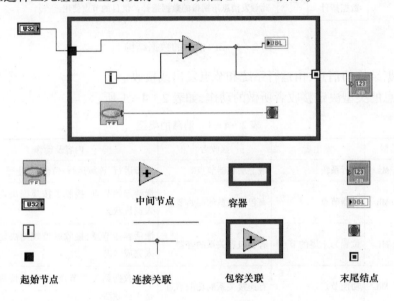

图 $2-4-2$　LabScene 中的 G 语言代码

## 2.4.2　消息及消息存放场所 M

G 语言的解释运行过程实际上是兄弟 AOV 网的排序过程,但是由于 G 语言本身的特征决定这种排序需要满足以下条件:

(1) 节点排序由什么驱动;

(2) 节点之间的信息数据如何传递;

(3) 前两种条件在操作系统中的实现。

现代主流操作系统均采用消息驱动的原理进行,设计得当的消息结构可以携带任意数据信息,同时,应用程序和用户操作的触发也以事件消息的方式进行,参考这种机理,可以设计出适合 G 语言的驱动与传递机制。如图 $2-4-3$ 所示,采用

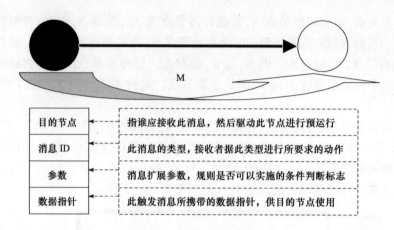

| 目的节点 | 指谁应接收此消息，然后驱动此节点进行预运行 |
| --- | --- |
| 消息 ID | 此消息的类型，接收者据此类型进行所要求的动作 |
| 参数 | 消息扩展参数，规则是否可以实施的条件判断标志 |
| 数据指针 | 此触发消息所携带的数据指针，供目的节点使用 |

图 2 - 4 - 3　消息的数据结构

特定数据结构的消息，由运行系统和节点发出或接收。

消息的类型决定接收者所做的动作，如表 2 - 4 - 1 所示。

表 2 - 4 - 1　消息的类型

| 消息类型 | 发出者 | 接收者 | 内容及动作 |
| --- | --- | --- | --- |
| 系统消息 Ms | 运行系统 | 最上层容器节点 | 单步运行、连续运行、暂停、停止等 |
| 起始消息 Mb | 容器节点 | 有包容关系的起始节点 | 激活起始节点，接收者按规则决定是否进入运行状态 |
| 完成消息 Mf | 位置为末尾的节点 | 有被包容关系的容器 | 激活容器节点，接收者按规则决定是否进入完成状态 |
| 数据消息 Md | 功能节点 | 有连接关系的功能节点 | 传递数据到关联节点，接收者按规则决定是否被激活 |
| 事件消息 | 前面板控件 | 用户接口节点 | 特定的鼠标、键盘消息，接收者进行预定的动作 |

消息池：是存放消息的场所，一般使用一个先进先出的队列，也可以是多个，如图 2 - 4 - 4 所示。每个节点均可往消息池中投递消息。消息池可以采用多个带有

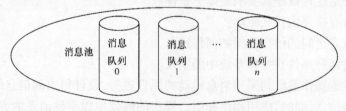

图 2 - 4 - 4　消息池结构

优先级的队列,如对响应要求最紧急的放在 0 号队列,次紧急的放在 1 号队列等,用来实现消息执行的优先控制。

### 2.4.3　规则 R

从系统运行开始发出的第一条消息开始,G 语言解释系统必须依赖一种规则来使设计者所要表达的意图即 G 代码得以正确执行,这种规则实施在设计和运行主体上,将节点上的规则称之为激活规则,消息上的规则称之为执行规则。

激活规则:激活规则是节点在状态转变时需要满足的条件,不同状态的节点执行不同的激活规则,激活规则应满足以下条件:

(1) 节点每接收到一个消息执行一次规则确认。

(2) 处于初始状态的节点执行运行规则,即决定是否进入运行状态。一般来说,起始功能节点接收到消息直接进入运行状态,非起始功能节点的运行规则在每个输入管脚均接收到激活消息时运行,容器则在每个起始位置的边界节点均激活时运行。这实际上是当节点所有入度为零的状态。

(3) 处于运行状态的节点执行完成规则,即决定是否进入完成状态。一般来说,功能节点运行完毕后直接进行完成状态,容器必须在每个内部节点均进入完成状态,同时自己的附加规则满足才进入完成状态,即双亲节点必须在孩子节点都完成时才能进入完成状态。

(4) 某些控制节点(如顺序、循环、选择等)有自己的附加规则。如循环容器的循环条件满足、选择的选中页执行和顺序容器的每页面都依次完成等。

由兄弟 AOV 图的概念我们可以加以对比,这实际上是兄弟 AOV 拓扑排序规则,只不过加上了自己的一些特定规则。

消息执行规则:从消息池中获取消息并加以解析执行的机制。消息执行机制可以是多种,如线程侦测执行、循环检测、用户手动和定时触发等,用以实现调试或连续运行控制。对每一条消息而言,其执行流程如图 2-4-5 所示。

由图 2-4-5 可知,此运行模型是一种多线程的并发执行模型,实施不同的执行规则,可以实现如下应用平台功能:

(1) 单步调试:每次执行一条消息,直到用户再按单步或其他按钮。

(2) 动画调试:由定时器每隔一定时间执行一条消息,主要用来观测运行过程。

(3) 单次运行:由一个线程不停侦测消息池中是否有消息,有则执行。系统只发出一条触发消息,接收到完成消息时将线程挂起。

(4) 连续运行:侦测线程总处于运行状态,系统不断发出触发消息,在上一条完成后接着发出第二条,直至系统发出暂停或停止消息。

(5) 暂停运行:消息执行线程暂时挂起,但所有信息均保存。

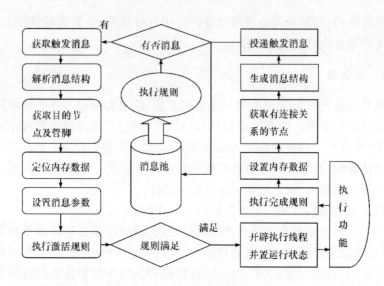

图 2 - 4 - 5　消息执行模型

（6）停止运行：退出消息侦测线程，同时清空消息池内容以及初始化节点的信息。

### 2.4.4　模型的运行流程

按上述三元组定义好的 G 语言程序即 VI，就可以遵循规则进行解析执行，这种执行有其特定的运行流程，由于设计的 VI 十分丰富，因此仅提取几种基本结构模拟实现其运行流程。

#### 1. 基础类型

基础类型只是由容器包含普通节点，但不具备复杂的控制功能，如图 2 - 4 - 6 所示，图 2 - 4 - 6 (b) 是它在兄弟图中的单元模型。

（1）系统发出控制消息，激活最上层容器（$N_{c0}$）运行。

（2）最上层容器对内部的所包含起始节点（$N_{f0}$、$N_{f1}$）发出起始消息，激活起始节点运行。

（3）起始节点执行节点功能，并改变自身到运行状态。

（4）当节点完成功能时，按完成规则决定是否进入完成状态，若是，则向与自己有关联关系的节点（$N_{f2}$）投递数据消息，同时进入完成状态。

（5）$N_{f2}$ 接收到数据就按运行规则（此处假定两个连接输入都激活时满足）判定是否进入运行状态，若能，则执行功能，并按完成规则决定是否进入完成状态。若满足，则向与自己有连接关系的节点（$N_{f3}$、$N_{f4}$）投递数据消息。

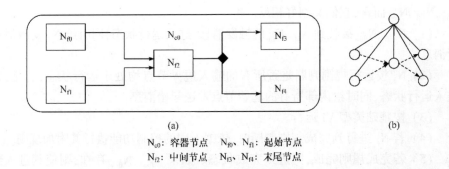

(a)　　　　　　　　　　　　　(b)

$N_{c0}$：容器节点　　$N_{f0}$、$N_{f1}$：起始节点

$N_{f2}$：中间节点　　$N_{f3}$、$N_{f4}$：末尾节点

图 2 - 4 - 6　基础 VI

（6）$N_{f3}$、$N_{f4}$ 按运行规则决定是否进入运行状态,若满足运行规则,则运行,并按完成规则决定是否进入完成状态,若满足完成规则,则进入完成状态,由于 $N_{f3}$、$N_{f4}$ 是末尾节点,对包容它的容器 $N_{c0}$ 发送完成消息。

（7）容器 $N_{c0}$ 按完成规则(此处假定内部末尾节点均完成时满足)判断是否完成。完成则置完成状态,将内部节点($N_{f0}$、$N_{f1}$、$N_{f2}$、$N_{f3}$、$N_{f4}$)状态置成初始状态,如果是末尾位置,则对上层容器(即系统)发出完成消息。

（8）系统接收消息,运行完成。

2. 控制类 VI

控制类 VI 依赖特定功能的容器节点和处于其边界上的节点来实现高级文本语言所具有的循环、选择和顺序等三种基础控制结构,如图 2 - 4 - 7 所示,同时针对图形语言增加了一些特殊的功能(图 2 - 4 - 7(b)为它的兄弟图模型)。

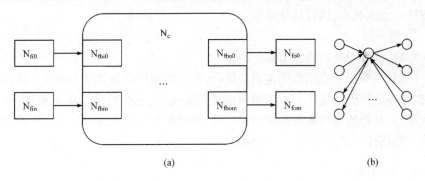

(a)　　　　　　　　　　　　　(b)

图 2 - 4 - 7　控制节点

$N_c$：容器节点　　$N_{fi0}$、$N_{fin}$、$N_{fo0}$、$N_{fom}$：容器外节点

$N_{fbi0}$、$N_{fbin}$：输入边界节点　　$N_{fbo0}$、$N_{fbom}$：输出边界节点

在 $N_c$ 内,$N_{fbi0}$、$N_{fbin}$ 是起始节点,$N_{fbo0}$、$N_{fbom}$ 是末尾节点,但是对外部节点 $N_{fi0}$、

$N_{fin}$、$N_{fo0}$、$N_{fom}$ 而言，它们又刚好相反。

（1）$N_{fbi0}$、$N_{fbin}$ 接收到 $N_{fi0}$、$N_{fin}$ 的触发消息，进入运行状态，同时给 $N_c$ 发激活运行消息。

（2）$N_c$ 按运行规则判断是否所有的输入边界节点均处于运行状态，若是，则进入运行状态，同时给内部所有的起始节点发送起始消息。

（3）按基础类型 VI 运行。

（4）若 $N_c$ 进行到完成规则判断时，依据不同的控制功能执行其附加规则。

（5）若完成规则完成，则进入完成状态。如果 $N_{fbo0}$、$N_{fbom}$ 存在，则使其进入到运行状态，若不存在，则对父容器发出完成消息。同时置内部节点为初始状态。

（6）$N_{fbo0}$、$N_{fbom}$ 对后续关联节点 $N_{fo0}$、$N_{fom}$ 发送激活消息，按基础类型 VI 运行。

其中运行可分为如下几种情况：

① 循环。

组成：一个容器节点和一个条件判断节点。

运行：每次执行附加规则时，判断条件节点是否满足要求，若是，则继续执行基本 VI 运行方式；若否，则进入完成状态。循环分成两种情况：固定次数的 For 循环和条件判断的 While 循环。

② 选择。

组成：层叠在一起的多块容器节点和一个选择边界节点。其中事件容器节点类似选择容器。

运行：选择边界节点接收到消息，判断是否要运行，若是就根据消息里面携带的数据判断选择的是哪块容器节点来运行，同时把这块容器节点激活，并通知这块容器节点运行。其他层叠的容器节点因为未被激活，将不会运行。运行完成，激活容器进入完成状态，执行后续动作。

③ 顺序。

组成：多个层叠的容器节点。

运行：当顺序节点接收到消息要运行，先找到顺序控制节点上的第一块容器节点，按基本运行方式运行它。当第一块运行完毕后，它会给第二块发消息，启动第二块运行，并把边界的数据提供给第二块，同时把自己置成完成状态。接着第二块按第一块同样的道理运行。一直到最后一块运行完毕，执行后续动作。

3. 子 VI 类

子 VI 类依赖于它所代表的 VI 的用户接口节点来运行，子 VI 节点的每个输入输出管脚均与一个用户接口节点联系在一起，用来代替前面板输入输出的数据交流，其执行过程如图 2-4-8 所示，其中子 VI 节点本身的规则适用普通功能节点规则。

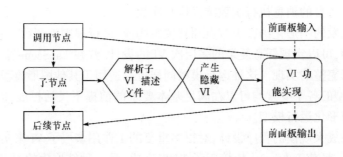

图 2-4-8 子节点执行

## 2.4.5 消息执行统计

由运行模型基本要素和消息触发机制可以统计出每一种节点运行一次所发送和接收消息的次数,并由此得出一个 VI 运行一次其消息池里投递并执行了多少个消息。

设功能节点 $N_f$ 有 $F_{pi}$ 个输入管脚,$F_{po}$ 个输出管脚;容器节点 $N_c$ 有 $C_{bi}$ 个输入边界节点,$C_{bo}$ 个输出边界节点,内部有 $C_s$ 个起始节点,$C_e$ 个末尾节点,并假设每个节点均具有完全连接关系,即每个管脚均有连接。其统计次数如表 2-4-2 所示。

表 2-4-2 节点消息统计

| 消息\节点 | | 发送 | | | | | 接收 | | | | |
|---|---|---|---|---|---|---|---|---|---|---|---|
| | | Ms | Mb | Mf | Md | Me | Ms | Mb | Mf | Md | Me |
| 功能节点 | 起始 | 0 | 0 (1)* | 0 | $F_{po}$ | 次数不定,视用户操作而定,设为 Es | 0 | 1 | 0 (1) | 0 | 次数不定,视用户操作而定,设为 Er |
| | 中间 | 0 | 0 | 0 | $F_{po}$ | | 0 | 0 | 0 | $F_{pi}$ | |
| | 末尾 | 0 | 0 | 1 | 0 | | 0 | 0 | 0 | $F_{pi}$ | |
| 容器节点 | 起始 | 0 | $C_{bi}+C_s$ | 0 | 0 | | 0 | 1 | $C_{bo}+C_e$ | 0 | |
| | 中间 | 0 | $C_{bi}+C_s$ | 0 | 0 | | 0 | 0 | $C_{bo}+C_e$ | 0 | |
| | 末尾 | 0 | $C_{bi}+C_s$ | 1 | 0 | | 0 | 0 | $C_{bo}+C_e$ | 0 | |
| | 后面板 | 1 | $C_s$ | 1 | 0 | | 1 | 0 | $C_e$ | 0 | |

\* 括号内表示此节点为边界节点的次数。

在 VI 运行过程中,其内部的节点运行次数视控制容器节点而定,如循环控制内部节点可能执行 $n$ 次,而选择容器内部未选中页面则执行次数为 0,因此消息总数应为节点各自的消息执行次数乘以执行次数。

消息触发的图形化语言由节点和其关系构成,运行规则来制约,消息及其执行机制来驱动,可以实现任意复杂的多层次 VI 的设计,并在 LabScene 虚拟仪器开发平台中得以完整的实现。这种运行模型同样可以适用于其他图形流程的解析与执行,由于模型的各个要素均可以在满足基本要求的前提下灵活扩展,因此,它是一种通用的图形化运行模型。

为了完成大规模的程序设计,对很多重复的工作用多层子 VI 来实现不是一个有效的途径,目前 LabScene 依赖于子 VI 来完成,是一种结构化的 G 语言实现,自有其局限性。在以后的工作里将完善此运行模型,使得图形语言能够像高级文本语言一样采用面向对象的方式实现大规模程序设计。

LabScene 的实现遵循了上述运行模型的定义,较为完整地实现了 G 语言的定义并能够正确执行设计者意图,初步具有了一个 G 语言平台所应该具有的设计开发、调试运行等功能,能够实现较为复杂的、多层次的 VI 的开发。

## 2.5　内　存　管　理

在 2.4 节中阐述的运行模型是一种以消息携带数据的方式来实现数据的流动的模型,但 G 语言作为一通用语言,它所使用的数据类型是非常多的,而消息必须以一种统一的方式来进行传递。既然 G 语言的运行是以数据流驱动的,作为核心的数据分配、访问及回收算法对其运行效率及稳固性都有决定性的影响,反过来,这种数据内存管理技术又得适应于 G 语言本身的特点:

(1) 数据产生速度快:G 语言由数据流驱动,在其运行期间,G 代码各运行节点不断地产生数据,各节点之间的通讯依赖于数据本身之间的交流,从而驱动 G 语言运行。

(2) 数据的生命周期不可预知:当节点产生数据后,数据被多个后续关联节点引用,它的生命周期的长短依赖于引用它的节点的执行状态,由于 G 语言代码是并发执行的,加上它具有需要满足不同的目的要求,因此数据的消亡触发动作是不可预知的。

(3) 数据本身具有独立性:一个节点产生的数据在送出以后就不再依赖于此节点,因此,数据本身应该有描述自身类型的能力,以提供给使用者足够的信息。

(4) 数据类型的变化大:G 语言程序模拟的是面向测控领域的真实仪器,需要对真实环境数据进行最大限度的仿真,一些在线测试的数据值的跨度和类型的变化都难以预测。同时,作为一种通用编程语言,它的数据类型也是非常丰富的。

(5) 功能节点的数据具有多义性:静态语言的函数类型在定义期间已经确定,而 G 语言的功能函数节点输入输出数据往往依赖于相关联的节点的数据类型,可以针对不同的数据类型执行相应的数据运算。

　　由于以上特点的影响,依赖于常规的数据内存管理算法,很容易在系统运行中产生内存碎片,从而影响系统的效率及稳固性。作为 G 语言的最初实现者,LabVIEW 也是在它解决了数据内存的管理以后,才开始流行起来。下文在自主实现的虚拟仪器开发平台 LabScene 中,对满足以上 G 语言的特征的数据内存管理方案进行论述。

### 2.5.1　数据的存储特征

　　LabScene 具有丰富的数据类型,按数据类型的复杂度,可以将绝大多数的数据结构分成三种:基本数据类型、数组和簇。

　　**1. 基本数据类型**

　　表 2 - 5 - 1 中的基本数据类型(basic type)名称均为类 C 语言名称,由表可知除字符以外的基本数据类型(以下论述的基本数据类型均不包括字符型,字符型当作数组类型)占用内存大小可为

$$B_{size} = 2^n \qquad (2-5-1)$$

式中,$n$ 为 $1,2,\cdots$。

**表 2 - 5 - 1　基本数据类型及其内存占用**

| 类别 | 位 | 布尔 | 字　符 | | 地址 | 其他 | 数　字 | | |
|------|-----|------|--------|---|------|------|--------|-----|-----|
| 名称 | Bit | Bool | String | Wide String | Address | | Ext | I8 | U8 |
| 占用字节 | 1 | 1 | 不定 | 不定 | 4 | 不定 | 16 | 1 | 1 |

| 类别 | 数　字 | | | | | | | |
|------|------|------|------|------|------|------|------|------|
| 名称 | I16 | U16 | I32 | U32 | SGL | I64 | U64 | DBL |
| 占用字节 | 2 | 2 | 4 | 4 | 4 | 8 | 8 | 8 |

　　**2. 数组类型**

　　数组类型(array type)为多个相同的上述基本类型的组合,可以为 1 维或多维,类似 C 中的 Array。基本类型中的 string 字符类型可视为多个 U8 一维组合,wide string 可视为多个 U16 一维组合。很容易知道其占用内存大小为

$$A_{size} = 2^{n_0} + 2^{n_1} + \cdots + 2^{n_m} \qquad (2-5-2)$$

式中,$n_i(i$ 为 $0,1,\cdots,m)$ 为依次增加的整数。

　　**3. 簇类型**

　　簇类型(cluster type)为多个相同或不同的基本类型或数组类型的组合,同时

它还可以是簇本身的组合,类似 C 中的结构 struct,同样可知其占用内存大小为

$$C_{size} = (2^{a_0} + 2^{a_1} + \cdots + 2^{a_\alpha}) + (2^{b_0} + 2^{b_1} + \cdots + 2^{b_\beta}) + \cdots$$
$$+ (2^{n_0} + 2^{n_1} + \cdots + 2^{n_\omega}) \tag{2-5-3}$$

式中,$a,b,\cdots,n,\alpha;\beta,\cdots,\omega$ 均为整数。

### 4. 其他类型

有关的其他类型,均可简化为上述三种类型的组合,其内存大小也相应可计算出。

由上面的各种类型的内存占用情况来看,根据简单的数学运算,可以知道它们都可以用一个公式来表达:

$$D_{size} = 2^{n_0} + 2^{n_1} + \cdots + 2^{n_m} \tag{2-5-4}$$

式中,$n_i$($i$ 为 $1,2,\cdots,m$)为依次增加的整数。

也就是说,所有的数据类型均为一系列 2 的幂的二次项,从计算机的二进制原理角度来看,任意大小的内存需要 $D_{size}$ 同样可以一种二进制的方式表达,而二进制本身即 2 的幂相加。

## 2.5.2　内存地址描述模型

为了获取每种数据类型的存储信息,先定义一个内存地址信息描述结构 TAddrCell,此结构成员如图 2-5-1 所示。

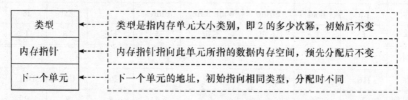

图 2-5-1　内存地址信息描述单元

根据数据类型的存储特征,先在内存中开辟 $m$ 块连续的内存空间,$m$ 视单个内存需要最大值而定,暂定为 16,其大小分别为:$A \times 2^0$,$B \times 2^1$,$\cdots$,$N \times 2^m$,如图 2-5-2 所示,其中的 A,B,$\cdots$,N 为每种大小内存的引用因子,可视经验而定,一般说来,G 语言中的 I32(占用 4 字节)、DBL(占用 8 字节)用得较多,那么 $C \times 2^2$ 和 $D \times 2^3$ 中的 C、D 就可定得大些。

在初始分配时,每个类型的 TAddrCell 均指向同一类型的下一个单元,最后一个指向空,第一个指向此类型的未分配指针 pUnAlloc,即形成 $m$ 个纵向内存链表。

当需要大小为 $D_{size} = 2^{n_0} + 2^{n_1} + \cdots + 2^{n_m}$ 的内存时,即根据每项的幂来决定取哪

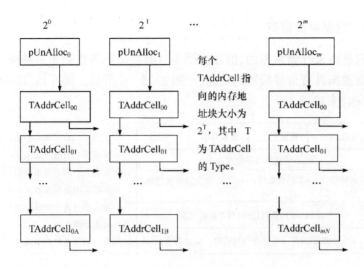

图 2-5-2　内存地址模型初始化状态

一种类型的 pUnAlloc,同时将 pUnAlloc 指向同类型中的下一个内存单元。这样由 $m$ 个单元构成一个需要分配的内存链表,如图 2-5-3 所示。

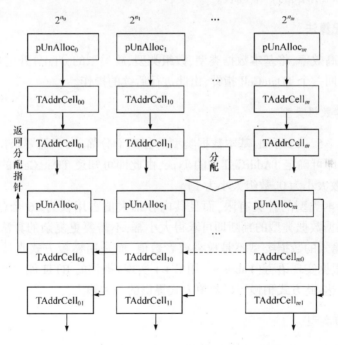

图 2-5-3　分配示意图

### 2.5.3　内存数据描述模型

内存只是用来存储数据的,但是数据本身的特征还得依赖于一种额外的描述,这样才能使数据具有自身描述的功能,如图 2-5-4 所示。同样地,以一个数据结构(TDataCell)来描述。

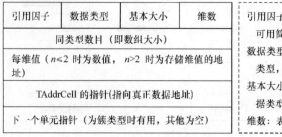

图 2-5-4　内存数据描述单元模型

每个 TDataCell 可以描述一组相同的数据类型,即基本类型或数组,而簇则是多个 TDataCell 形成的一个链表。

### 2.5.4　分配算法

为了提高效率,将基本数据类型、数组类型、簇类型的分配分开进行,所有的分配操作均返回一个 TDataCell 指针,由此进行后续的操作。

#### 1. 基本数据类型

由式(2-5-1)可知,基本数据类型的分配十分简单,只需要求出其大小为 2 的多少次幂即可确定 TAddrCell 中的 Type,由此即可知道 TDataCell 的各项参数的值(此时维数大小为 0,数组大小为 1)。

由于基本类型的种类有限,而且其内存最大值占用仅为 16 个(特殊类型除外),因此根据数据类型的判断即可求得大小幂,不需要更复杂的算法。在编程实现中,可能输入的数据类型不是枚举或者数值,而是用模板方式直接提供数据类型,则需要根据实现语言(LabScene 用 C++ 实现)提供的 RTTI 能力来确定数据类型的型别表达,此方式稍慢于以数值方式提供的类型输入。

#### 2. 数组类型

数组类型的分配关键是将需求大小转换为式(2-5-2)所表达的方式,其实质是将一个十进制转换为二进制,但由于其特殊性和提高效率,故不采用常见的降幂或半除法,其算法如图 2-5-5 所示(均使用类 C 语法,同时以分配最大值 $2^{16}$

为例)。

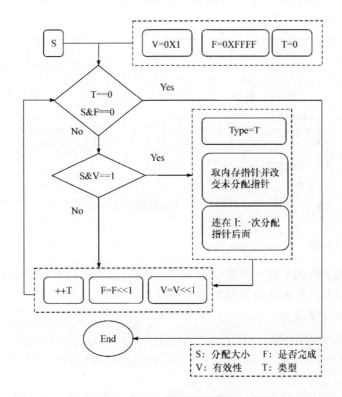

图 2 – 5 – 5　数组分配算法

由于以上算法均使用移位操作或布尔运算,加上有 Finished 标志,故速度很快。根据式(2 – 5 – 2)可知执行的循环次数为 $m$,在实际 VI 使用过程中,很多情况分配大小均为 1,使速度进一步加快。

对数组而言,TDataCell 必须提供多维数组的维数信息的描述能力。绝大多数数组都是一维或二维的,大于三维的很少,因此,存储每维数大小用一个联合来表示,维数问题分成三种:

一维数组:第一维为数组大小,故不需要另外存储。

二维数组:第一维为联合中的数值,第二维为(数组大小)/(第一维大小)。

三维及以上:维数用一个一维整形数组表示,其分配使用一维数组分配方法。

3. 簇

簇的分配由多次基本数据类型和数组类型分配获得的 TDataCell 指针进行一种打包操作(boudle)完成。假设已分配了 $n$ 个 TDataCell,那么每个 TDataCell 均有一个 Next 指针,将其按顺序链接起来,同时返回第一个 TDataCell 便完成了簇的打包操作,如图 2-5-6 所示。

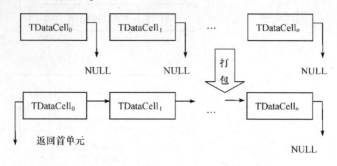

图 2-5-6　簇的打包

### 2.5.5　访问算法

同样,访问也因上述三种类型的不同而不同,基本数据类型访问最快,数组次之,而簇最复杂。每种获取到最终的数据类型有两种方式:一是有确切的数据类型,以模板方式获取,如

```
template < typename T > T GetValue() { return * (T * )pAddr;}
template < typename T > void SetValue(const T value) { * (T * )pAddr =
value;}
```

另一种方式是未知类型,而直接以 GetXValue、SetXValue 的方式进行,其中 X 为所需要的数据类型,然后在实现中根据数据类型值进行转换。

利用分配算法,可以由 TDataCell 知道各自的数据结构类型,如表 2-5-2 所示。

表 2-5-2　数据结构特征

| 数据结构 | 基本类型 | 数组 | 簇 |
| --- | --- | --- | --- |
| 特征 | 维数为 0 | 维数不为 0,Next 为空 | Next 指针不为空 |

由各自类型进行以下访问操作。

#### 1. 基本数据类型

基本数据先根据 TDataCell 中的数据类型描述来还原真正的内存中的数据类型,然后由 TAddrCell 的指向的地址直接获取数据,就可以对之进行访问。

#### 2. 数组

数组访问的算法不像普通的连续地址数组那样可以直接使用索引方式进行访

问。因此,快速地用索引来实现定位是最关键的。对一个已知 TDataCell,访问索引为 Index 的定位算法,如图 2-5-7 所示。

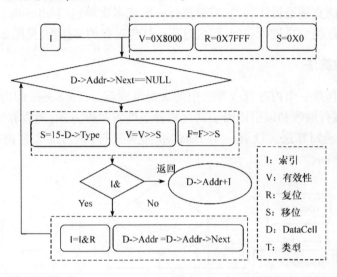

图 2-5-7　数组索引访问算法

对数组进行每个元素全部遍历的操作时,可以使用预先分配的数据缓冲池来进行加速操作,入池时将 TDataCell 的链表数据投入到连续的缓冲池中,就可以按常规连续数组来实现索引访问,操作完成后再将池里数据还原到 TDataCell 中,如图 2-5-8 所示。

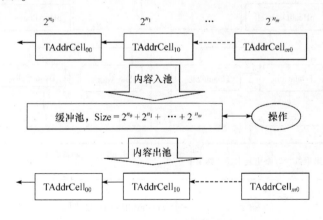

图 2-5-8　缓冲池操作

由于池是一种临时使用的内存区域,因此它可以多次使用,只要考虑并行执行的最大程度,就可预先分配相应个数的数据缓冲池,减少因临时分配和删除而导致的时间损失。

**3. 簇**

簇并不能直接进行访问,它需要进行一次或多次解包(UnBundle)后降解为数组或基本数据类型再进行访问,解包过程是打包过程的逆操作,见图 2‑5‑8。

### 2.5.6　回收算法

回收同样是一个内存管理算法中的重要组成部分,LabScene 的内存回收非常快速,它有强行回收和以引用因子到达临界条件时两种方式,回收算法是一样的,是一个先序递归算法。设有一个 DataCell 需要进行回收,那么它遵循的步骤如图 2‑5‑9 所示。

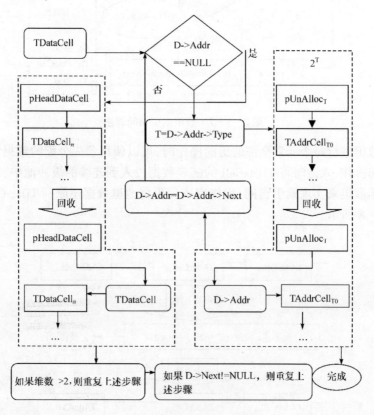

图 2‑5‑9　一个 TDataCell 的回收步骤

### 2.5.7　算法对 G 语言特定功能的支持

本算法具有满足 G 语言中特定数据特征的完备性,由上述描述可知:

(1)数据产生速度:由于本算法的数据缓冲区是预先分配好的,因此它最大的优势便是各种不同的数据产生速度高,而且数据全部集中在一个连续区域中,从而避免了一般分配所导致的内存碎片问题。

(2) 生命周期控制:节点产生者根据后续关联设置数据的引用因子。每个引用者在使用完毕时,对该数据引用因子进行改变,当数据侦测到引用因子到达定义临界值时,自动摧毁本身,从而实现数据的生命周期控制。

(3) 数据具有独立性:每个数据都由一个 TDataCell 来描述,它本身提供给使用者足够的信息,不依赖于数据产生者。

(4) 数据类型多:由上文可知,每种数据类型均可由一种有序的方式来变化为三种数据类型,而且由 TDataCell 的描述能力可以支持多种的数据类型,能提供对多种基本数据类型以及对数组及簇的完整支持

(5) 数据多义性:由于数据具有独立性,因此使用者可以根据数据本身进行不同的预定义的数据运算,从而实现运行期的多义性。

由此可知,本算法能够满足 G 语言的基本需求。

### 2.5.8　G 语言中运行效果比较

在 LabScene 中上述算法较好地实现了内存管理,以一种统一的方式支持 LabScene 的数据传递机制。所设计的 G 语言程序,能够长期稳定地运行,而不会造成内存碎片从而导致性能下降。为了能够更清晰地与通用的操作系统内存分配以及 STL 标准库的内存分配算法相比较,在专门提供程序基础上进行性能比较测试,其结果如表 2-5-3 所示。

表 2-5-3　算法测试结果

| 次数 | 创建及删除(次数＝最大值×次数) | | | | 访问及赋值(次数＝最大值×次数) | | | |
|---|---|---|---|---|---|---|---|---|
| | 8192 ×100 | 1024 × 2000 | 741 × 2000 | 741 × 200 | 1024 × 200000 | 1024 × 20000 | 345 × 200000 | 345 × 20000 |
| C++ | 5797 | 1594 | 969 | 109 | 187 | 16 | 63 | 9 |
| STL | 63015 | 4437 | 2735 | 281 | 359 | 31 | 126 | 16 |
| LabScene | 3094 | 1344 | 891 | 97 | 749 | 62 | 269 | 36 |

以下测试在 Windows XP、CPU PⅣ 2.4G、Borland STL 中进行,基本数据类型为 double 类型,数组大小从 0 到最大值依次增加,时间以毫秒为单位。

由表 2-5-3 可知,在创建及删除的速度上,本算法具有较大的优势。由于创建及删除所花的时间大于访问及赋值所用时间,因此,在 G 语言的内存数据管理中,采用本算法不仅可以满足特定的要求,并且不会牺牲太多的执行效率。

G 语言中的内存管理算法在满足 G 语言运行平台的特定要求基础上,解决快

速创建与删除中造成的内存碎片问题,不仅仅在 LabScene 虚拟仪器开发平台中能够很好地工作,同时它也是一种通用的数据内存分配管理算法,只要对不同的应用进行特殊的优化之后,还可以在其他系统级的软件平台上使用。

## 2.6　扩　展　模　型

任何一种设计良好的平台级系统均应考虑到其扩展性需求,在设计期总有想不到的问题未来需要加入进来,如图 2-6-1 所示。

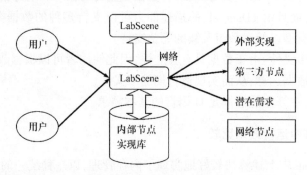

图 2-6-1　系统的扩展性需求

以上需求如果处理不好,会使需求系统不断地升级,大大增加系统维护的困难度。要解决这些问题,必须在系统模块和构架上下功夫。同时,系统的开放性也是扩展功能的重要组成部分,提供公开的设计接口可以使系统的功能不断扩展,使很多的第三方人员来开发未完成的功能实现或者是想自己重新实现的节点,这种开发具有如下特征:

(1)通用接口定义:指这个节点与 LabScene 的接口必须是按照某种规范预先定义好的,这里主要有三方面的接口定义:节点信息传输、输入参数格式和输出结果格式的定义。

(2)节点信息完备:指对节点本身的信息描述,外界或内部获得这个描述,它就是唯一的知道这个节点的特征,一般来说有节点本身、管脚、位置以及功能实现等的描述。

(3)节点信息不定:节点的信息虽然完备,但是它的实现和位置在具体的节点却是未知的,因为不知道节点是想重载实现,还是新增实现,或者是本地的,还是网络的等。

它们的实现根据系统内部是否已有功能实现分成两类,它们进入到 LabScene 内部的过程如图 2-6-2 所示。

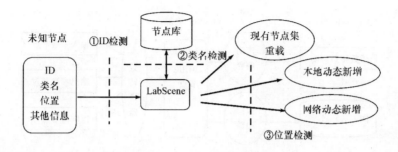

图 2-6-2 外部节点加载

## 2.6.1 外部功能动态加载

现有的软件一般使用文本语言实现,硬件可能由 DLL 来驱动,虚拟仪器应该利用这种资源,而这种资源具有功能强大、接口已定制,不会按自己的要求来更改等特征,如图 2-6-3。

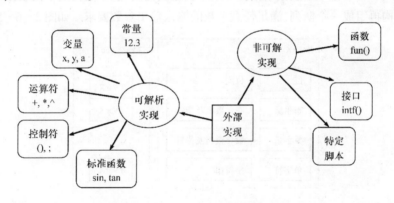

图 2-6-3 外部实现的需求

在这里外部实现分成两种情况,一种是以脚本的方式提供的可解析实现,这种解析在下一节中重点讨论其解析算法,另一种则是以 DLL 方式提供,由于 DLL 的接口函数千变万化,并且实现语言也未知,以二进制的方式提供,因此,我们不能够每一种函数都提供一个专门的节点去实现,一个公共的能够实现任意 DLL 函数执行的节点是必然的选择,这种实现也是很困难的。

我们假定某个 DLL 的接口声明已经知道(假定为 Ret DLLFunc( In Param, Out Param)),那么,这个公共 DLL 调用节点(且称之为 CallDLLNodeX)所要达到的功能如图 2-6-4 所示。

由图 2-6-4 可知,DLL 调用节点设计的关键部分在于执行引擎、参数转换和声明解释三部分,其中声明解释实现上是一种脚本解释器,可以参考下节,重要的

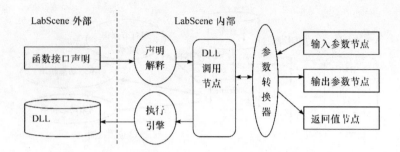

图 2-6-4 DLL 调用节点

是由声明得到的结果动态完成 DLL 调用节点的管脚和数据类型的分配等工作。下面分别分析参数转换和执行部分的设计要点。

执行引擎：由于 DLL 调用是采用一种通用方式，所以它的输入参数应该是一种能够描述任意类型的数据类型，类似操作系统中的 Variant 类型。它应该满足数字量、布尔量、字符串以及数组指针等基本类型的需要，这个结构是个大联合，然后由这个结构再组成一个队列，满足任意个数的输入输出参数要求。如图 2-6-5 所示。

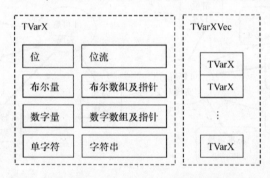

图 2-6-5 万能数据及组

上述结构既能作为输入参数，也可作为输出参数，而返回值则是一个类型指针，因此执行引擎的调用函数也是一个公共的声明：

```
void Call(const string& strFunc, TVarXVec& Args, TVarX * pRetVal);
```

上述 Call 函数的实现过程如下：

（1）获取 DLL 的模块句柄；

（2）获取输入函数名的函数指针；

（3）输入参数入栈；

（4）执行调用；

（5）输出参数出栈；

（6）赋返回参数值；

（7）完成调用并返回。

由于函数的不可知性和对高效性的要求，因此，其中的（3）、（4）、（5）、（6）都采用汇编语言实现，其主要代码如下：

```
int ArgCount = Args.size();//获取参数个数
for(int i = ArgCount - 1; i >= 0; i --)//按逆序将参数入栈
{      //将参数地址拷贝给一个临时变量中,强转可能会导致数据丢失
       memcpy(&dwTemp, &(Args[i].cVal), sizeof(DWORD));
       _asm push dwTemp//入栈
}……………………………………………………………………………3）

if(pRetVal! = NULL&&(pRetVal -> Type == dtFloat ||pRetVal -> Type ==
dtDouble || pRetVal -> Type == dtLDouble)){_asm
{
       call dword ptr [pFun]
       fstp dword ptr [dwRet]
}
}
else dwRet = (pFun)();……………………………………………4）
for (int i = 0; i < ArgCount; i ++)//将参数出栈
{
       _asm pop dwTemp
       //当数据已更改时将值拷贝返回
       memcpy(&(Args[i].cVal), &dwTemp, sizeof(DWORD));
}………………………………………………………………………5）
if (pRetVal) pRetVal -> lVal = dwRet;……………………………6）
```

这样，一个公共的调用函数即可完成任意 DLL 函数的调用。

参数转换：LabScene 所有的数据格式均以一种通用的方式运作（参考内存管理一节），输入到 DLL 调用节点的也是。参数转换需求完成两方面的工作：

（1）把输入参数转换为执行引擎所需的；

（2）把输出参数和返回值转换为 LabScene 公共数据格式。

由于 LabScene 数据格式的完备性，因此上述转换实际上各种条件的判断，这里不再详述。

## 2.6.2　外部脚本解析

G 语言虽然是有着强大功能的高级语言，但是现有的大量软件实现均基于文本语言，而且文本语言在灵活性和习惯经验上均强于图形化语言，因此，怎么利用

现有文本语言的优势,实现两者的融合也是十分重要的。

为了达到上述目的,LabScene 当中的 G 语言实现提供了一个特定的图形节点,可以在其输入常见的文本脚本(如 C 代码),同时具有与 G 语言通信的输入输出接口,通过内置的解释器来实现脚本所要表达的含义。同时,为了更进一步扩展 G 语言与外部业务程序的交互能力,这个解释器应该能动态解释按某种规则书写的脚本,在运行时实现其目的。

脚本是一种自由文本,它的主要特点是无类型、解释性、简单性和高效性,利用脚本来保存功能流程和运算规则信息,然后在需要的时候将脚本解释还原并执行其功能过程,就可以实现由基本功能及运算单元组成的整个系统的可灵活配置。

### 1. 总体框架

基于脚本的系统可以用在很多的控制场合,如可配置界面的生成及流程控制等,其一般的工作框架如图 2 - 6 - 6 所示,为了更有效地对功能流程及运算进行解释,本文只针对在功能流程及运算方面的解释,而不牵涉界面的配置生成。

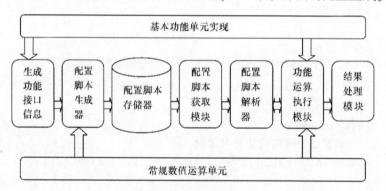

图 2 - 6 - 6　配置框架

### 2. 可配置系统实现

基于脚本的功能流程可配置方法的基本原理可概括为下面三条:

(1) 以动态链接库接口函数名来代表功能名称,用函数指针来执行动态库中的功能实现;

(2) 以括号来控制算法基本单元的进行;

(3) 以操作符来实现业务数值运算及流向控制。

基本功能单元应该是一个个相对独立的实现,为了能和生成器及解释器解耦,此单元一般采用动态库的方式实现,而暴露给系统的只是其接口信息。一组类似功能可存在同一个动态库中,也可按需求分开实现。接口信息生成实际上是与基本功能单元实现紧密相关的,主要是保证生成脚本能以一种唯一区别的方式来表达基本功能单元。本文以动态库的接口函数名来代表一个功能实现。图 2 - 6 - 7 是 LabScene 当中的解释流图。

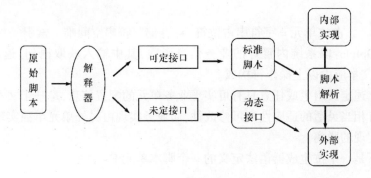

图 2 - 6 - 7　脚本解释过程

### 3. 脚本生成语法

因为脚本是一种自由文本,因此它的生成非常灵活,只要能生成文本信息即可,但其核心是定义了一组语法规则,脚本生成及手工修改均应符合此规则,它基本上与 C + + 的语法定义类似。以下是一个最简化的脚本操作项的定义,所有的配置信息都应该由以下操作项组合而成,否则解释流程将不能正常进行。

$C_i$:常数 i,其特征是一串阿拉伯数据及其中可能的小数点 '.'。

$V_i$:变量 i,应符合 C + + 规范的变量声明。

$O_i$:功能名 i,应符合 C + + 规范的函数名声明,其中封装了基本业务单元的实现接口。

$S_i$:字符串 i,其特征是以 '"' 开始,以 '"' 结束的一串任意字符。

操作符:本文暂视为 ' + '、' - '、' * '、'/'、' > ' 五种操作符,前四种为数值运算符,操作返回一结果,其中 ' * '、'/' 优先级大于 ' + '、' - ',后一种为业务流向符,操作如有结果则返回,如无结果,刚按此规则进行:如果相邻优先级高的操作符为 ' * ' 或'/',则返回值为 1,如果为 ' + ' 或 ' - ',则返回 0。

其他复杂的数值运算可以调用 C + + 标准库中的函数实现,可以将此类函数当作一种业务 $O_i$ 来处理。

分界符:包括操作符、'('、')'、',' 及 '\0' 等。

多个流程分隔符:';',用以标志一个脚本中多个流程单元。

字符串占位符:在解释过程中,需要将包括任意字符的字符串用一种特定占位符代替,定义如下:

```
#define STRING    " $ "      //字符串占位符号
```

实际运用时可以将占位符换为别的在正常脚本中除字符串以外用不着的符号。为了区分多个字符串占位，以及代回字符串时所用，占位单元应该是如下格式：

占位单元 = 字符串占位符 ＋ 存储字符串空间唯一索引

GetOpInfo：取系统内置好的业务信息函数，其中输入获取语句，返回配置文本，配置文本应由以上操作符构成。

由上述定义组生成任意具有可实现业务单元的配置信息，是基于文本的方式，因此具有相当灵活的适应性和可修改性，而业务实现由另外单元单独实现，可达到表达与实现的脱离。

以下是一个按生成器语法定义的一个脚本单元 E：

$$E = (C0 * V0)/(V1 - O0(C1, V2)) + GetOpInfo(S0) - (O1(C2) > O2(S1))$$

以下分析均采用 E 为例，完整的脚本可以包括多个类似的流程单元。

4. 解释执行过程及运算

解释器是实现可配置功能流程的关键所在，从本质上来说它是一个文本解释器，本文采用自己一种解释规则来实现业务信息的再现。

按照脚本所规定的语法可以知道脚本字符串规则：

(1) 如果一个连续的字符串，以字母或"_"开头，以分界符结束，且分界符为"("，则可判定此串为一业务名，也就是动态库的接口名，其紧接着的一对相匹配的括号当中的字符为其业务参数；

(2) 如果一个连续的字符串，以字母或"_"开头，以分界符结束，且分界符不为"("，则可判定此串为一变量；

(3) 如果一个连续的串，以数字开头，或以"－"开头且回溯第一个字符为"("，以除"."外的非数字结束，则可判定此串为一数值常量；

(4) 除以上三种情况以外的字符，应该全部为单个或多个分界符。

按照以上规则，可以将脚本中的业务名、变量名、常量名及分界符分离出来，以供解释器正确执行业务及运算操作。

为了能够将整个配置脚本的原意执行顺序完整地再现，此解释算法必须有某种操作规则，现定义如下：

(1) 一对最里层括号导致发生一次运算或业务操作，返回结果替换掉本层括号；

(2) 一个最里层业务以及参数构成一种基本业务单元；

(3) 一个最里层数值运算构成一种基本运算单元；

（4）所有运算顺序依赖于其外层的括号及其操作符优先级。

整个解释器执行步骤如图 2-6-8 所示。

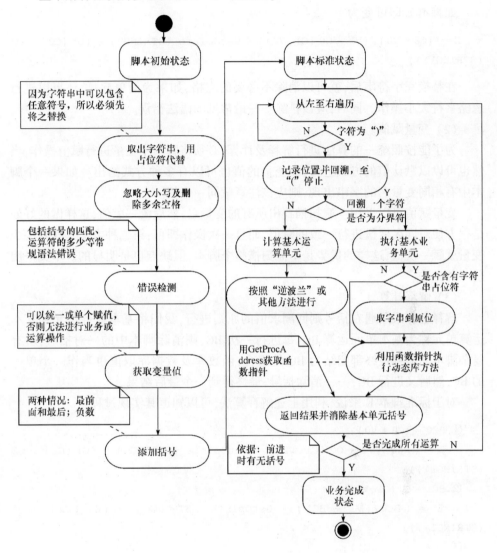

图 2-6-8 解释流程

（1）分配存储空间及初始化操作。

在解释过程中,必须分配一些存储空间用来存储解释出来的字符串,本文中只需分配两种可变长度的向量空间:一个存储分离出来的字符串组,一个类似于堆栈来存储遍历过的脚本字符。

为了对脚本进行标准化,必须进行一些初始化动作。首先就须用字符串占位符来替代脚本中的字符串,因为字符串中可能包括任意字符,影响解释的正确进行。

如脚本 E 即可变为

E = ( ( C0 * V0 ) / ( V1 - O0 ( C1, V2 ) ) + GetOpInfo ( STRING0 ) - ( O1 ( C2 ) > O2 ( STRING1 ) ) )

在替换完字符串后,就可以消除不必要的空格,如果为简单起见,还可以进行忽略字符大小操作。同时,应该排除一些最常见的语法错误。

(2) 变量赋值。

为了能按照统一的算法进行解释及计算,必须将脚本中变量进行赋值操作,当然也可以以默认值的方式进行,而变量的值也可以有多种方式给出。如果一个脚本中有相同变量名的字串出现,则应该注意赋同一个值。

变量赋值可以采用一遍扫描找出所有的变量名,然后统一赋值,这样做的好处是很方便对同名变量进行一致的赋值,而且一次操作即可;第二种方法是找到一个变量就赋一次值,这样的优势是不需扫描整个脚本,但缺点也是明显的。本文采用前一种方法。

(3) 解释计算。

解释运算采用遇右括号则回溯求值的原则进行,我们将基本业务单元和基本运算单元称为基本单元运算 BC,每进行一次 BC,则消除脚本中的一对括号,所有复杂脚本的解释最终都归结为 BC 的组合,函数库及数据库取值也当作一个单一的 BC,然后又进行 BC,一一消除括号,最终得到一个最后结果。

对于标准脚本 E 来说,利用上述解释算法,可以知道其实现过程:

① BC0 = ( C0 * V0 );

　　E = ( BC0 / ( V1 - O0 ( C1, V2 ) ) + GetOpInfo ( STRING0 ) - ( O1 ( C2 ) > O2 ( STRING1 ) ) );

② BC1 = O0 ( C1, V2 );

　　E = ( BC0 / ( V1 - BC1 ) + GetOpInfo ( STRING0 ) - ( O1 ( C2 ) > O2 ( STRING1 ) ) );

③ BC2 = ( V1 - BC1 );

　　E = ( BC0 / BC2 + GetOpInfo ( STRING0 ) - ( O1 ( C2 ) > O2 ( STRING1 ) ) );

④ BC3 = GetOpInfo ( S0 );　//此过程包括取回字符串操作,同时进行子流程解释

　　E = ( BC0 / BC2 + BC3 - ( O1 ( C2 ) > O2 ( STRING1 ) ) );

⑤ BC4 = O1 ( C3 );

　　E = ( BC0 / BC2 + BC3 - ( BC4 > O2 ( STRING1 ) ) );

⑥ BC5 = O2 ( S1 );

　　E = ( BC0 / BC2 + BC3 - ( BC4 > BC5 ) );

⑦ BC6 = (BC4　> BC5);

　E = ( BC0 / BC2 + BC3 - BC6);

⑧ BC7 = ( BC0 / BC2 + BC3 - BC6);

　E = BC7;

运算完成。

（4）功能函数接口的简化。

为了使动态库的函数接口能尽量简单化,可以将标准函数库中的函数声明统一为两种函数指针形式:

`typedef float(stdOp1)(float& value,string& Opname);`//标准 Math.h 中一个参数的库函数

//标准 Math.h 中两个参数的库函数:

`typedef float (stdOp2) (float& value1,float& value 2,string& Opname);`

那些参数不定长的函数簇则可以定义其函数指针为

//自定义的函数实现,其中 valuevec 为参数向量

`typedef float(customOp(TfloatVec& valuevec);`

其他特定的函数名可以自已按照某种规律进行定义。总之,只要声明的函数能有其算法实现,那么就可以使其成为脚本的一个单元。

采用以上流程,符合语法规则的脚本均可还原其执行流程,最后在执行基本业务操作的基础上得出整个脚本值。为了提高此解释算法的灵活性及可扩展性,业务接口尽量使用动态统一的形式,调用时利用函数指针统一进行运算,可简化整个解释器的算法。

这里提出的功能流程的可配置算法对已有的带各种常数、变量及功能名（即函数名形式）的复杂脚本都能执行解释过程,加上可以单独提供函数声明,利用动态库进行功能实现的动态添加,故具有很好的灵活度及扩展性,再结合不断完善的脚本语法规则,就可以在 LabScene 中实现一种基于类 C 脚本的图形解释节点。

## 2.7　网络构架设计

系统的扩展性的一个重要方面即采用网络集成运算功能。现在 Internet 技术的高速发展,使得任意一种系统想要在未来站住脚,则必须具有与网络有关的构架;而现代仪器的发展方向更是以虚拟仪器和网络技术为特征。网络化虚拟仪器在测试领域有以下两个重要突出点:

（1）利用网络技术将分散在不同地理位置以及不同功能的测试设备联系在一

起,使昂贵的硬件设备、软件在网络内得以共享,减少了设备的重复投资。

(2) 一个大的复杂的测试系统往往系统的测量、输入、输出和结果分析分布在不同的地理位置,仅用一台计算机并不能胜任测试任务,需要由分布在不同地理位置的若干计算机共同完成整个测试任务。通过网络实现对对象的测试与控制,是对传统测控方式的一场革命。测控方式的网络化,是未来测控技术发展的必然趋势。

因此,延伸 LabScene 的工作空间,使网络上的各种资源节点以一种特定的方式集成于 LabScene 当中,使设计人员可以用 G 语言设计网络化虚拟仪器程序,并且提供给用户真正无缝的位置透明性,形成一种以 LabScene 为核心、基于网络的虚拟实验室。

### 2.7.1　虚拟实验室

在这里,我们先确定虚拟实验室的概念,自从美国 University of Virginia 的 William Wulf 提出虚拟实验室(virtual laboratory,VL)的概念后,随着 Internet 无处不在的趋势越来越明显,这种"无墙的研究中心"在网络仪器、数据及资源共享、科研人员相互合作交流等方面发挥了巨大的作用。1999 年 10 月 12 日,联合国教科文组织(UNESCO)将虚拟实验室定义为:依托合适的信息通讯技术,在科研或其他以创造新成果为目标的活动中的一种超越空间限制的联合体。

物理世界本来是一个个单独的节点,但是 Internet 却把它们连接在一起,使得它们之间的合作与共享成为可能。在虚拟实验室概念的前提下,我们可以延伸一个概念:网络资源——在物理上分布于不同节点,在逻辑上可以通过网络及某种控制引擎变成一个可组合的整体的各种资源。它可以分成以下几个主要方面:

(1) 虚拟仪器设备;

(2) 网络化物理设备;

(3) 在线的数据资源;

(4) 网络服务提供者;

(5) 在线的使用者。

对上述各种网络资源进行整合有如下问题需要解决:

(1) 网络资源开发需要遵循一种统一的标准和接口;

(2) 网络资源的开发需要一个整合环境来进行快速高效地开发;

(3) 网络资源的可变化流程及状态参数设置需要一种直观灵活的图形化方式;

(4) 针对通用或特定的应用领域需要一套数据处理和分析模块;

(5) 不同环境、不同地方的仪器需要一个网络平台来实现协同工作;

(6) 多种场合需要一个多媒体形式的网络交流合作平台来提高工作效率。

由上述目的引出我们要研究及设计的网络资源整合平台 LabScene,它是虚拟实验室的一种,正是要把上述的网络资源通过一种平台整合在一起,使得客户可以通过一种定义环境,无缝地定义、获取、使用或沟通网络资源。

近年来虚拟实验室或相关的概念如虚拟仪器、网络资源等在世界各国的许多公司、大学和研究所被采纳和推广,并产生了一些优秀成功的解决方案。主要研究方向有以下几种:

(1) 虚拟现实:主要利用虚拟现实技术,结合分布式的运行环境,来实现桌面虚拟现实(如基于静态图像的虚拟现实 QuickTime VR、虚拟现实造型语言 VRML、桌面三维虚拟现实和 MUD 等)、沉浸的虚拟现实(基于头盔式显示器的系统、投影式虚拟现实系统和远程存在系统)、增强现实性的虚拟现实(典型的实例是战机飞行员的平视显示器)以及分布式模拟现实(典型的分布式虚拟现实系统是 SIM-NET,SIMNET 由坦克仿真器通过网络连接而成,用于部队的联合训练。通过 SIM-NET,位于德国的仿真器可以和位于美国的仿真器一同运行在同一个虚拟世界,参与同一场作战演习)等。

(2) 网络化的虚拟仪器仿真面板:它是在"虚拟仪器"实验面板的基础上,利用网络等辅助技术将之应用于网络上,消除学习者在操作时的安全顾虑,减少昂贵设备添购与保养的花费,以实现跨地域的软件共享,在现在的 NI 提出的虚拟仪器开发平台的基础上,对单机版的虚拟仪器加以网络化功能实现的一种虚拟实验室版本,其实是 NI 产品的一种扩展应用。

(3) 合作实验室:它通过高速计算机网络,把分布在各地的实验室和研究小组联合起来,开展原先由分散和孤立的实验室和小组难于完成,或需要消耗很多财力、物力和时间才能完成的科研项目,合作双方并非严格的客户/服务器模型,主要特征是对通信与共享要求的严格化。

(4) 仪器遥控平台:它主要实现网上硬件资源的共享,可在网络意义上的客户端共享和遥控其对应的服务端的具体仪器,可望达到现实意义上的分布式实时实验,其服务器端与实际仪器操作相联系,可获得客户所需的数据和资源。

(5) 网络服务供应方案:主要是利用 Web 技术,结合新出现的 Web Service 概念,客户利用通用浏览器,来实现一种基于网页的交互式的虚拟实验室。

目前基于 Internet 技术的各种应用都发展迅猛,起步稍早的美国已考虑到加强大学间合作研究(包括教育),专门为各研究型大学建立的骨干高速信息传输网,在某种程度上,将节省国家大量的科技投资,提高研究效率。其实我国在这方面做的努力并不少,但资金和资源问题一直是困扰发展的一个重要因素,尤其是某些大型仪器设备价格昂贵,更有少数危险性高且需要分布式应用时,往往需要资源的共享和遥控操作,而当前的无线遥控技术不适于复杂的软件操作,数据的传输也受数据量大小和外界干扰的影响。

Internet 及相关技术的兴起正好可以解决地域和传输的矛盾,复杂的软件操作和维护也可通过当前软件库各种模型和协议得以实现,一旦这种基于 Internet 的互动或遥控的操作得以普及,其意义是不言而喻的。

### 2.7.2　网络化及服务型仪器

现代仪器中的硬件和软件的界限越来越模糊,而设备网络化功能的重要性必然益发突出,仪器设备的远程共享成为一个亟待解决的问题。虚拟实验室是一种基于网络化仪器、分布式合作的实验形式,在网络化仪器规范及模块化的基础上,在一种通用平台上实现分布式合作及远程实时监控的无缝连接才是基于网络的虚拟实验的良好构架。

#### 1. 多层网络化仪器

所谓多层网络化仪器(第四代仪器)是指在第三代仪器(个人仪器与虚拟仪器)的基础上,借助于网络技术与虚拟仪器的相关概念和技术,定义为一个人们可以不受时间和地理位置限置、在任何时间任何地点都能够共享、获取到信息有可能为地理上分散的软件和硬件的有机集合体。突破了传统的第一代仪器、第二代仪器和第三代仪器的范畴。它并不是一些独立仪器的拼凑组合,而是借助于网络通信技术的可共享软硬结合体。三层网络化仪器是一种涵盖范围更宽、涉及多门学科和应用领域更广的仪器范畴。第四代仪器的一个理性模式为:

三层网络化仪器是由应用层——为人们提供仪器界面、操作处理界面以及结果信息存储等;管理层——提供多用户共享管理、多用户共享冲突,与应用层通信、命令的转发等;服务层——提供仪器硬件设备的驱动、信息采集、信息传递以及与管理层的通信连接等。三层网络化仪器结构见图 2-7-1。

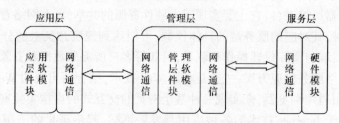

图 2-7-1　三层网络化仪器逻辑结构图

#### 2. 服务型设备

**定义:**初始化操作完成以后,在无人对设备有机械物理接触的情况下,可利用其他设备使之提供其全部或部分功能的设备仪器。通常可分为图 2-7-2 所示的几大类。

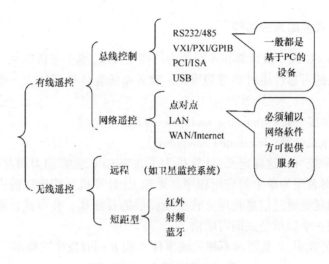

图 2 - 7 - 2　服务型设备分类图

服务型设备的特征:

(1) 封装性:设备设计时人机交互操作考虑较少,有线型只需必备的 I/O 线路,无线型可为黑匣设备;

(2) 可控性:设备端具有相应的控制软件,一般是基于 PC 的软件,或者遵循公共协议;

(3) 原始性:控制软件只须获取原始数据,或传达控制命令,分析及显示由另外模块实现。

服务型设备网络化之条件如表 2 - 7 - 1 所示。

表 2 - 7 - 1　服务型设置网络条件

|  | 条件 | 结果 | 适用于 |
|---|---|---|---|
| 驱动透明 | 可以得到驱动程序源码,是一种最大化的透明状况 | 可以远程实现此设备本地控制软件能实现的所有功能 | 自己开发的仪器设备 |
| 接口透明 | 驱动程序以 DLL 方式提供,并提供其驱动接口说明 | 可以远程实现驱动接口所提供的功能,但并不保证其分析功能及其他控制功能的网络化 | 一般厂商提供的含有驱动软件的设备 |
| 数据透明 | 提供控制软件,并且能得到程序执行的数据结果 | 只能对已有结果进行分析处理,很难实现设备控制及实时数据获取 | 只提供数据格式说明或数据存储方式的设备 |

### 2.7.3　分布式多层系统结构

即便是 CPU 技术及计算机本身能力的高度发展,单一主机的能力仍然是有限的,中央系统的可靠性也时常遭到质疑。改善系统整体处理能力一般有两种方法实现:

(1) 对称多处理(symmetric multiprocessing, SMP)。

(2) 分布式计算(distributed computing)。

分布式系统可以这样定义:计算机为了共享 CPU 运算能力而互相连接起来,在用户面前则表现为单个的应用程序。理论上,计算机互相连接的方式是不相关的,重要的问题是通过信息管理方式所能提供的吞吐量。分布式计算的可靠性是非常高的,用一个简单公式即可明白。

在下面公式中,$P$ 是两起不相关的事件 $A$ 和 $B$ 同时发生的概率

$$P(A \cap B) = P(A) \cdot P(B)$$

更一般的情况如下:

$$P_{c,n} = c^n \cdot 10^{-2n}$$

由上面可以很容易知道,拥有多个节点分布式系统的可靠性是非常高的,而且其数据处理能力也比中央系统强大灵活得多。在一个网络中,可把分布计算工作的分配,看作与实体之间的交换消息的大小和频率相关的因子。两个需要相互通信的实体之间交换的消息量大或频率高时,应将它们放得较近,这可以由亲和分析得出。另外,也必须考虑服务质量和失效模型。如果对此请求要求迅速响应(低反应时间),那么这两个实体必须紧密联系。如果对实体间网络的划分可能产生破坏时,应该减小这种破坏的可能性。

#### 1. 分布式系统的技术实现方案

当前,计算机软件硬件技术特别是网络技术的不断飞速发展,使得人们可以建造功能更强大、结构更复杂的应用。这样的一个结果是在应用系统中硬件越来越"瘦小",而软件越来越"肥大"。

#### 1) 分布式计算的形式

全球性网络使联机的所有设备和软件成为全球共享的浩瀚资源,计算机环境也从集中式发展到分布式。开放式系统的发展使用户能够透明地应用由不同厂商制造的不同机型、不同平台所组成的异构型计算资源,因此,分布式处理和应用集成自然而然的成为人们的共同需求。在分布式计算中有四种分布式处理形式:

(1) 客户:通常为需要服务资源的计算实体;

(2) 服务器:为响应客户请求的资源实体;

(3) 对等体:为互相平等的可以产生和响应请求的实体;

（4）过滤器：通常传输请求和响应并对之进行修改。

由于应用需要异种的计算机硬件平台及操作系统平台，并且其功能常常需要不断扩展，此外，为了提高开发速度和节省开发费用，需要最大限度地复用已有代码。

这种软件复用和软件集成的要求使问题更为复杂化，要求一种应用软件能够请求和获得另一种软件的服务或共享信息。

因此，当今的应用软件普遍要有良好的平台兼容性（互操作性）、结构开放性、规模可变性（可扩展性）及代码复用能力等。

2）对新的软件开发技术的要求

如今 CPU 如此便宜、快捷，网络无处不在，将处理能力分散到最适合的地方是非常自然的要求。因此要求：

（1）提供一套手段，能够寻找定位和使用其他应用程序或操作系统的服务（以一种对于服务的来源透明的方式），和服务提供者有效地交互通信，并且以版本兼容的方式实现服务提供程序的扩展和更新；

（2）在操作系统和应用程序服务体系中使用面向对象的概念，从而更好地适应各种面向对象开发工具，通过更强的模块化来克服软件高度复杂带来的开发维护困难，更加有效地利用已有的解决方案，设计构造更加自持（self-sufficient）的软件组件；

（3）通过客户/服务器的计算结构，利用越来越强大的桌面设备、网络服务器等资源；

（4）使用分布式计算，在与用户和应用程序保持单一界面接口的同时，突破本地地址空间限制，充分利用网络服务环境，而不需要考虑空间分布、机器结构或实现环境的影响。

3）分布式系统所面对的问题

长期以来，"C/S"的两层结构广泛应用，即客户提供用户界面、运行逻辑处理应用，而中央服务器接收客户端和 SQL 语句并对数据库进行查询，然后返回结果，两层系统的确给人们带来相当的灵活性，但随着业务处理对系统提出更高的要求后，它也逐渐暴露了同其客户日益庞大和服务器端负担过重的现象。在如何提供灵活的可扩展的工作流定制，如何保证数据在网络传输的稳定性和准确性，如何应对峰值的高负荷处理和平衡负载等诸如此类的要求，两层系统就难以满足要求。

多层系统应运而生，其主要特征是多了个中间应用服务器层，它包括事务处理逻辑、数据库处理以及连接适配器等。在多层系统中，表现层、商业逻辑层和数据层各自独立，分布式系统具如下特征：

（1）低的部署费用；

（2）低的数据库转变费用；

（3）低的商务逻辑移植费用；

（4）协同防火墙部署安全部分；

（5）资源有效池化及重用；

（6）每层独立变化；

（7）性能降低的局部化；

（8）错误局部化；

（9）通信性能恶化；

（10）开发与维护要求高。

如果真正自己编写一个分布式多层程序，需要自己实现：代理方法请求、执行资源池化、处理组件生命周期、在层间处理负载平衡通信逻辑、处理多个客户并发地访问同一个组件的结果、故障时转送客户请求到别的机器、提供安全环境使未授权客户无法破坏系统状态、灾难发生时提供监控软件呼叫系统管理员、授权用户执行可靠的操作或其他的部分等复杂的问题，每一个方面都需要极大的努力，而用户所真正需要的，只是应用层的实现。

一般来说，现有分布式技术实现有两种大的类型，即松散耦合和紧密耦合两种方式，由于虚拟仪器本身对数据的严格要求，我们只有在紧密耦合方式中寻找可适用的技术。

在紧密耦合中，有如下一些方案：

（1）基于标准 Socket 的底层数据流访问；

（2）基于 COM/DCOM/ActiveX 的组件方式；

（3）基于 SOAP/.Net/Web Service 的方案；

（4）基于 RMI/EJB/JaveBeans 方案；

（5）基于 CORBA 的方案。

以上实际上是基于最底层的原始却灵活的 Socket API 和基于成熟商业中间件两种方式，在不同的应用目标下选择不同的方案。

### 2. 分布式系统的布署方案

由于一个测试系统各部分所处的地理位置和覆盖的范围不同可构建局域网、城域网和广域网。一个大的复杂的测试系统由各个子系统组成，如远程灾害监测系统，要对其进行环境测试、温度测试和振动测试，还有电子系统、通信系统的测试等，每个子系统一般在一个单位的小范围内，因此可建立局域网，然后将每个局域网互联，形成企业测量系统。由于 Internet 网的发展，一些公用的数据还可以通过 Internet 网将测量数据发布到网上供网上用户使用，可建立测量发布系统。由于网络测试中每个测试点担任不同的测试任务，为了减少不必要的重复工作，通过网络实现资源共享，同时要减轻服务器与各节点的数据传输，提高网络系统性能，因此服务器和各个节点以及各节点之间协同工作显得尤为重要。网络资源分布于不同的物理节点,通过网络连接起来,分布式系统总是要面对异构平台的问题,在解决跨网络、跨平台、跨语言以及开放性的诸多问题上,我们需要遵循已有的或自定义的一些各平台都可以使用的公共协议。

1) 基于 Web(HT TP 协议)的网络化虚拟仪器

WEB 相关技术的兴起,Web Browser 软件应用模型的流行在仪器领域渗透,将是仪器领域内的一次重要革新。基于 Web 的虚拟仪器是结合 Web 技术与虚拟仪器技术,通过 Web 服务器处理相关的测试需求。把虚拟仪器用到分布式网络测试应用环境中去,可以丰富测试手段,提高测试效率,充分合理地利用有效资源。虚拟仪器的两大技术基础是计算机硬件技术和软件技术。虚拟仪器依靠计算机强大的处理能力、高性能的显示技术、高速的存储系统、丰富的外部设备;同时 VI 还有计算机丰富的软件系统,包括网络化的操作系统(Win2003 Server)、应用软件(MSN, maxthon)和具有网络性能的软件系统。所有这些因素的结合使 VI 系统本身具备强大的网络功能。随着网络硬件设备的不断发展,甚而设施的不断完善和网络软件的日益丰富,网络成本的不断下降,把网络作为 VI 的测试平台无论从技术上还是成本上都是完全可行的。Web 技术是 Internet 的一个组成部分,如果说 Internet 是世界范围内计算机网相互间连接的集合,那么 Web 可以说在 Internet 顶部运行的一个协议。WWW 具有相互通信的能力,具有友好的图形用户接口,而且有良好的平台独立性,所有这些都为把 VI 和 Web 结合奠定扎实的基础。见图 2 - 7 - 3。

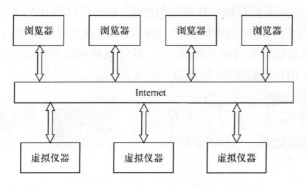

图 2 - 7 - 3　基于 Web 的虚拟仪器

2) 集中式网络化虚拟仪器

集中式网络化虚拟仪器 CMNVI(cluster mode netware virtual instrument)广义上来讲是一种基于 Client/Server 模式的分布式计算、分布式处理的网络化虚拟仪器系统。系统将功能分解到各个节点,各个节点有机配合,用户在自己的终端上就可以观察到从服务器中获取的数据和处理结果。在这种系统中,客户机程序和服务器程序可以运行在一台计算机中,也可运行在两台或多台计算机中,Client 程序与Server 程序相互协同处理,一个测试系统由一个或承担不同任务的多个客户机与一个或多个服务器组成。这些客户机与服务器都需要经过一个中间服务器系统注册形成一个整体的系统。客户机是用户与系统的交互接口,提供一个用户界面,完成用户命令与数据的输入,显示服务器送回的结果。服务器接收客户机提出的申请,完成所要求的操作并将结果传送给用户。在一个测试系统中,根据任务不同,每个服务器和客户机承担的任务也不同,例如,可划分为采集、数据处理分析、输出和监控。一台计算机采集外部数据,将采集的数据存储并传输给另一台计算机,它就是服务器。这种系统集中式的网络化虚拟仪器模式是一种开放式系统的协同处理工作模式。

3) 点对点式网络化虚拟仪器

点对点式网络化虚拟仪器 PPNVI( peer to peer netware virtual instrument)是一种狭义上的 Client/Server 模式。PPNVI 将系统功能分解到各个节点,各个功能节点可以作为一个单独的服务器系统运行,也可以将所有的功能节点在一台服务器上运行。用户在自己的终端( Client) 根据不同的测试功能要求,适当获取服务器端的数据资源,需要用本地端增加的处理显示功能,可以观察到从服务器中获取的数据和处理结果。PPNVI 类似于一种胖客户的工作方式。

## 2.7.4 LabScene 网络协议

从前面 LabScene 图形理论体系可以知道,节点是可视化的主体部分,因为,对于虚拟实验室中的主体网络资源概念,我们可以类推其实现模型,以网络节点的概念对应起来,将虚拟仪器的概念延伸出去,就可以将网络节点与本地节点的使用统一起来,这也是用户所需要的,如图 2 - 7 - 4 所示。

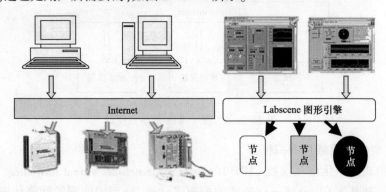

图 2 - 7 - 4    网络节点使用

　　LabScene 的网络化设计是 2.8.1 节中第二、第三个模式的集合体,对 LabScene
的使用者来说,关心的只是 LabScene 的网络化功能实现,对如何实现这个功能不
需要考虑。因此,它只有两方面的要求:

　　(1) LabScene 能够无缝地使用网络上的节点;

　　(2) LabScene 之间能够相互通信。

　　第一点是 LabScene 网络化要达到的基本条件,要实现这个要求,必须有一些
前提,即:

　　(1) 如何知道可知的网络范围内的某一时刻存在的网络节点;

　　(2) 如何使用这些网络节点。

　　当然还有一些诸如节点管理、资源分配等问题,以及是由 LabScene 主动搜索
网络节点还是自动获取等,为了实现上述前提条件,网络化 LabScene 加入一个中
间服务器,承担 LabScene 和网络节点的中间人角色,所以 LabScene 的网络体系采
用多层分布式系统,主要分成三部分:LabScene、服务器和网络节点(以下分别简称
L、S、N),它们之间最基本的关系如图 2 - 7 - 5 所示。

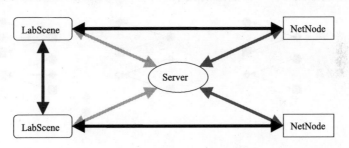

图 2 - 7 - 5　网络化 LabScene 要素关系

　　由图 2 - 7 - 5 可知,网络化 LabScene 三要素之间可以形成四对八种关系,分
别是:L ⟷ L、L ⟷ S、L ⟷ N 和 N ⟷ S。如何描述这八种关系以及这八种关
系的相互作用,成为 LabScene 网络化设计的关键。当然,对更大型的分布式系统
来说,可能存有多个服务器,还涉及它们之间的平衡及路由等问题,这些不在本文
讨论范围之内。

　　1. 网络协议

　　协议是为了描述上述八种关系而存在的,这些关系应该描述的功能如表 2 - 7 - 2
所示。在这里,A→B 是指一对客户/服务器(C/S)关系,其中 A 是客户,B 是服务
器,表示 A 向 B 发出一个请求,B 响应这个请求。

表 2 - 7 - 2　关系功能表

| 关系 | 功能描述 |
|---|---|
| N→S | 网络地址、NID、形状、图标、管脚数目、管脚描述和管脚数据类型等描述信息 |
| S→N | 使用计数、资源分配及控制信息，以及特定资源主动搜索 |
| L→S | 网络地址、用户信息、所有 N 信息、使用 N 信息和其他 L 信息 |
| S→L | 失去某些 N 信息，与 L 用户交流信息 |
| L→N | 输入管脚数据，驱动 N 运行信息 |
| N→L | 输出管脚数据，返回执行结果 |
| L→L | L 交流信息，包括文本、图像、文件、声音及视频流等 |

为了更独立地描述每个元素的关系，将元素作为客户和服务器两种角色分别描述，可以形成如图 2 - 7 - 6 所示的关系。

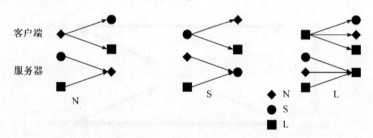

图 2 - 7 - 6　N、S、L 独立关系

在编程实现中，网络通信的方式有很多种，如底层的 Socket，高一层的 COM/CORBA/EJB，以及 Http/Ftp 等，由于 LabScene 是一个基础性的开发平台，因此底层的 Socket 是自然之选。

Socket 在具有灵活性的同时，开发符合要求的应用也具有相当的复杂度。基于 Socket 发送的数据是一种流的方式，它本身不能描述不同的协议，因此必须采用一种具有足够信息描述度的方式，一般有以下几种：

(1) 自定义的二进制流；

(2) 自定义的文本格式；

(3) 已有标准协议；

(4) 使用 XML 自定义描述。

LabScene 的协议作为上面三种主体都要遵循的公共描述，需要面对上述八种关系的信息描述，以及运行期的各种数据打包与还原，具体来说有：

（1）协议的独特性，用以标识此数据包；

（2）信息包的大小加强描述；

（3）信息的发送者；

（4）执行什么样的功能；

（5）各种快速打包以及还原的不可确定数据项；

（6）不可预知数据流；

（7）执行期间输入以及输出信息数据；

（8）执行信息与 LabScene 执行系统的融合；

（9）执行期间的节点源及目标节点确立。

由于 XML 在描述方面的强大功能，加上本地 LabScene 也使用 XML 来实现持久化功能，因此采用 XML 方式来传输各种信息是自然之选，类似. Net 的 Soap 协议。但为了使得 Socket 双方对数据的解析更为快捷，在 LabScene 当中采用了自定义的明格式头 + XML 数据描述结合的方式，其定义如下：

所有由 Socket 接收的信息都要遵循这种协议格式，如图 2 - 7 - 7 所示。

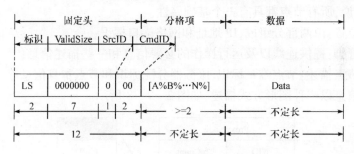

图 2 - 7 - 7　数据流协议格式

（1）如果没有 LabScene 前缀标识，则接收的是错误消息，不应该进行解析。

（2）ValidSize 表示真正发送的有效数据块大小，目前最大表示 9999999 个字节，即 9M，实际上受限于预分配缓冲区大小。

（3）SrcID 表示从谁发出的数据流，占一个字节大小，其中 0：LabScene；1：LabSceneServer；2：NetNode；3：NetDevice；4～9：扩展用；这个标识和位置信息（IP 及端口信息）一起构成源和目标的网络确认。

（4）CmdID 为命令格式，占 2 字节大小，最大表示 99 种命令，即数据流发出者能传达 99 种不同的信息，如注册、登录、节点信息获取和运行信息等。

（5）为了使得整个系统既能满足 G 语言数据的多种变化，又能在某些控制方面使用更为快捷的方式，因此后两项不定长：Item + Data，Item 为不定长的分隔符项，必须以"["开头，以"]"结束，一般以 % 分隔每一项，形成[ I1 % I2 …In % ]这种形式；这种形式主要达到传送某些控制信息的作用，或者传递一些简单明了的数字信息。

（6）Data 为基本数据，一般统一由 XML 格式的字符串流（如节点描述和执行信息）或其他（如图标流、文件流等）组成。

2. 交互信息协议描述

由表 2 - 7 - 2 可以知道三个主体间的关系是多种多样的，一般来说，有三种复杂却最需要统一格式的信息，即：

（1）节点信息描述；

（2）运行数据信息描述；

（3）文件信息描述，如图标等。

这些信息，需要一种具有强大而灵活的描述方式，在这里使用 XML 来进行统一描述。

1）节点信息描述

在考虑网络节点的同时，也要想到一般节点如内部节点和本地节点公共的特性，一般来说，所有节点都具有三个基础属性：

（1）位置：由两部分组成，IP 地址和网络端口标识；

（2）管脚：提供连线以及运行操作的必要信息和一些描述信息；

（3）节点描述：节点唯一标识、服务器分配标识和节点本身信息等。

这些信息以一种图形方式描述，如图 2 - 7 - 8 所示。

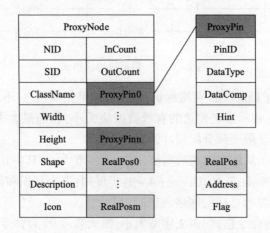

图 2 - 7 - 8　节点描述组成

例如，以 XML 的形式描述一个具有两个输入、一个输出以及具有两种地方实现的普通节点，如图 2 - 7 - 9 所示。

为了将内部节点、本地节点以及网络节点都以一个统一的方式出现，可以将上述节点描述中的位置信息扩展开来,附加几个规则,见表 2 - 7 - 3。

```xml
<?xml version="1.0" encoding="UTF-8" ?>
- <Olagi>
  - <LabScene ver="1.0">
      <ObjectX />
      <ValueX />
    - <ProxyX>
      - <CAdderX nid="55004" width="32" height="32" shape="1" description="adadadad"
        icon="H:\LabScene\Code\NetNode\Adder\Adder.bmp">
        - <Pin incount="2" outcount="1">
            <Pin0 pinid="0" datatype="11" datacomplexity="1" hint="cbinpin0" />
            <Pin1 pinid="1" datatype="6" datacomplexity="1" hint="cbinpin1" />
            <Pin2 pinid="2" datatype="13" datacomplexity="1" hint="cboutpin0" />
          </Pin>
        - <Pos>
            <Pos0 address="202.198.154.67" flag="9997" />
            <Pos1 address="10.10.149.167" flag="9997" />
          </Pos>
        </CAdderX>
      </ProxyX>
    </LabScene>
    <OtherProduct />
  </Olagi>
```

图 2 - 7 - 9　CAdderX 的信息描述

**表 2 - 7 - 3　不同节点的位置属性**

| 类别＼属性 | 地址 | 标识 |
|---|---|---|
| 内部节点 | 空 | 0 |
| 本地节点 | 为实现 DLL 的路径 | 1 |
| 网络节点 | 为 IP 地址或网络标识符 | >1 |

例如,将一个描述信息如图 2 - 7 - 9 所示的网络加法信号发生器注册到服务器去,则其协议流为

LS ValidSize 3 00 [ ] xml

2) 运行数据描述

满足 G 语言运行本身的数据设计的核心在于 XML 描述,以便提供一个公共的、各部分都能遵循和解析的描述。为了方便分布式系统各个部分都能方便地运算,而且尽量减少单个网络节点对 XML 解析器的需求,LabScene 在内部自嵌了简单的自定义 XML 解析器,这就决定它和内部数据的接口在满足要求的前提下越简

单越好。我们使用一种公共的内部交换数据格式,它完全针对 G 语言节点管脚数据而设计,这种设计具有如下特点:

(1) 节点对象级别粒度:即具有标识数据发送者的能力;

(2) 管脚级别粒度:即具有多个管脚以及输入输出的识别能力;

(3) 数据描述能力:能够与 LabScene 运行系统融合,识别数据类型、复杂度以及数据量;

(4) 数据本身携带能力:能够传递不同类型、不同数量的数据。

针对以上特征,我们采用相应的 XML 描述对策:

(1) 以全局唯一标识符或者运行时唯一分配 ID 来标识对象,运行时需要传递给外部节点这个 ID,节点运行完毕时将其不变地返回,即可找到数据的需求者;

(2) 以一个数字量来区分对象的不同管脚;

(3) 采用与内存管理算法类似的结构来描述数据内容本身,保证与系统融合性;

(4) 以一个 Dbl 可变数组来描述不同类型、不同数量的数据,可以方便地实现与三大类型,即数字量、布尔量以及字符串量的相互转换,其中字符串当作一个 char 数组。

以这种模型确定的一批数据以 XML 的形式表现出来,如图 2-7-10 所示。

```xml
<?xml version="1.0" encoding="UTF-8" ?>
- <Olagi>
  - <LabScene ver="1.0">
      <ObjectX />
    - <ValueX>
      - <SwapDataX runid="2"> 节点运行时ID
        - <PinData0 pinid="0" datatype="13" arrsize="14" dimsize="1" dimvalue="0">
            <Data data0="119" data1="119" data2="119" data3="46" data4="106"
              data5="108" data6="117" data7="46" data8="101" data9="100"
              data10="117" data11="46" data12="99" data13="110" />
          </PinData0>
        </SwapDataX>
      </ValueX>
      <ProxyX />
    </LabScene>
    <OtherProduct />
</Olagi>
```

图 2-7-10　公共数据交换格式

而这种数据的解析过程如图 2-7-11 所示。

本地节点由于是直接调用动态库实现,因此 XML 描述信息可以当作一个字符串来处理,保持与网络节点的统一。

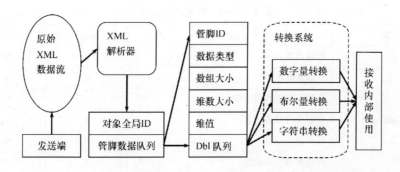

图 2 - 7 - 11　数据转换

3）文件信息描述

实际上,2.7.4 节中的节点描述是个不完整的描述,因为其中的图标是一个位图流,必须以另外一个方式提供。同时,由于 LabScene 登录服务器时,应该一次将所有能够使用的节点信息都获取过来,不能一次获得一个,这样太过繁琐,因此还必须提供多个位图流的传递方式。

在实现交互时相互文件的传递也有这个问题,因此上述问题本质上是一个文件流怎么使用本协议来描述的问题,以一个实例的方式来解释类似问题。

设有 $n$ 个大小分别为 $S_0$、$S_1$、$\cdots$、$S_n$ 的文件,需要以流的方式从服务器 S 传递到客户端 L,同时假定这个命令的 CmdID 为 04,则有

$$ValidSize = S_0 + S_1 + \cdots + S_n + HeadSize \qquad (2 - 7 - 1)$$

式中,HeadSize = 12 + 2 + 分格项长度。

为了将每一个文件的大小传递过去,使用分格项的方式,同时将默认文件名（设为 $N_0$、$N_1$、$\cdots$、$N_n$）与大小连接一起组合,分别将 $S_0$、$S_1$、$\cdots$、$S_n$ 添入,形成 $2*n$ 个分格项,同时将所有的文件内容以流的方式拷贝到发送数据的 Data 处,形成以下的协议方式:

LS ValidSize 1 04 [$N_0$%$S_0$%　$N_1$%$S_1$%$\cdots N_n$%　$S_n$%] Data0 Data1$\cdots$Data$n$

$$(2 - 7 - 2)$$

由于式(2 - 7 - 2)拥有信息性完备,因此可以还原出所有文件的信息。

4）其他信息描述

L、S、N 之间的关系有 8 种,而每种都有很多动作及命令,这项工作也应该有其规范性,一般以命令的方式加以区别对待,其使用方式也比较简单。表 2 - 7 - 4 列出了常用的动作及命令。

表 2 - 7 - 4　常用的网络命令

| 源 | 动作 | SrcID | CmdID |
|---|---|---|---|
| LabScene | 登录到服务器 | 0 | 00 |
| | 从服务器注销 | 0 | 01 |
| | 获取所有在线用户信息 | 0 | 02 |
| | 获取所有节点信息 | 0 | 04 |
| | 输入运行信息 | 0 | 10 |
| | 发送普通文本信息 | 0 | 50 |
| | 发送二进制流(文件) | 0 | 51 |
| 服务器 | 返回用户 ID | 1 | 00 |
| | 返回所有用户信息 | 1 | 02 |
| | 返回所有节点信息,包括图标 | 1 | 04 |
| | 刷新网络节点使用情况 | 1 | 08 |
| | 传送图标文件 | 1 | 20 |
| | 发送普通文本信息 | 1 | 50 |
| | 发送二进制流(文件) | 1 | 51 |
| NetNode | 登录到服务器 | 2 | 00 |
| | 从服务器注销 | 2 | 01 |
| | 返回运行结果 | 2 | 10 |
| NetDevice | 发送设备名 | 3 | 00 |
| | 断开设备使用 | 3 | 01 |
| | 返回运行结果 | 3 | 10 |

## 2.7.5　LabScene 网络模型实现

网络协议是一个分布式系统之间必须遵循的规范,这样才能够实现互通信息,在这个协议的基础上,结合 LabScene 的图论模型和运行模型,提出了一种区别于 LabVIEW 的网络模型实现。

### 1. 框架

LabScene 是一个基础平台,其开发只基于 C + + 标准和标准 API 函数,为了减少平台开发人员以及第三方开发人员的困难,同时提供更标准和安全的使用,需要对 LabScene 的网络框架进行统一设计。

1）协议实现方式

由于网络节点的数目是未知的，开发人员也是由第三方进行，而且考虑到这种节点可能分布在不同的系统当中，包括相当困难的机器和嵌入式系统，因此应该提供一种标准的形式，供第三方人员使用，一般的方式是提供尽量精简必要的功能接口封装，我们选用以 DLL 的方式提供必须遵循的声明以及实现接口，封装好与 LabScene 系统及服务器的通信接口即可，而具体的功能实现可以灵活变化。

给第三方人员提供实现的最常用方法接口包括三方面的声明：

（1）位置、节点描述以及公共交换数据格式；

（2）运行所必需的函数接口声明；

（3）创建以及解析 XML 流。

其中（1）的格式遵循 2.7.4 节的定义，这些是所有 LabScene 的三个目标体都使用的公共定义。而（2）的接口声明尽量与 LabScene 内运行机制类似，共分成三组：

A 组：

//回调函数，必须由外部节点提供函数指针，通知调用程序执行动作，相当于 Run 函数

```
typedef void ( * FRemoteRun) (TSwapDataX * pSwapData);
```

//初始化 NN 库，必须在所有调用前调用

```
extern NNCOM_API bool InitNNCom (const string& strSvrAddr, FRemoteR-
un fRRun);
```

//与上面函数是一对，完成之前必须调用

```
extern NNCOM_API bool ReleaseNNCom ();
```

B 组：

//与服务器交互节点信息有关接口函数，包括注册及注销

```
extern NNCOM_API int RegWithProxy (TProxyNodeX * pProxyNode);
extern NNCOM_API int UnRegister (int ID);
```

C 组：

//实现自己的 Run 函数，这个函数是外部节点的表态实现函数，不是接口提供

```
static void RemoteRun (TSwapDataX * pSwapData);
```

//当功能运行完成时执行此动作，返回给客户端结果

```
extern NNCOM_API bool Complete (TSwapDataX * pSwapData);
```

上述三组函数封装了网络节点与服务器以及 LabScene 交互的主要功能，其调

用顺序是相应配套进行的,缺一不可。

声明(3)是为了解决 LabScene 的类型与数据定义与 XML 描述之间相互转换的问题,XML 的解析可以由公开实现的解析器来实现,如 Microsoft 和 IBM 都有 XML 解析器,但为了摆脱依赖和提高效率,LabScene 网络 DLL 提供了基本的 XML 解析功能,主要有两对函数:

A 组:

//XML 字符串流转换到代理节点信息

```
extern NNCOM_API void XMLToProxyNode(const string& strXML, TProxyNo-
deX * pProxyNode);
```

//代理节点信息转换到 XML 字符串流

```
extern NNCOM_API string ProxyNodeToXML(TProxyNodeX * pProxyNode);
```

B 组:

//管脚数据与字符串的转换,由于其他数据转换容易,故不单独提供实现函数

```
extern NNCOM_API bool StrToPinData(const string& str, TPinDataX&
pindata);
extern NNCOM_API string PinDataToStr(TPinDataX * pPinData);
```

通过简单调用上述 DLL 接口,就可以实现第三方节点与 LabScene 体系的互通。

2) LabScene 节点扩展方式

LabScene 是 G 语言的一种实现,因此,它也必须遵循兄弟图模型,为了使用户能够无区别地使用,将所有的节点分成三种类型:

(1) 内部节点:LabScene 自带的节点,具有特定的系统功能实现;

(2) 本地节点:由第三方开发的存在于 LabScene 指定目录下的节点实现,一般以符合图 2-7-8 的 XML 文件来描述功能,以 DLL 的方式提供实现;

(3) 网络节点:分存在网络上的远程资源节点。

要使用户无缝地使用这种体系,同时提供一种更为灵活的、允许用户自定义节点的实现,LabScene 中的每一个节点都可以同时具有上述三种身份,其区别由表 2-7-3确定,在运行时,可以由用户自主选择实现哪种功能,从而实现 G 语言的节点重载。

为了以一种直观的方式实现这个目标,我们将每一种节点,不管是本地的,还是本机的,或者远程的,都采用一种统一的节点标志,即 NID。如果两个节点的 NID 一样,那么不管是本地的还是远程的,不管它们的实现方式是否相同,我们都视它们为同一种节点,只不过位置不一样。当然,为了更明确地区分各种功能的节

点,可以按 NID 划分成几个区间,如 LabScene 中。

(1) 自带的内部节点 NID 区间为:50000 ~ 54999,如果有此范围内的第三方实现,则为内部节点重载实现;

(2) 第三方自定义节点:55000 ~ 59999,网络节点一般在此区间,如果在此范围内的节点实现,则无论实现类名为何均不能再为内部节点,即不能实现内部重载;

(3) 硬件设备节点:40000 ~ 44999,这些为 LabScene 能直接访问的硬件设备,不需要第三方软件提供支撑。

在说一个具有 NID 的节点是否存在时,应遵循如下规则:

(1) 每一个本地的节点都具有网络化能力;

(2) LabScene 一启动,那么本地所有 NID 标识的节点都存在;

(3) 网络节点单独启动,那么这个 NID 的节点存在。

在明确使用一个特定 NID 的网络节点时,具有四种情况:

(1) 这个 NID 的网络节点存在,本地节点也存在。

(2) 这个 NID 的网络节点不存在,但本地存在。

(3) 这个 NID 的网络节点存在,但本地不存在。

(4) 这个 NID 的网络节点不存在,本地也不存在。

为了区分这四种情况,在 LabScene 启动时,应该动态地获取网络中存在的节点,由于本地节点的提供依赖于工具箱面板,那么这种网络节点的动态变化应该体现在工具箱的变化上。因此,工具箱面板的网络化适应以及节点的网络化设计就成为 LabScene 网络化设计的关键。

对所有的本地节点,都有一个位置选择项,依次表示为:进程内、本机和远程,默认为进程内,即 LabScene 自身具有的功能节点,对远程网络节点来说,应提供已存在的网络地址。针对上述四种情况,工具箱相应地产生四种方案:

(1) 节点选择和本地节点一样,但其网络位置指向本机或远程;

(2) 节点选择和本地节点一样,位置也为默认的进程内;

(3) 提供两个动态页面,一个描述本机进程外的注册节点,一个描述注册在服务器的网络节点;

(4) 不提供生成方式,因此用户无法创建。

总之,工具箱反映了已存在的节点,不管是进程内的还是网络上的。对工具箱提供的节点,用户可以和本地一样使用。

以上是对 LabScene 如何动态获取已存在的节点的说明。

为了统一网络功能,可以把网络节点分成三类:

(1) 每个自功能节点继承过去的节点(脚本公式等控制节点可能例外)都自动具有网络功能。

（2）所有本机进程外的公共节点本地节点（应继承自功能节点），它可以执行公共的 DLL 操作。

（3）所有网络上的公共节点代理网络节点（应继承自功能节点），可以执行公共的网络交换操作。

3）LabScene 通用运行方式

对于用户而言，L、S、N 三者之间最常用且符合 LabScene 本地使用惯例的流程如图 2-7-12 所示。

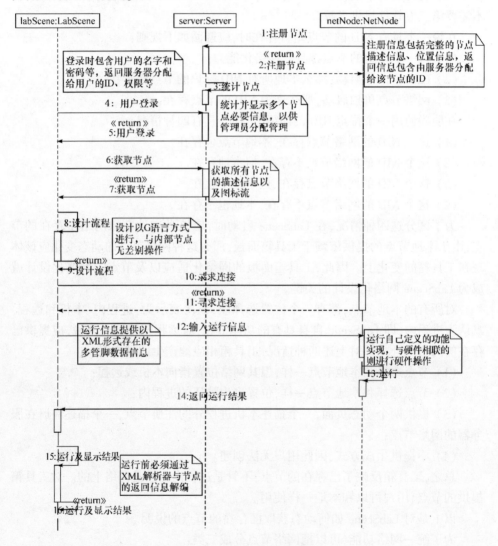

图 2-7-12　使用流程序列图

2. 详细设计

上述体系只是一个框架,实际上每个要素都由多个部分组成,协同本地功能构成一个网络化整体。

1）LabScene 设计

LabScene 是面向用户的,因此,它对网络节点的使用应该和本地节点一样,体现一种整合的设计环境。

为了实现多个 LabScene 之间的互联,使 LabScene 开发真正具有无地界之分,轻松通信交流,LabScene 应当建立单独的通信模块,可以进行文字、图片、文件、声音及视频等多媒体方式的交流。

综上所述,LabScene 具有的网络功能有:①登录到服务器;②获取网络节点信息;③动态刷新工具箱;④向网络节点发送输入管脚信息;⑤接收网络节点的输出管脚信息;⑥向服务器发送使用节点信息;⑦接收服务器网络节点注销信息;⑧获取其他 LabScene 信息;⑨与其他 LabScene 相互交流;⑩注销服务器连接。

上述动作①②③必须依次完成,①⑧动作成对出现,在网络节点启动时执行①,在网络节点关闭时执行⑧。这种互动的关系如图 2-7-13 所示。

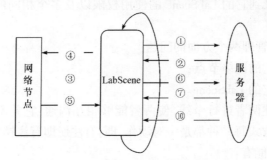

图 2-7-13  LabScene 功能调用过程

2）网络节点设计

除了 LabScene 进程内的节点以外的节点都可以称之为网络节点,但为了加快本机上的节点的执行速度,可以省去这些节点的网络支撑,使用本机系统的公共资源,一般将之分成两类:本机节点和网络远程节点,本文中一般讨论的网络节点都是指远程节点。

网络节点必须可以完成如下动作:①向服务器注册信息,证明自己的存在;②接收 LabScene 的输入数据信息;③向 LabScene 发送执行结果信息;④接收服务器的反馈信息;⑤完成与服务器的断开动作。

上述动作①②③必须依次完成,①⑤动作成对出现,在网络节点启动时执行

①,在网络节点关闭时执行⑤。这种互动的关系如图 2-7-14 所示。

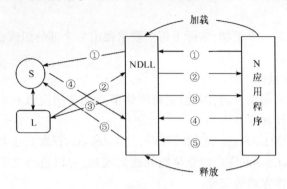

图 2-7-14　NDLL 的接口

3) 服务器设计

服务器是一个中间人的角色,它管理网络中向它注册的网络节点,提供给 LabScene 存在的网络节点使用。同时,它还起到各个 LabScene 互相沟通的中介人作用,让 LabScene 知道网络中其他的 LabScene 的地址并加以通信。更进一步地,它还可以决定登录到它的 LabScene 的使用权限以及多个相同的网络节点的使用选择权。

总的说来,它管理两个方面的问题:

(1) 注册到它的网络节点;

(2) 登录到它的 LabScene。

服务器对上述两者进行牵线,使两者能够相互沟通,它并不参与 G 语言的运行。而上述两种方式每一种都是一对动作,即:有注册即有注销,有登录就有离开。这样,服务器的功能有:

(1) 接收网络节点注册信息,并以表格的方式动态显示;

(2) 强制及被动注销已注册的网络节点;

(3) 接收登录的 LabScene 用户信息,并以表格的方式动态显示;

(4) 强制及被动撤销已登录的用户;

(5) 提供给用户权限范围内的网络节点信息;

(6) 提供给用户权限范围内的其他用户信息;

(7) 向用户发出网络节点注销信息;

(8) 向网络节点发出使用信息。

上述三者的结合运行,使得 LabScene 的使用者在登录到服务器以后,不用关心节点的位置,就可以使用网络上的仪器功能节点,同时,结合本地节点的使用,对第三方节点或者已有 DLL 的加载使用,大大扩展了 LabScene 作为虚拟仪器平台的功能。

# 2.8　通用类框架

开发一种平台软件,还得考虑开发语言的选择,由于此类系统级软件一般需要在驱动层与硬件打交道,故采用 C/C++ 系列语言。同时,从效率和灵活性来考虑,对于任何一个操作系统,在其基础上进行开发都需要与相关操作系统底层的 API 打交道,即

开发环境 = C++ 语言 + 标准库 + API

由于当前的桌面操作系统大部分为 Microsoft 公司的 Windows 系列,因此,研究基于 Windows 的 API 开发就显得尤有必要性。

## 2.8.1　基于事件的窗口驱动模型

由于我们不知道每一个应用程序在何时会发生/触发事件,以及会触发什么事件,更不知道用户何时会点击鼠标、按下键盘,因此,事件驱动的窗口模型是现代操作系统一般都使用的模型。如图 2-8-1 所示。

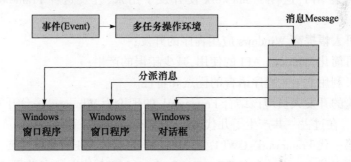

图 2-8-1　Windows 消息分派

Windows API 开发的典型过程,撰写窗口应用程序一般包含了四个步骤:

(1) 定义窗口类别内容,以决定窗口的建立格式以及回调函数;

(2) 注册窗口类别;

(3) 建立窗口;

(4) 进入窗口消息处理循环以便让回调函数处理窗口消息,直到应用程序结束为止。

上述过程如图 2-8-2 所示。

要进行这种开发是一种无趣且效率极低的过程,给初进入 Windows 程序设计的人造成了很高的门槛,而且有许多重复的地方。因此人们开始利用 C++

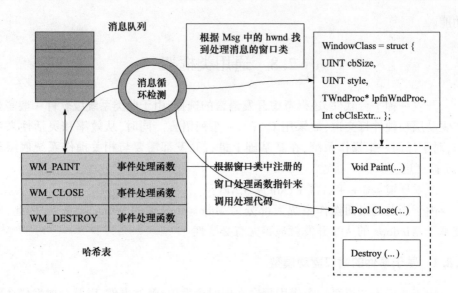

图 2 - 8 - 2　消息函数处理过程

的特性来封装 API,这样 Framework 便开发了出来,开发这种 Framework 有许多好处:

(1) 可大幅提高 Windows 应用程序的开发;

(2) 可简化 Windows API 的使用,减少错误的产生;

(3) 可利用 C + + 程序语言的优点和特性。

有经验的开发人员应该结合 Framework 的理论为 Windows 平台开发应用程序 Framework。在过去一共产生了几代 C + + 的 Framework:

(1) 第一代 Framework:OWL1. x、MFC,提供了对 API 的简单封装;

(2) 第二代 Framework：OWL2、ZAPP、Zinc,OWL2 使用了多继承,引入消息快储机制;

(3) 第三代 Framework:VCL、CLX,同时提供设计期和执行期的组件能力;

(4) 第四代 Framework:. Net Framework、VCL. NET,加入强大的设计模式,整合不同语言;

(5) 第五代 Framework:即将出现的跨平台 Framework (CBuilderX 中出现)。

G 语言的实现并不一定要求非常完善的类库体系,只需要进行符合要求的对 G 语言实现的特定支持即可,当然,它的类库体系也应该具有一定的通用性。为了解决这个问题,我们设计了一套用于 G 语言平台的基于 WinAPI 的 C + + 类库体系,它能够实现以下几个方面的功能:

(1) 类信息及其运行期识别能力;

（2）动态生成能力；

（3）持久化能力；

（4）消息驱动的事件响应；

（5）基础窗口类的封装；

（6）面向 G 语言的基础类型封装；

（7）G 语言编辑类的封装；

（8）运行及调试相关类；

（9）扩展类库的方法。

下面从基础类的角度分析 LabScene 如何建立一个面向 G 语言的 C + +类库。

### 2.8.2　类信息及其运行期识别能力

一个类库应该具有最基本的、公共的关于类的信息，以便使用这个类库的对象来对之进行运行期的识别。一般来说一个类可以用类名标志来识别，而类的对象是运行期所产生的，每次运行都不同，因此使用临时生成的一个 GUID 来唯一标志。同时，一些必要的辅助信息也由它提供，一共三类：指针型、数字型和字符串型。而类体系最重要的一点是继承性的封装和判断，这种关系必须在应用程序第一个类对象生成之前就建立，最自然的办法是每个类设立一个静态伴生类，由伴生类就可以明确整个类体系的继承关系；同时，静态类还应承担类对象创建的重任，这个方法同样是一个静态的函数。

和其他类库一样，CObjectX 是 LabScene 类体系所有类的祖先，而每个类的伴生类的名字为 CRTClassX。图 2 - 8 - 3 列出了这两者最重要的成员及函数。

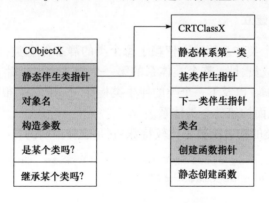

图 2 - 8 - 3　两个最基本的类

上述两个类的详细建模如图 2 - 8 - 4 所示。

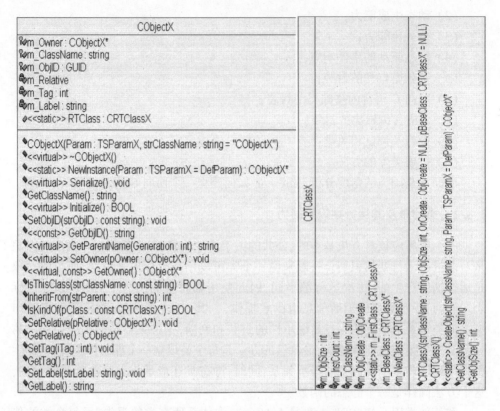

图 2 - 8 - 4　CObjectX 及其伴生类

### 2.8.3　类体系的建立

　　LabScene 整个类体系的建立依赖于每个类的静态伴生类,而这个类又依赖于它当中的前三个成员,即:整个类体系的第一个静态伴生指针 pFirstClass、基类的伴生指针 pBaseClass 以及下一个类的伴生类指针 pNextClass,很明显这是一个链表形式的类体系,从而构筑整个类体系。

　　CRTClassX 类的构造函数也比较特殊,它是这样声明的:

```
CRTClassX ( string strClassName, int iObjSize, ObjCreate OnCreate =
NULL, CRTClassX * pBaseClass = NULL);
```

　　其中:

　　strClassName:是类的名字,标志此类;

　　iObjSize 是类对象大小,一般使用 sizeof( ClassX) 即可;

　　OnCreate 是类的静态构造函数,即 CObjectX * ( * ObjCreate)(TSParamX),其中 TSParamX 为每个类的构造函数参数;

pBaseClass 是基类伴生类的指针。

在构造一个 CRTClassX 时,将 pNextClass 指针指向全局的静态 pFirstClass,再将 pFirstClass 指针指向自己,从而在已有的类体系中加入自己。同时,为了加入继承关系,每当建立一个新类时,都声明一个静态的伴生类,如 CPersistentX 的声明为

```
CRTClassX CPersistentX:: RTClass ("CPersistentX", sizeof (CPersistentX), NewInstance, &CObjectX::RTClass);
```

这样,每构造一个新的 CRTClassX,就在现有类体系中加入自己,同时依赖构造函数加入继承的关系,这个过程如图 2-8-5 所示。

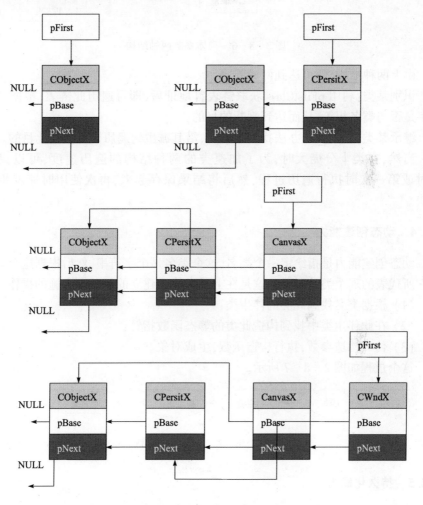

图 2-8-5　类体系的建立过程

上述过程形成两个数据结构,一个是由 pNextClass 构成的链表结构,一个是由 pBaseClass 形成的树状结构,而 pFirstClass 则是链状结构的入口,它总是指向最后一个加入类体系的静态伴生。这两个结构拆开来如图 2 - 8 - 6 所示。

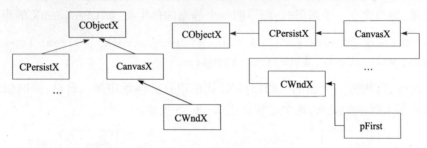

图 2 - 8 - 6　类体系的两种结构

由上两种结构,即可达到两种能力:

识别某类:利用 pFirstClass 获取链表首地址后,即可遍历此链表,根据其中的名字是否与类名相等,从而达到判断的目的;

继承某类:利用上述办法找到某类后,沿其派生树遍历即可达到此目的。

当然,在类十分庞大时,为了加速类的两种结构的遍历速度,可以只在构造时或第一次时执行遍历过程,然后将结果保存起来,再次使用时速度将大大加快。

### 2.8.4　动态创建能力

动态创建能力是指给定一个类名,这个类名是个字符串,然后根据这个类名创建它所代表的那个类的对象。这是在上述类体系建立的基础上实施的操作:

(1) 根据类名找到此类的伴生类;

(2) 在此伴生类中找到构造此类的静态函数指针;

(3) 传入构造参数,执行构造函数,生成对象。

这个过程如图 2 - 8 - 7 所示。

图 2 - 8 - 7　动态生成机制

### 2.8.5　持久化能力

永久保存同样是一个类框架的重要功能,其目的就是把一个对象及其状态关系永久保存起来,也就是写入到文件系统当中去,下一次运行时又可将对象还原出来的机制。为此,类体系加入了几个必要的类:CXMLNodeX、CXMLDocX 和 CAr-chiveX,用来实现每个类永久保存的功能。这三个类的模型构造如图 2 - 8 - 8 所示。

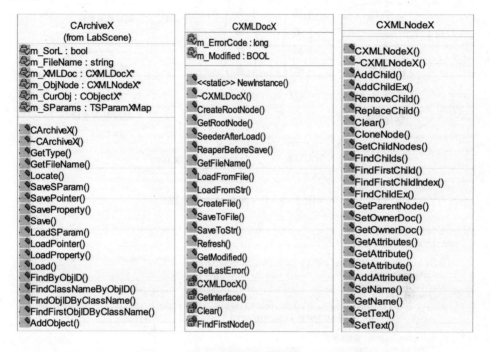

图 2 - 8 - 8　持久化类

　　分析一个对象,与运行对象有关的信息有两类,一是属性(指状态值),二是地址(指关联指针)。为了识别一个运行期的对象,每个类添加了一个 GUID 类型的属性 m_ObjID,保证其在实例化时的唯一标志,实际上它是代表了一个对象的实例化指针,因此实现永久保存时,就可用此标志来保存一个对象关联指针。而属性则可直接将其属性名和值保存起来。

　　一个对象的信息有三层:一为类名,二为对象标志,三为运行信息,即属性值和关联指针,只要保存了这三种信息,一个对象即被保存。而这种多层次关系用 XML 来进行描述是最灵活的。因此,多加的两个 XML 类均用来生成或读取 XML 文件。如图 2 - 8 - 9 所示。

　　经过这种机理形成的 XML 文件如图 2 - 8 - 10 所示。

　　由图 2 - 8 - 10 可知,文件中保存了类名、对象 GUID、构造函数、各个属性值和各个指针值,因此,在还原时有足够的信息得到保存以前的信息。

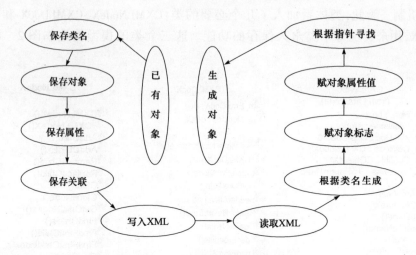

图 2-8-9　保存及动态生成

```
<?xml version="1.0" encoding="UTF-8" ?>
- <Olagi>
 - <LabScene ver="0.6.0" author="xxs and syy" date="2004-05-18 13:57:12">
    <VIX subvi="false" />
  - <ObjectX>
    - <CDiagramX>                                                          类名
      - <Obj0 annex="" data0="-4" data1="0" data2="1003" data3="615" objid="11775C5F-74F6-47CA-93BF-6461D1FDE67C"
        owner="498AD52C-E636-4419-971E-F58A79D2FBA2">                       构造函数
          <Property eventid="0" />                                         属性
          <Property caption="后面板0" />                                   属性
          <Pointer relative="00000000-0000-0000-0000-000000000000" />     指针
        </Obj0>                                                            对象
      </CDiagramX>
    - <CJointX>                                                            类名
      - <Obj0 annex="" data0="706" data1="217" data2="710" data3="217" objid="4126496C-A635-48F3-9767-21A8EB5D8EFC"
        owner="11775C5F-74F6-47CA-93BF-6461D1FDE67C">                      构造函数
          <Property type="0" />                                           属性
          <Pointer head="131D73B2-FEB3-4299-B3E6-AC8E89BB2CA6" />         指针
          <Pointer pin="3B0399E0-D577-4335-9871-82737EC88BCC" />          指针
          <Property brushcolor="65280" />                                 属性
        </Obj0>                                                            对象
      </CJointX>
    - <CWireX>                                                             类名
      - <Obj0 annex="" data0="305" data1="191" data10="706" data11="217" data2="683" data3="191" data4="683" data5="191"
        data6="683" data7="217" data8="683" data9="217" objid="131D73B2-FEB3-4299-B3E6-AC8E89BB2CA6"
        owner="11775C5F-74F6-47CA-93BF-6461D1FDE67C">                      构造函数
          <Property pencolor="4227327" />                                 属性
          <Property penwidth="1" />                                       属性
          <Pointer source="AD68FDDA-1D4A-4E02-A224-10BA318028B4" />       指针
          <Pointer destination="4126496C-A635-48F3-9767-21A8EB5D8EFC" />  指针
        </Obj0>                                                            对象
      </CWireX>
    </ObjectX>
  </LabScene>
</Olagi>
```

图 2-8-10　保存文件的 XML 内容

### 2.8.6　消息驱动模型

考虑到 Windows 操作系统本身是一个基于消息驱动的模型,因此,LabScene 类体系也模仿了这个多任务的模型。LabScene 共生成两个消息泵,一个由主线程管理,主要管理界面操作;另一个由 TriggerThread 线程管理,处理系统运行时的触发消息。

主消息的处理函数均封装在 CMsgTargetX 类中,所有从它继承的类均具有消息处理功能。消息处理过程的系统默认处理过程有四种:①普通消息;②对话框消息;③子窗体消息;④框架消息。

为了统一起来处理,在 CMsgTargetX 中加入一个默认消息处理过程指针 m_DefProc。总的消息处理依赖于消息转发和处理函数,如下声明:

LRESULT WINAPI TransProc (HWND hWnd, UINT uMsg, WPARAM wParam, LPARAM lParam);

virtual LRESULT WndProc(UINT uMsg,WPARAM wParam,LPARAM lParam);

事件处理响应分成:①显式事件,主要为一些经常用到的消息;②命令事件,用于处理诸如菜单单击等消息;③自定义事件。所有的事件处理均使用函数指针的方式,其实现函数可另外处理,见图 2-8-11。

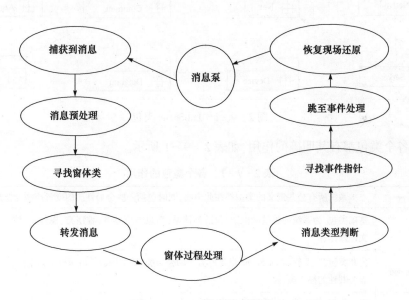

图 2-8-11　消息处理循环

## 2.9　LabScene 类框架

2.8 节分析的是一个通用类库体系的构建,如 MicroSoft 的 MFC 和 Borland 的 VCL,由于 LabScene 是针对虚拟仪器所开发的,因此,它还有自己特殊的结构,主要是有关节点、连线以及编辑运行等方面的类体系。

### 2.9.1　LabScene 基础类包

为了提供最基础、最灵活及最高效的开发能力,LabScene 只依赖于 C++标准库,在上述关键技术和类的基础上,LabScene 封装了大量的基础类,完成类型识别及标识、消息及事件处理、基础窗口处理、应用程序执行模块、系统控件、基础节点及容器、XML 解析及持久化以及网络支撑等的功能封装。这些类包如图 2-9-1 所示。

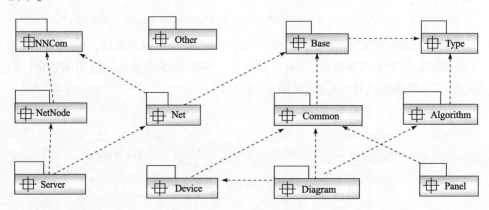

图 2-9-1　LabScene 类包

各个类包都有其明确的作用,如表 2-9-1 所示。

表 2-9-1　各个类包的作用

| Type | 系统所有公共定义的类型都在此声明,同时包括一些全局性质的变量声明与实现 |
| --- | --- |
| Base | 基础类包,为系统提供基础框架,包括类体系、消息响应体系、程序类、控件类、线程管理和文件操作等 |
| Common | 公共类包,主要提供 LabScene 设计所需要的公共类,用于构造前后面板及其流程、设计运行等公共性的操作类 |
| Algorithm | 算法类包,提供数据分析处理及其他算法函数的实现 |

| Panel | 前面板类包,所有有关虚拟仪器的面板设计类,提供设计期和运行期的显示及用户交互处理 |
|---|---|
| Diagram | 后面板图形化流程类包,整个系统的主要功能包,所有节点、流程容器及线的容身之处,虚拟仪器的运行逻辑控制及数据分析处理功能均由此实现 |
| Device | 设备包,封装与硬件驱动有关的类 |
| Net | 网络服务包,包括 Socket 类、用户类、本地和网络代理节点等 |
| NNCom | 基础网络定义,客户、服务以及网络节点公共使用的声明及接口,以及 XML 生成及解析等 |
| Server | 服务器类包,提供服务器的日志、用户、网络节点的管理与分配 |
| NetNode | 网络节点公共类包,封装基本的网络节点构建类 |
| Other | 其他辅助功能类包 |

其中对图形代码进行操作主要集中在选择和移动、连线和管脚闪烁、放缩和放缩方向标志,在设计过程中有关的打开和保存、数据持久化与还原,以及对功能运行起重要作用的事件及实现、运行过程、内存管理与分配等,其中具体作用如图 2 - 9 - 2所示。

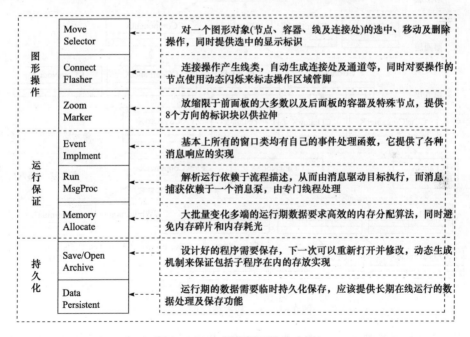

图 2 - 9 - 2　操作保证类的功能

### 2.9.2　G 语言基本要素的相关类

上面我们分析了 G 语言的基本要素：功能节点、容器节点、管脚、连线、连接处以及前面板控件等，这些要素都体现在 LabScene 类包中，如表 2 - 9 - 2 所示。

表 2 - 9 - 2　基本要素类

| 要素 | 功能节点 | 容器节点 | 管脚 | 连线 | 连接处 | 控件 |
|---|---|---|---|---|---|---|
| 类 | CFuncNodeX | CFlowContainerX | CPinX | CWireX | CJointX | CComPanelX |

其中节点和控件是两大系别的类，它们继承了丰富的功能，对系统的扩展性起到至关重要的作用，其他要素在整个类体系当中的继承关系如图 2 - 9 - 3 所示。

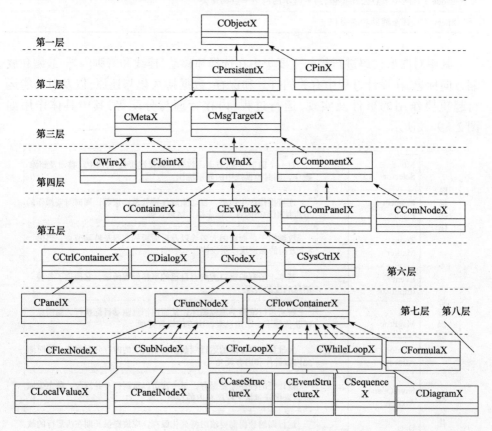

图 2 - 9 - 3　基本类的继承关系

其中每个类都从上层继承了公共功能，几乎所有的新扩展类都是从 CFuncNo-deX、CComPanelX 以及它的子类继承过去的；同时，这些新增类仅对它的几个有限功能函数进行重载即可，主要是有关自己功能实现的函数，就可以无缝地加入到整个类体系当中来,使得第三方开发非常方便。这些类构成了 G 语言的基本构架,主要类的作用如表 2 - 9 - 3 所示。

表 2 - 9 - 3 基本类的功能

| 类 名 | 作 用 |
| --- | --- |
| CObjectX | 所有类的公共基类,主职类信息、标志信息及动态识别能力 |
| CPersistentX | 持久化功能的基类,从它继承的类具有持久化能力 |
| CPinX | 管脚类,不独立存在,伴生于节点类,标志它的输入及输出 |
| CMetaX | 图元基类,具有非窗体的图形能力 |
| CMsgTargetX | 消息响应基类,从它继承的类具有消息事件响应能力 |
| CWireX | 线类,标志数据流向 |
| CJointX | 连接处,连接线类与线类、线类与管脚的连接 |
| CWndX | 窗口基类,所有具有形状及位置的窗口基类 |
| CComponentX | 所有组合类的基类,非单一窗体类 |
| CContainerX | 容器类的基类,可以容纳各种控件 |
| CExWndX | 具有加载图标及绘制能力,可以变化形状的窗体 |
| CComPanelX | 前面板控件基类,具有 Builder 组合模式 |
| CComNodeX | 后面板组合类的节点基类 |
| CCtrlContainerX | 具有前面板控件容纳能力的基类 |
| CDialogX | 所有对话框类的基类,可能放置各种系统控件等 |
| CNodeX | 节点类的基类,流程控制及后面板单元的基类,具有运行能力的基类 |
| CSysCtrlX | 所有系统控件基类,如按钮、编辑框等 |
| CPanelX | 前面板,容纳前面板控件 |
| CFuncNodeX | 功能节点基类,所有的不可分的后面板节点的基类 |
| CFlowContanerX | 所有后面板容器节点基类,能容纳其他功能节点和容器节点 |
| CFlexNodeX | 可以放缩大小的功能节点基类 |
| CSubNodeX | 子 VI 节点 |
| CLocalValueX | 本地变量节点 |
| CPanelNodeX | 所有前面板控件的基类,用于用户信息输入输出 |
| CForLoopX | 具有次数控制的循环结构 |
| CWhileLoopX | 用条件控制的循环结构 |
| CFormulaX | 公式节点,可以编辑类 C 脚本并解析 |
| CCaseStructureX | 条件选择执行结构,可以由数字量、逻辑量、字符串加以选择 |
| CEventStructureX | 事件响应的选择执行结构 |
| CSequenceX | 顺序执行结构,打破 G 语言并发执行机制 |
| CSocketX | 封装所有的网络传输功能类 |
| CSocketDataX | 对网络数据进行打包和解包动作的类 |
| CUserX | 用户类,当想登录到服务器获取网络节点信息或与其他用户交互时用 |
| CDiagramX | 后面板,所有图形代码置于其中,并管理 VI 的执行 |

### 2.9.3 三个最主要的节点类

CNodeX、CFuncNodeX、CFlowContainerX 是 LabScene 整个类体系当中最主要的

| CNodeX<br>(from LabScene) |
|---|
| 🔲m_RunCount : unsigned int<br>🔲m_Triggered : bool<br>🔲m_Iterator : unsigned int<br>🔲m_Isolated : bool<br>🔲m_Dynamic : bool<br>🔲m_Broke : bool<br>🔲m_Type : ERoleType<br>🔲m_Label : CLabelX*<br>🔲m_State : ERoleState<br>🔲m_PropDlg : CPropDlgX* |
| ◆CNodeX(Param : TSParamX = DefParam, strClassName : string = "CNodeX")<br>◆<<virtual>> ~CNodeX()<br>◆<> Create(nMode : int = 0) : bool<br>◆<<static>> NewInstance(Param : TSParamX = DefParam) : CObjectX*<br>◆<<virtual>> Serialize(pArchive : CArchiveX*) : void<br>◆<<virtual>> SetEventImpl(iEventID : int = 0) : void<br>◆<<virtual>> PreProcess(Rule : int = 0) : bool<br>◆<<virtual>> Activate(tMsg : TTriggerMsgX*, Rule : int = 0) : bool<br>◆<<virtual>> Run() : void<br>◆<<virtual>> Reset(self : bool = true) : void<br>◆<<virtual>> Complete() : void<br>◆<<virtual>> Flash(param : int = 0) : void<br>◆<<virtual>> SetType(rt : ERoleType = rtNormal) : void<br>◆<<virtual>> GetType() : ERoleType<br>◆<<virtual>> SetState(rs : ERoleState = rsInit) : void<br>◆<<virtual>> GetState() : ERoleState<br>◆SetRunCount(nRunCount : unsigned int) : void<br>◆GetRunCount() : unsigned int<br>◆GetIterator() : unsigned int<br>◆SetIterator(nIterator : unsigned int) : void<br>◆DecrIterator(count : unsigned int = 1) : void<br>◆<<virtual>> SetTriggered(blTrigger : bool = true) : void<br>◆<<virtual>> GetTriggered() : bool<br>◆<<virtual>> GetIsolated() : bool<br>◆<<virtual>> SetIsolated(blIsolated : bool = false) : void<br>◆<<virtual>> GetDynamic() : bool<br>◆<<virtual>> SetDynamic(blDynamic : bool) : void<br>◆<<virtual>> GetBroke() : bool<br>◆<<virtual>> SetBroke(blBroke : bool) : void<br>◆SetPropDlg(pPropDlg : CPropDlgX*) : void<br>◆GetPropDlg() : CPropDlgX*<br>◆SetLabel(pLabel : CLabelX*) : void<br>◆GetLabel() : CLabelX*<br>◆<<virtual>> Draw(blErase : bool = false) : void<br>◆<<virtual>> DrawBroke() : void<br>◆<<virtual>> AppearOrDisappear(flag : bool = false) : void |

图 2 - 9 - 4  CNodeX 建模

类,它与后继的开发息息相关。CNodeX 是所有节点类的公共类,它封装了描述节点的基本属性、运行函数等公共信息,而 CFuncNodeX 是个功能函数公共节点,它开发的过程代表了与绝大部分节点相似的过程;CFlowContainerX 是容器节点的公共基类,包含了容器包容其他节点以及运行的规律,它们的模型如图 2 - 9 - 4、图 2 - 9 - 5和图 2 - 9 - 6所示。

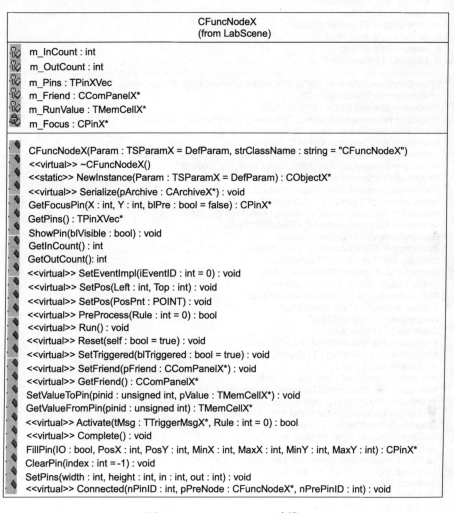

图 2 - 9 - 5　CFuncNodeX 建模

CNodeX 包含了位置、状态及运行次数等重要属性,还包括预运行、能否激活、重设状态、运行和完成等主要运行函数,这些函数在运行模型中都已分析过,如图 2 - 9 - 7所示。而 CFuncNodeX 是功能节点的公共基类,下面主要看如何进行它的设置及 Run 函数开发。

| CFlowContainerX |
| :---: |
| (from LabScene) |

| m_Clicked : bool |
| --- |
| m_Containers : TFlowContainerXMap |
| m_HeadFuncNodes : TFuncNodeXMap |
| m_TailFuncNodes : TFuncNodeXMap |
| m_FuncNodes : TFuncNodeXMap |
| m_RootJoints : TJointXMap |
| m_Joints : TJointXMap |
| m_ComNodes : TComNodeXMap |
| m_Borders : TBorderXMap |
| m_Notes : TNoteXMap |
| m_Objects : TObjectXMap |

| CFlowContainerX(Param : TSParamX = DefParam, strClassName : string = "CFlowContainerX") |
| --- |
| <<virtual>> ~CFlowContainerX() |
| <<virtual>> Create(nMode : int = 0) : bool |
| <<static>> NewInstance(Param : TSParamX = DefParam) : CObjectX* |
| <<virtual>> Serialize(pArchive : CArchiveX*) : void |
| <<virtual>> SetEventImpl(iEventID : int = 0) : void |
| <<virtual>> FindByClassName(strClassName : const string) : TObjectXVec |
| <<virtual>> FindByObjID(strObjID : const string) : CObjectX* |
| FindByLabel(strLabel : const string&) : TFuncNodeXVec |
| FindFirstByLabel(strLabel : const string&) : CFuncNodeX* |
| <<virtual>> AddObject(pObj : CObjectX*) : void |
| <<virtual>> RemoveByObjID(strObjID : const string) : void |
| <<virtual>> ChangeType(pObj : CObjectX*) : void |
| GetFuncNodes() : TFuncNodeXMap* |
| <> GetRootJoints() : TJointXMap |
| <> GetJoints() : TJointXMap |
| GetHeadFuncNodes() : TFuncNodeXMap* |
| GetTailFuncNodes() : TFuncNodeXMap* |
| GetSubContainers() : TFlowContainerXMap* |
| GetComNodes() : TComNodeXMap* |
| GetBorders() : TBorderXMap* |
| GetNotes() : TNoteXMap* |
| <<virtual>> PreProcess(Rule : int = 0) : bool |
| <<virtual>> Activate(tMsg : TTriggerMsgX*, Rule : int = 0) : bool |
| <<virtual>> Run() : void |
| <<virtual>> Reset(self : bool = true) : void |
| <<virtual>> SetTriggered(blTriggered : bool = true) : void |
| <<virtual>> AdjustType() : void |
| <<virtual>> Refresh(bErase : bool = true) : void |
| DrawBoxOutline(Owner : CObjectX*, ptBeg : POINT, ptEnd : POINT) : void |
| SetClicked(blClick : bool = true) : void |
| GetClicked() : bool |
| IsInFlowContainer(xWndBeg : int, yWndBeg : int, xWndEnd : int, yWndEnd : int) : bool |
| IsInFlowContainer(X : int, Y : int) : bool |
| IsSelected(width : int) : bool |
| IsInLeftRightBorder(width : int) : bool |
| CrossBorder(io : bool) : void |
| <<virtual>> SetOwner(pOwner : CWndX* const) : void |
| <<virtual>> DrawFrame() : void |
| <<virtual>> RefuseGoout(pWnd : CWndX*) : void |
| <<virtual>> FlowContainerFromPoint(X : int, Y : int) : CObjectX* |

图 2 - 9 - 6　CFlowContainerX 建模

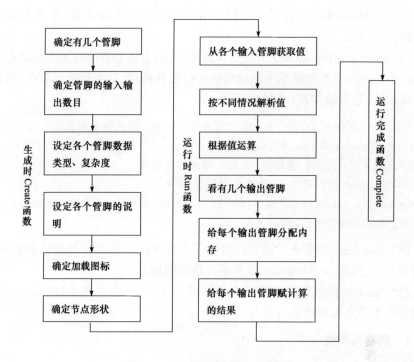

图 2－9－7 功能节点设计过程

一般的功能设计只需重写 Create 和 Run 函数即可,大大方便了后续开发,使得开发人员的精力集中于业务函数的编写。

为了扩充普通节点的网络功能,LabScene 类体系的祖先伴生类 CRTClassX 增加了一个属性,即 TRealPosXVec m_Poses,它表示了每一个类别的类在运行期具有的所有实现地址,可以是本地的,也可以是远程的;同时,每个继承自 CFuncNodeX 的类增加了几个属性及功能,如图 2－9－8 所示。

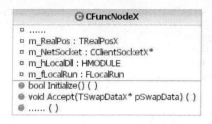

图 2－9－8 CFuncNodeX 的网络功能

(1) m_RealPos:代表了此节点实现的真正位置,运行系统据此来判断此节点运行的是内部、本地还是远程功能;

（2）m_NetSocket：保存了与此网络节点相关联的 Socket 类，依此来发送或接收数据；

（3）m_hLocalDll：如果这个类是本地节点，这个属性即保存了实现动态库的句柄；m_fLocalRun：本地动态库驱动函数运行公共接口，如果是本地节点，则指向功能实现指针，其具体实现声明如以下所示：

//const char * inbuf，输入参数缓冲区，为 xml 格式的数据流

//unsigned int insize：输入缓冲区大小

//char * & outbuf，输结果，为 xml 格式的数据流

//unsigned int：返回值，为输入缓冲区大小

typedef _ _declspec(dllimport) unsigned int ( * FLocalRun)(const char * , unsigned int, char * &);

（4）Initialize：如果是本地节点则进行实现库的挂接和实现指针的获取，如果是网络节点，则将 m_NetSocket 指向需要指向的地方；

（5）Accept：接收远程网络节点的数据，由网络节点管理类按照运行 ID 决定运行是哪个节点接收数据并运行。

### 2.9.4　网络构架类

1. 公共网络交换类

公共网络类提供给 LabScene、Server 以及 NetNode 一些统一的结构说明，按照

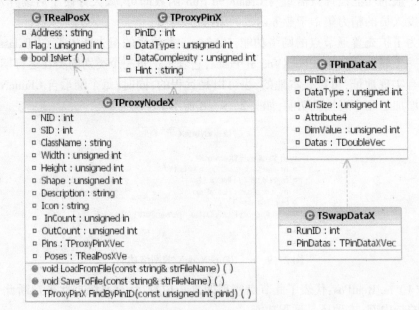

图 2-9-9　公共网络交换类

这些结构即可以实现数据的互通,主要有 TRealPosX、TProxyPinX、TProxyNodeX、TPinDataX 和 TSwapDataX 5 个类,其中前 3 个是节点信息描述类,而后 2 个是数据信息描述类,其模型如图 2-9-9 所示。

上述数据结构与 XML 必须能够进行相互转换,这个过程由类 CParseXMLX 来解决,其声明如图 2-9-10 所示。

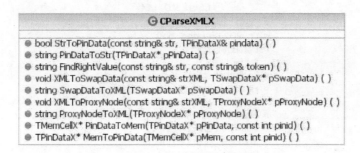

图 2-9-10　XML 解析类

2. Socket 类

LabScene 的网络通信基本由 Socket API 开发,所以所有网络类的基础即 CSocketX 类,以及由它派生的 CClientSocketX 和 CServerSocketX 两个类,其封装如图 2-9-11 所示。

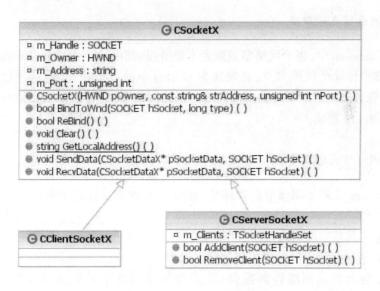

图 2-9-11　Socket 封装类

### 3. SocketData 类

Socket 之间传递的数据即符合 LabScene 协议的数据，这个数据的打包与解包动作由一个专门的类来实现，如图 2 - 9 - 12 所示。

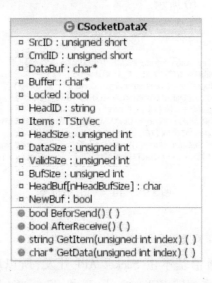

图 2 - 9 - 12　SocketData 封装类

### 4. 网络节点代理类

在 LabScene 中，每个网络节点或者本地节点，都由一个代理节点来表示，用户操作时即操作这个代理节点，其表现为 G 语言中的一个普通节点。但是当运行时，则在管理类的帮助下将数据传递给真正的网络节点，并获取节点运行的结果。如图 2 - 9 - 13 所示。

### 5. 网络节点管理类

LabScene 依赖于网络节点管理类(此处与本地节点管理类类似)才能实现两方面的工作：
(1) 工具箱获取所有网络节点信息；
(2) 创建 G 语言时管理生成的网络代理节点；
(3) 运行时从网络得到数据，并正确传递到真正需要这些数据信息的节点上。

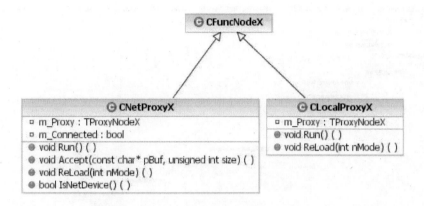

图 2-9-13　网络节点代理类

　　网络节点不能独立地运行,它必须在外部管理类的帮助下才能运行。如图 2-9-14 所示。

| © CProxyMgrX |
| --- |
| ▫ m_LocalProxys : TProxyNodeXVec |
| ▫ m_LocalRTClasses : TRTClassXVec |
| ▫ m_NetProxys : TProxyNodeXVec |
| ▫ m_NetRTClasses : TRTClassXVec |
| ▫ m_NetNodes : TRunNodeXMap |
| ● void LoadFromLocal(const string& strPath) ( ) |
| ● void LoadFromServer(const string& strPath) ( ) |
| ● TProxyNodeXVec LoadFromFile(const string& strFileName) ( ) |
| ● TProxyNodeX FindProxyByClassName(const string& strClassName, bool lorn) ( ) |
| ● void AddNode(CFuncNodeX* pNode) ( ) |
| ● void RemoveByRunID(int runID) ( ) |
| ● void RefreshUsedNodes(bool lorn) ( ) |
| ● bool PreProcess(int Rule) ( ) |
| ● void Connected(CClientSocketX* pSocket) ( ) |
| ● void Run(const string& strValue) ( ) |
| ● void Run(int runID, const char* pBuf, unsigned int size) ( ) |

图 2-9-14　代理管理类

**6. 网络类运行序列**

　　比起内部或本地运行而言,网络运行是一个相对复杂的过程,其运行序列如图 2-9-15 所示。

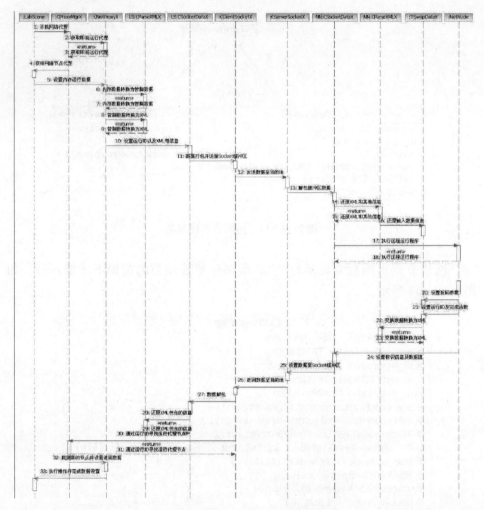

图 2 - 9 - 15　运行序列

# 2.10　设计模式的应用

由于 LabScene 是一个大型的平台系统,在设计过程中,用到了非常多的设计模式,以下是部分设计模式的详述。

## 2.10.1　Command 模式

Command 模式属于对象行为模式,它将一个请求封装为一个对象。在 Lab-Scene 中利用它来实现两个功能。

**1. 为用户在设计虚拟仪器的时候提供强大的灵活性**

关键是解藕调用操作的对象和具有执行该操作所需信息的那个对象。使用 Command 模式就是在命令的调用者和命令的执行者之间加了一个中间人,将直接关系切断,使两者隔离。这需要建立一个 Command 类体系,如图 2-10-1 所示。

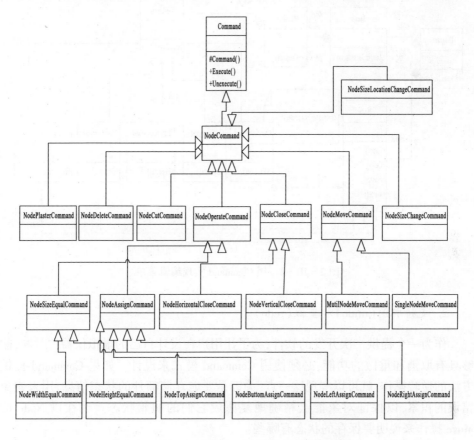

图 2-10-1　LabScene 中部分 Command 类层次

用户可以通过菜单或者按钮等对用户控制面板中的控件和流程图设计面板中的节点进行移动位置、修改大小、对齐、复制、删除和剪切等操作。菜单或按钮仅仅是执行用户的请求响应,而不会直接显示在菜单或按钮中实现该请求。菜单等对象只是知道哪个对象做哪些操作,而无法知道具体执行的操作。命令模式通过将请求本身变成一个对象来使菜单对象可以向未指定的应用对象提出请求。下面以 LabScene 中的流程图设计面板为例子来说明怎么用 Command 对象来实现编辑菜单。首先 Node 是加入到 Diagram 中的,它可以完成复制、剪切、粘贴、移动和改变大小等操作,Diagram 上面有菜单,而菜单又是由多个菜单项组成的。通过这些菜单项就可以完成 Node 的复制、剪切、粘贴、移动和改变大小等操作。在 MenuItem 的 Clicked 操作就是产生相应的 Command 子类的实例,再执行相同的函数调用 Execute。菜单项把具体的实现交给 Command 对象后,在它的实例化的子类里面再根据 Node 自己的 Copy 等操作来完成真正的实现。如图 2 - 10 - 2 所示。

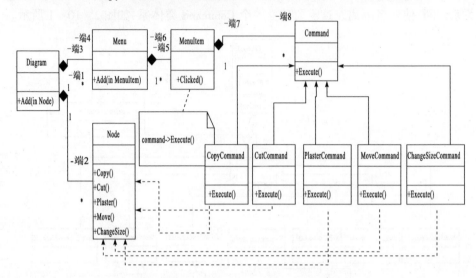

图 2 - 10 - 2　用 Command 实现编辑菜单

### 2. 支持取消(undo)和重做(redo)

作为一个提供二次开发的软件,为了让用户在设计自己的虚拟仪器的时候,能够具有取消和重做的功能,必须使用 Command 模式来设计。如果 Command 提供方法的逆转操作,就可以实现这一点,关键是要能存储额外的状态信息,用来避免错误的积累,以保证对象能被精确地复原成它们的初始状态。现在以 Node 的 Move 操作来说明要保存的状态有哪些:

(1) 接收者对象,也就是真正执行 Move 操作的那个 Node 对象;

(2) Move 操作会改变 Node 位置信息,故位置信息要保存下来;

(3) 很有可能在 Redo 等操作时已经不是当时的这个 Node 被选中,就需要恢复系统的状态,恢复成那个 Node 被选中。

如图 2 - 10 - 3 所示:Move 函数带的参数就是保存下来的当前或上一次的位置信息,RecoverState 函数用来恢复系统的状态。

因为 LabScene 要为用户提供无限次的撤销和重做,利用 CommandManage 这个类管理所有的 Command 对象,它是由两个堆栈 UndoStack 和 RedoStack 组成。如图 2 - 10 - 4 所示,如果一个 Command 执行了,它就会加入到 UndoStack 中,同时

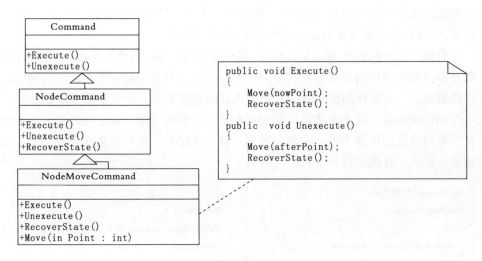

图 2 - 10 - 3　恢复初始状态

把 RedoStack 清空,RedoStack 只是和 UndoStack 交流。

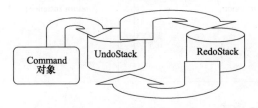

图 2 - 10 - 4　管理 Command 对象

　　Undo 操作的基本思路是:如果 UndoStack 不为空,就把指针指向栈顶对象,执行此 Command 对象的 Unexecute 操作,然后把它弹出并压入到 RedoStack 中。

　　Redo 操作的基本思路是:如果 RedoStack 不为空,就把指针指向栈顶对象,执行此 Command 对象的 Execute 操作,然后把它弹出并压入到 UndoStack 中。

　　这样就实现了 Undo 和 Redo 操作,但是有时候将一个可撤销的命令在它被放到 CommandManage 管理之前,必须把对象集合拷贝下来,如在删除操作之前,就要把当时的对象都保存下来,这样执行 Undo 操作的时候,可以恢复到以前的状态。

## 2. 10. 2　Singleton 模式

　　Singleton 模式是对象创建模式,在 LabScene 中应用它来保证类只有唯一的一个实例,并提供一个访问它的全局访问点。

　　LabScene 中有很多类满足只能有唯一的实例这个条件,现在以系统资源——

内存的控制来说明如何用 Singleton 来实现。在 2.5 节中我们详述了 LabScene 内存管理的设计,这里主要讨论在其中用到的设计模式。

　　管理内存分配的类 MemManage 必须是全局唯一的,任何在 LabScene 设计后的虚拟仪器在使用内存都是用这个类的唯一实例。其方法是将创建这个实例的操作隐藏在一个类操作后面, 即一个静态成员函数或者是一个类后面, 以保证只有一个实例被创建。这个操作可以访问保存唯一实例的变量, 而且可以保证这个变量在返回值之前用这个唯一实例初始化。该方法保证了单件在首次使用前, 被创建和初始化。具体实现如下:

```
MemManage 类的定义:
class MemManage{
public:
    static MemManage * Instance();
protected:
    MemManage();
private:
    static MemManage * instance;
}
```

```
相应的操作实现:
MemManage *
MemManage::instance = 0;
MemManage *
MemManage::Instance(){
    if(instance == 0){
    instance = new MemManage;}
    return instance;
}
```

### 2. 10. 3　Dispatcher 模式

　　Dispatcher 是一种行为模式,它用来以不同的方式驱动任务的执行。

　　LabScene 中设计的条件控制框架程序一般如图 2 – 10 – 5 所示,首先由一个选择子(CaseSelector)来选择将要执行的程序框图。如果发现有满足条件的程序框图,就驱动该程序框图进行运行。所以在设计 CaseStructure 等相关类的时候要用到 Dispatcher 设计模式。

　　在程序单元里定义 Dispatcher 类,这个类的功能就是提供以传递过来的参数驱动相应的函数运行的能力。下面以传递过来的参数是字符串为例说明 Dispatcher 模式是如何工作的。首先在 Dispatcher 类里面定义两种方法:SendMessage 和 AddHandle。SendMessage 方法是让选择子 CaseSelector 调用来触发框架运行的函数。AddHandle 方法是把所有可能的运行框架的函数指针和对应的字符串加入到一个 Hash Table 中,形成一种映射关系。当客户端让选择子调用 SendMessage 方法,就会传递一个参数(此处为一个字符串)。然后把这个字符串和用 AddHandle 方法建立起来的映射关系表去比对,如果有符合的,就根据相应的函数指针调用函数来运行。通过 AddHandle 可以很容易地把各种参数和函数映射起来,这样针对

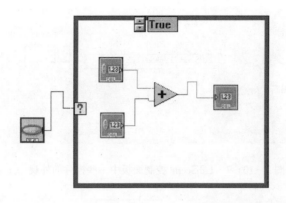

图 2-10-5 LabScene 中条件控制框架

不同的参数要求,填入相应的映射表中。当客户端要求选择子进行选择的是并不需要知道是如何实现的就可以在内部进行转换,则驱动正确的框架进行运行。因为 CaseStructure 是相当于 C 语言的 switch …case 语句,传递的选择条件都是基本类型的数据,如整型、字符型和布尔型等,故都可以转换成字符串来进行,如图 2-10-6所示。

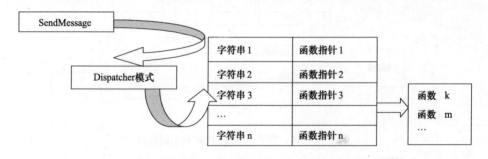

图 2-10-6 LabScene 中使用 Dispatcher 模式驱动框架运行

## 2.10.4 Builder 模式

Builder 是对象创建型模式,它将一个复杂对象的构建与它的表示分离,使得同样的创建过程可以创建不同的表示。

在 LabScene 的用户控制面板中,用户用来设计他们所需要的仪器控件,有简单的如开关、指示盘、数组控件、示波器等,如图 2-10-7 所示。

它们的外观千差万别,但是创建过程却是相似的,即创建主体、创建附件、创建和流程设计面板对应的节点这三个步骤,如图 2-10-8 所示。

当用户想生成一个控件时,专门创建对象类就会调用 Builder 类的 Build 方法,

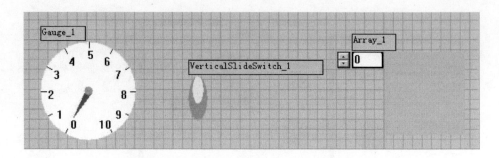

图 2 - 10 - 7　　LabScene 控制面板中一些控件的外观

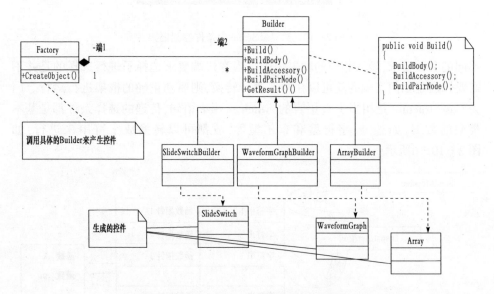

图 2 - 10 - 8　　用 Builder 模式建造不同控件

在 Build 方法中又会调用 BuildBody、BuildAccessory 和 BuildPairNode 三个方法。这三个方法是虚拟函数,他们会根据用户的需要调用具体的 Builder 类的这三个方法,在不同的 ConcreteBuilder 中,可以实现自己的千奇百怪的造型,这就是在用户控制面板上面看见的控件。而且用 Builder 模式对于扩展新的控件很方便,因为只需从 Builder 类,再实现 BuildBody、BuildAccessory 和 BuildPairNode 三个方法,对整个类体系不会有影响。

### 2.10.5　Factory 模式

Factory 是对象创建型模式,用来灵活地创建对象。

在 LabScene 中,用户用来做开发的基本控件,都是动态生成的,举例来说,在控制面板时,会有控件工具箱,上面放着各种控件,用户点击想要生成的控件的图标按钮,再拖到控制面板上,就会生成该控件,如图 2 - 10 - 9 所示。

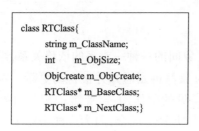

图 2 - 10 - 9　演示生成控件

如果直接用 new 来完成构造各种控件的任务,必然会导致有多少个控件就要 new 多少次,而且如果有新的控件加入,就需要修改生成控件的这部分代码,Factory 就是这样的一个模式,可以让用户不用知道怎么生成控件,有新的控件加入也不用修改客户端代码,易于扩展。LabScene 还要实现运行期型别判断和序列化,加上前面要实现的动态生成,就要同时实现这三个功能。

首先要在 LabScene 的类体系中对每个类都加上一个伴生类 RTClass,它就是记录每个类的信息,可以用来生成类、查询类的类别等,如图 2 - 10 - 10 所示。

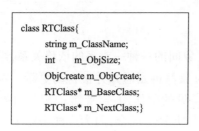
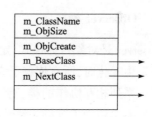

图 2 - 10 - 10　RTClass 内容

里面保存着类名、对象大小、创建这个类的函数指针、指向基类的伴生类的指针和指向下一个类的伴生类的指针。把这些伴生类用链表串起来,形成伴生类体系,就会形成图 2 - 10 - 11 所展示的情景。

这样在创建如 Gauge 这个控件的时候,只要把类名"Gauge"得到,然后在这个

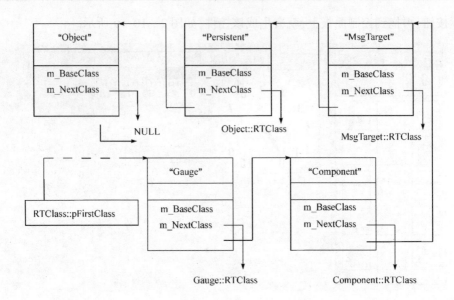

图 2 – 10 – 11　　RTClass 形成的链表

伴生类的链表中查找 Gauge 这个类相应的伴生类。因为所有的类都有伴生类,而且都在这个链表之中,故只要提供的类名是正确的,就一定能找到相应的伴生类,而这个伴生类 RTClass 中有一个函数指针,就是这个指针指向的函数可以创建 Gauge 对象。这样,无论什么样的类,在 LabScene 这个体系中都可以动态生成,可以在序列化的时候生成,可以查找相应的型别。如果想扩展类体系,或是添加新的控件,并不需要修改客户端的代码,因为这个链表会在程序生成的时候根据当前的类自动连接好,同时有了相应的伴生类,就可以产生相应的类对象。

### 2.10.6　Observer 模式

　　Observer 是对象行为模式,定义对象间的一种一对多的依赖关系,当一个对象的状态发生变化时,所有依赖于它的对象都得到通知并被自动更新。将一个系统分割成一系列相互协作的类,有一个常见的副作用:需要维护相关对象间的一致性。我们不希望为了维持一致性而使各类紧密耦合,因为这样降低了它们的可重用性。Observer 模式在 LabScene 中主要有两大方面的应用:

　　(1) 用户在使用 LabScene 进行虚拟仪器设计的时候,将会用到两个主要的窗体,即流程图设计面板和节点属性表格。这两个不同的窗体需要对同一个数据对象操作,相互之间并不知道对方的存在,但是每个窗口对数据对象所造成的改变都能反映到其他窗口,这意味着两个窗口都依赖于数据对象,因此数据对象的任何状态改变都应立即通知其他窗口。如设计面板上节点的位置发生变化,就可能是在设计面板上操作节点移动所造成的,也有可能是修改节点属性表格里面节点的位置属性所造成的。但是无论是什么方式使得节点的位置发生改变,都要通知这两个窗体,使他们的状态得到相应的更改。

Subject 类: Observer 模式中主题(Subject——被观察对象)类的基类。它是对数据进行封装的类,保存有数据以及对这些数据感兴趣的对象(实现了 Observer 接口的对象)集合,并提供了当数据变化时通知 Observer 对象的方法 notify()。

Observer 类: 可以说是一个接口,作为 Observer 模式中观察者(Observer)类的基类,它定义了一个空的 Update()方法,所有实现该接口的类都必须提供该方法。如类图 2-10-12 所示。

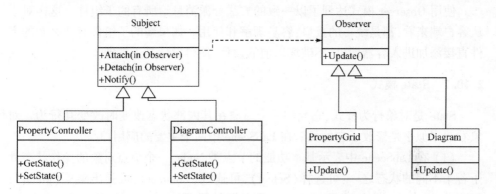

图 2-10-12　Observer 模式在 LabScene 中的应用

PropertyController 类:对属性数据窗口中的显示进行更新。

DiagramController 类:负责节点显示和用户交互。

在上面的这个应用中,一个观察者有多个目标,当观察者观察多个目标时,Updatetype 作为参数传递给 Update 操作的目标让观察者可以判定是哪一个目标发生了改变。每当数据发生变化时,每个对数据感兴趣的对象都获得了该数据的变化,并可做出相应的处理。Observer 模式降低了对象之间的耦合性,使每个对象集中专注于自己事物的处理,而无须了解其他对象的存在及如何处理。

(2)用 Observer 模式来实现分派功能。在 LabScene 中各个组件有各种不同的层次关系,因为 LabScene 中有一种特殊的节点——容器节点(Container),它本身可以运行,同时还可以管理它里面的容器节点或是一般节点。当要对这些组件都进行某种操作的时候,如删除,移动等,如果想一次把消息传递给所有这些 LabScene 组件,再让每一个 LabScene 组件根据传递过来的消息来决定采取什么样的行动,这就需要用 Observer 模式来分配任务。

首先要 Container 组件维护一个管理子组件的工具,如数组、哈希表等。当 LabScene 中的 Container 组件需要通知它所包含的所有子组件特定的消息时,会调用 Broadcast 方法,它会把容器中维护的一个个子组件取出,并把传递过来的消息传给子组件,子组件根据消息来完成相应的事件,如图 2 - 10 - 13 所示。

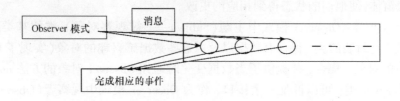

图 2 - 10 - 13　LabScene 中使用 Observer 模式统一分派事件

使用 Observer 模式达到了以一致的方法分派消息给所有的子组件。这样对于从客户端来看,都是统一的接口,容易理解和使用。如果新的子组件有什么新的事件直接添加进入容器即可,不破坏以前的设计,使得设计易于扩展。

### 2.10.7　State 模式

State 是对象行为模式,它允许一个对象在其内部状态改变时改变其行为。对象看起来似乎是修改了它的类。在 LabScene 中两个主要的应用:

(1) 在 LabScene 中表示基本功能的节点类 Node,一个节点对象的操作状态处于若干不同的状态之一:可选择(Select),可连线(Connect),可弹出菜单(Menu),可滚动(Scroll),断点设置(Breakpoint),探针设置(Probe),颜色设置(Color)。图 2 - 10 - 14 表示的是在连线状态下的节点的情况。

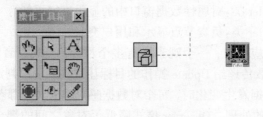

图 2 - 10 - 14　节点在连线状态

当用户在点击操作工具箱的任何一个按钮后,就对节点进行了相应的状态请求,节点就可以根据相应的状态来完成相应的事件。如按了 Select 按钮,这样节点就处于可选择状态,用户就可以用鼠标把节点选中,实施移动、改变大小等操作。当按了 Connect 按钮之后,节点就处于可以进行连线的状态,用户可以用鼠标在节点上的管脚上连线来设计数据的流向。

使用 State 模式关键就是引入一个称为 NodeOperatorState 的抽象类来表示节点可操作的状态。NodeOperatorState 为各表示不同的操作状态的子类声明了一个

公共接口。NodeOperatorState 的子类实现与特定状态相关的行为。例如,NodeSe-
lect 和 NodeConnect 分别实现了特定与 Node 的选择和连线行为。如图 2 - 10 - 15
所示。

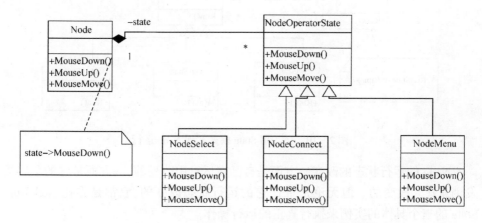

图 2 - 10 - 15　用 State 模式实现 Node 操作变换

　　Node 类维护一个表示 Node 操作当前状态的状态对象即一个 NodeOpera-
torState 子类的实例。Node 类将所有与操作状态相关的请求都委托给这个状态对
象。Node 使用它的 NodeOperatorState 子类实例来执行特定的鼠标操作。

　　一旦 Node 的操作状态改变了,Node 对象就会改变它所使用的操作状态对象。
如当前节点是连接状态,当用户在操作工具箱点击 Select 按钮的时候,节点就会把
操作状态变成选择状态,用户就可以用鼠标进行相应的操作。

　　在这个设计中主要是因为如果不这样设计,鼠标操作就会包含庞大的多分支
的条件语句,而且这些语句又依赖于对象的操作状态。这个操作状态只有用与枚
举常量类似的方式来表示,那就需要用很多条件判断语句或是 case 语句,增加一
个新的状态可能需要改变若干个操作。正如很长的过程语句一样,巨大的条件语
句也是不受欢迎的,它们形成一大整块代码,并且使得代码不够清晰,难以修改和
扩展。用 State 模式将每个条件分支放入一个独立的类中,这可以根据对象自身的
情况将对象的状态作为一个对象,而这个对象可以不依赖于其他对象而独立变化。

　　(2) LabScene 是图形化语言的运行平台,Node 是运行基本元素,它的运行状
态有:初始状态、运行状态、完成状态。在运行过程中它的状态在不断变化,而
Node 是根据它当时的状态来运行,在初始状态的时候,它就是把自己的各个运行
属性都初始化。在运行状态的时候,它就完成自己的功能的执行,如加法器就执行
加法这个功能。在完成状态的时候,它会通知包含它的父容器它已经完成了。从
上面的描述可以看出一个 Node 对象的运行行为取决于它的运行状态,并且它必须
在运行时根据状态改变它的运行行为。如图 2 - 10 - 16 所示,在使用 State 模式的

方式上是一样的。

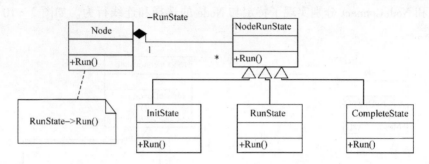

图 2-10-16　用 State 模式实现 Node 运行

Node 的运行状态的改变一方面是自己在运行中改变的,一方面是它的父容器发消息让它改变的。但无论是谁让它的运行状态改变的,它都是委托 NodeRun-State 的三个具体的实例来执行真正的运行操作。

# 2.11　用户界面接口框架

由于虚拟仪器设计与 G 语言有着密不可分的关系,因此 G 语言的实现是虚拟仪器开发平台设计的核心。我们在前面的理论基础上,以 C++语言结合 API 来具体实现在 LabScene 当中的整合界面环境。

在 2.1 节中我们分析了真实仪器的基本要素,可以基本确定 G 语言的实现框架应该有两部分组成,即代表用户交互界面的一部分,我们称之为前面板;代表设计电路的图形代码部分,称之为后面板。也就是说,用 G 语言实现的每一个虚拟仪器(简称为 VI),都分成前后两个面板,这种互生的关系自然可以想到用多文档来实现。但是在任一时刻,前面板和后面板只能显示一个,即它们具有对应的互斥关系。

实际上,G 语言还需要进行图标节点选取生成、编辑和运行调试等功能实现,目前采用一种工具箱的方式来实现。这样,整个 G 语言的形成包括四个主要部分,如图 2-11-1 所示。

## 2.11.1　基本用户控件

前面板的内容在本质上较为简单,分成两大类,一类用以输入用户信息,一类是显示用的控件。但是它有几个条件需要满足:

(1)仿真:仿真是指前面板的控件应该尽量和真实仪器一样,不仅要在功能上一致,也要在外观上一致;

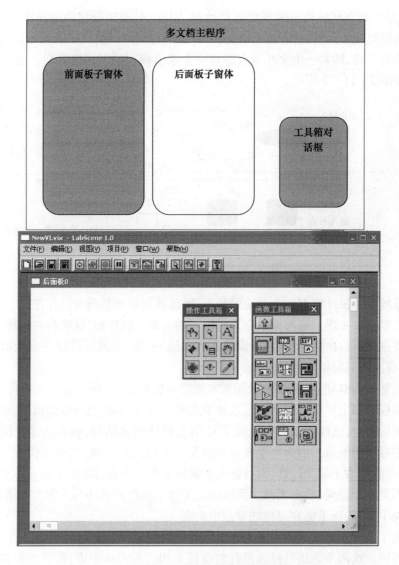

图 2 - 11 - 1　LabScene 程序主体部分及其示意图

（2）美观：主要是利用计算机图形图像能力来加强外观的美化，一是注重颜色，二是利用立体阴影等，三是加上一些没有实际功能仅起装饰用的控件；

（3）交互：是指用户必须能以一种直观的方式进行信息的输入和观察；

（4）编辑：主要指选择、移动、删除、复制等功能。

前面板每个控件信息读取方向都是唯一的，即要么是输入信息控件，要么是输出显示控件。这就决定了每个控件要么有个读取函数，要么有个写入函数。

每一个前面板的控件，在后面板都会形成一个对应的节点，称之为用户交互节点,因为 G 语言代码是后面板在解释运行,因此,对前面板控件的操作,就相当于对后面板交互节点的操作,这是因为控件的属性是唯一的,交互节点的信息读取方向也是唯一的,即每一个交互节点都有一个读值或写值的函数接口。这样的信息关系如图 2－11－2 所示。

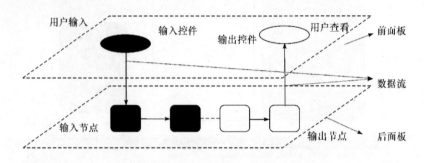

图 2－11－2　前后面板数据流向

　　既然每个控件都有一个对应的节点,因此读写值函数既可以在控件中实现,也可以在节点中实现。这种关系称为一对一的关系。同样地,既然存在这种关系,而交互节点位于后面板当中,对于设计人员来说,一个 VI 就可以用一个后面板来代表,而前面板只对用户可见。

　　在复杂的 G 语言中,要大量用到本地变量的概念,实际上是一个控件,它可以在后面板有多个对应节点,而且,这种节点既可以写入值,也可以读出值,根据使用情况灵活确定,这样不仅大大提高了 G 语言设计的灵活性,也解决了没法往输出控件中写入的矛盾。因为本地变量节点是一个可变的变量,它可能代表了这个控件,也可能代表了那个控件,而且输入和输出方向也不定,因此,它的读取和写入函数必须是一个指向,没有实现。所以决定了每个控件的具体写入和实现函数,必须在控件中实现,而不能在对应的节点中实现。

　　为了实现本地变量既可输入又可输出的功能,每个控件都必须有两个方法:读值和写值。这两个方法已经移植到前面板上相应的控件中去,即前面板控件都有读写方法,不管这个控件是用来信息输入还是输出。这样形成的数据流向如图 2－11－3所示。

　　如进行一个过程,让输入节点可以输出信息,让输出节点可以输入信息,它的节点有:两个输入控件、两个输出控件、它们的对应节点、一个输出控件的输入本地变量、一个输入控件的输出本地变量,执行步骤为:

　　(1) 用户输入值,输入值控件执行读出函数;

　　(2) 读出值流到输入值节点;

　　(3) 输入值节点值流到变量输入值节点;

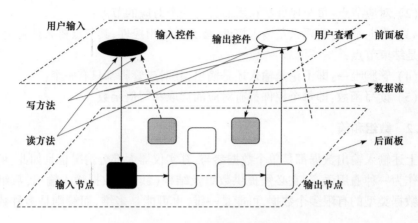

图 2 - 11 - 3　本地变量的数据流向

（4）变量输入值节点对变量输入值控件写值；

（5）变量输入值节点数据流向变量输出值节点；

（6）变量输出节点写入到变量输出节点控件；

（7）变量输出节点输出值到输出值节点；

（8）输出值节点写入值到输出值控件。

其过程如图 2 - 11 - 4 所示。

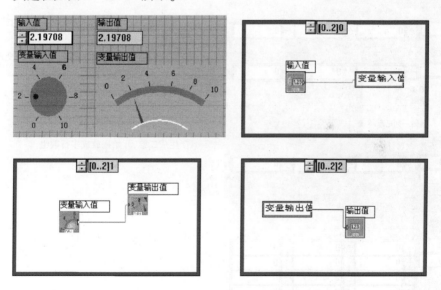

图 2 - 11 - 4　前面板控件及本地变量的数据流向

综上所述，前面板控件具有如下特征：

（1）仿真形状：即对用户来说，它代表了这个 VI 的似真实性；

（2）对应节点：每个控件都在后面板有一个对应的节点；

（3）方向唯一：即要么是输入控件，要么是输出控件，其节点要么是起始节点，要么是结束节点；

（4）管脚唯一：即不论是输入还是输出，其对应管脚都只有一个；

（5）读写函数：即每个控件都有对应的读取和写值函数。

### 2.11.2　数组和簇

上述输入输出数据都是单个数据参与，真实仪器大部分情况也是如此，但是 G 语言作为一种通用语言，它必须提供数组及结构（簇）的数据输入输出，数组是同一类数据类型的有限多个数据，可能是一维，也可能是多维，而簇则是多种数据类

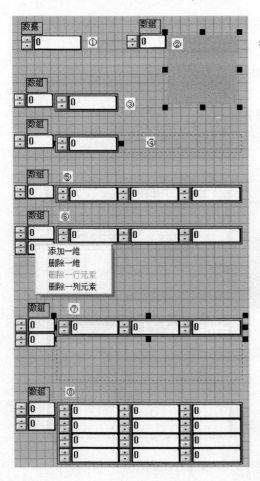

① 放入一个想要放的基本类型，数字、布尔和字符串都行

② 放入一个数组基本框架

③ 将基本类型拖入到数组基本框架中去

④ 按住缩放标志拖大到自己想拖的大小

⑤ 松开，形成一个含多个基本类型的数组控件

⑥ 点击右键可以有几种操作，如由一维变成二维等

⑦ 生成二维，开始拖放成多行数组

⑧ 松开，形成一个二维数组

图 2－11－5　数组的基本操作过程

型混在一起构成的一个整体。

　　对数组而言,它由两部分组成,主体是数组容器,而内容是单个或多个一样的控件,这就决定了它生成时的特殊性,一般分成如图 2-11-5 所示的步骤。

　　簇是一个更为复杂的结构,它内部可以含有多个不同类型的基本单元,如数字量、布尔量和字符串等,但是输入量要么全是输出控件,要么全是输入控件,不能有多种,而且它不能直接使用,必须还原到它打包以前的基本元素,然后通过后面板的簇操作节点完成解包的过程。其过程如图 2-11-6 所示。

①②③ 放置不同类型的但是输入方向一致的控件

④ 放置簇框架

⑤⑥⑦ 将控件一个个依次拖进去

⑧ 右键点击,出现调节大小菜单,因为各个控件不一样大,故调节到合适大小
⑨ 调节到最大的控件的大小

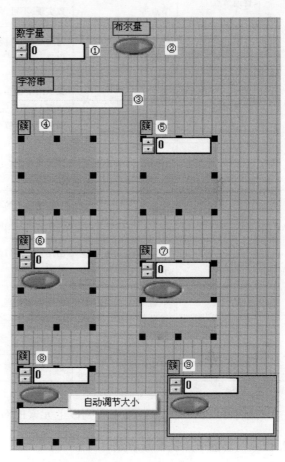

图 2-11-6　簇的生成过程

## 2.12　图形代码框架

　　图形代码是 G 语言的主要组成部分,它能实现电路及通用图形编程的设计能

力,这种能力包括不同类型的功能节点及容器的表现、节点的输入输出管脚的表现和不同连接关系的表现等。为了能够清晰地实现各种不同功能,应该将所有节点进行分类:因为不同性质的节点决定运行模型的不同解析概念,其具体分类如表 2 - 12 - 1 所示。

表 2 - 12 - 1　节点分类

| | 类型 | 例如 | 功能描述 |
|---|---|---|---|
| 功能节点 $N_f$ | 普通节点 | 求和节点、频谱分析节点等 | 完成 G 语言的具体功能实现,类似 C 语言中封装好的函数实现,不可再分 |
| | 用户接口节点 | 输入控制节点、输出显示节点 | 与用户交互,接收用户输入控制信息,产生事件,或者输出显示结果 |
| | 边界节点 | 通道、寄存器、选择端子和公式参数等 | 提供两个容器节点的边界连接,位置只能在容器节点的边界上,用来完成容器的控制及交互功能。有输入输出两种性质的节点 |
| | 子节点 | 分析子 VI 节点等 | 它代表了一个可再分的子 VI,用来完成多层次的 VI 设计 |
| 容器节点 $N_c$ | 控制节点 | 循环、选择、顺序 | 它容纳以上的各种节点,也包括容器节点。对程序执行的流程进行基础结构控制 |
| | 事件节点 | 鼠标按下、击键响应节点等 | 由用户在接口面板互动操作产生事件来驱动程序运行代码 |
| | 公式节点 | 单输入输出、复杂公式节点和脚本解析器等 | 在框架内处理书写的公式或者方程式,内容格式和节点面对的语言一致,如 C 语言、MatLab 等,提供 G 语言的扩展实现 |
| | 设计面板 | 后流程面板 | 最上层的容器节点,直接与系统通信 |

我们可以从 LabScene 当中看到以上元素的对应 G 语言代码。

### 2.12.1　功能节点及容器节点

(1) 功能节点:节点是图形代码的主体,它代表了功能及控制的实现,相当于文本语言中的一个个函数,要表达这种含意,最直观的即使用有一定表征的图标。另一种节点根据具体情况可以改变大小,这个时候使用图标就不太适用,改用绘图函数根据大小自动刷新。使用图标及绘制窗体表示一个节点如图 2 - 12 - 1 所示。

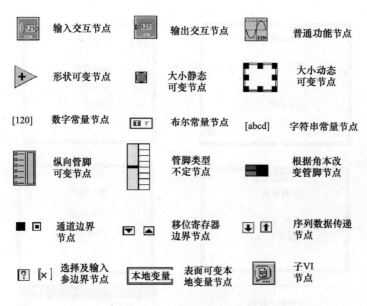

输入交互节点　输出交互节点　普通功能节点

形状可变节点　大小静态可变节点　大小动态可变节点

[120] 数字常量节点　布尔常量节点　[abcd] 字符串常量节点

纵向管脚可变节点　管脚类型不定节点　根据角本改变管脚节点

通道边界节点　移位寄存器边界节点　序列数据传递节点

选择及输入参边界节点　本地变量　表面可变本地变量节点　子VI节点

图 2 - 12 - 1　各种各样的功能节点

同时,前面板的控件还可以在后面板形成多种缩略图标,以便更清楚地描述不同的数据类型。这样,各种各样的节点虽然在绘制方式、形状大小及具体功能上不同,但是它们的本质都是一样的:①代表了一个功能实现;②不可再分的单元;③有表面区域管脚。

(2) 容器节点:容器节点能够容纳功能节点以及容器节点本身,结合起来形成兄弟图的模型,它是由一个个框图加上不可分的伴生功能节点组成,代表了一种控制功能。由程序设计原理我们可以知道,顺序、分支和循环三种结构即可组成任意复杂的流程。加上后面板本身,这些容器节点在 LabScene 中的表现形式如图 2 - 12 - 2 所示。

## 2.12.2　输入输出管脚

由于节点是用图标来表示的,它应该是一个有一定面积的区域,而管脚与节点应该是联系在一起的,由两种方式来表现:

(1) 外接线状管脚:即在一个区域外面的某一位置上用一个线状物来表达一个管脚,只要节点存在,此管脚即存在,输入输出用形状来区分。其优点是直观,缺点是绘制和移动等操作困难,且占空间。图 2 - 12 - 3 (a)表示了四个输入两个输出的节点管脚。

(2) 表面区域管脚:即在节点图标的某一区域划分为某一管脚,按照一定规则

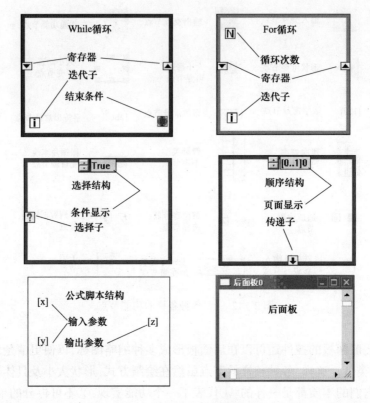

图 2 - 12 - 2 容器

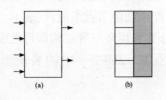

图 2 - 12 - 3 管脚的两种表现形式

来分配这种区域,在操作时以高亮显示,在不绘制时隐藏起来,输入输出用颜色来区分(绿色表示输入,红色表示输出)。其优点是操作方便且节省空间,缺点是分配算法有点麻烦。图 2 - 12 - 3 (b)表示了四个输入两个输出的节点管脚。

由于一个图标的区域有限,但输入输出管脚的个数不定,为了简化这种分配算法的复杂度,我们将节点表面分成 4 × 4 的一个区域,然后在这些区域上进行分配,其规则如下(以下 s 为区域最大值,也就是最大承受接口数):

(1) 计算规则:如果(width, height)其中一个小于 2,则 s = width * height,否则 s = width * height - (width - 2) * (height - 2)。

(2) 约束条件:in + out < = s。

(3) 分配规则:

① 对矩形区域来说,左容纳区域 = 右容纳区域 = 上容纳区域 + 2 = 下容纳区域 + 2;

② 输入优先次序:左 > 上 > 下 > 右,即当输入区域数分配到达该边界容纳总数时,按此规则分配;

③ 输出优先次序:右 > 下 > 上 > 左,即当输出区域数分配到达该边界容纳总数时,按此规则分配;

④ 对左右区域的高度划分而言,按二分法原则:如果为1,则填充全区域,如果为2,则半填充,从上至下,依次划分区域;

⑤ 对左右区域的宽度划分而言,如果仅存在己方区域,则全填充,如果存在对方区域,则半填充,如果上下容纳区域有存在,则区域宽度自动缩为单位宽度;

⑥ 对上下区域的宽度划分而言,也按二分法原则进行;

⑦ 对上下区域的高度划分而言,只有两种情况:如果仅存在己方区域,则全填充,如果对方区域存在,则半填充;

⑧ 区域本身位置根据左右上下计算边界中心位置。

按照上述规则有几个典型的分配方案,如图2-12-4所示。

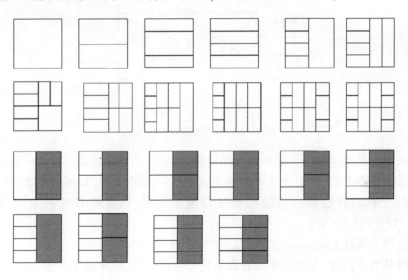

图 2 - 12 - 4　管脚基本区域图

为了使管脚显示与节点本身图标不至于相互混淆,我们使管脚的显示在正常时处于隐藏状态,只在需要它(如连线)时显示出来,而且以一种闪烁的方式来醒目显示当前焦点所处的管脚区域。这种实际效果图如图2-12-5所示。

图 2 - 12 - 5　实际管脚区域

### 2.12.3　连接关系

在一般的电路设计中,连线关系使用正交线来表达,所谓正交线,即要么水平,要么垂直的线。这种正交线形成的模型即三叉树模型,详见 2.3 节。为了区分交点与交叉通过两种方式,以及线与不同管脚的相交,我们加入一个元素:连接处——它连接了线与线之间以及线与管脚之间。线与线之间的连接用一个实心圆点表示,而线与管脚的连接则由一根实心线段表示,如图 2 - 12 - 6 所示。

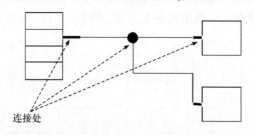

图 2 - 12 - 6　连接处表现形式

由于一个节点有多个输入或输出管脚,如果这类连接处是一样长的话,连线时容易发生重叠现象,从而导致不能区别重合在一起的线段,如图 2 - 12 - 7 (a) 所示,因此,我们将这各连接处的长度设置不一样,就可错开这种重叠现象,如图 2 - 12 - 7(b) 所示。

这种关系在 LabScene 中如图 2 - 12 - 8 所示。

线是有方向的,实际上是由管脚来区分这种方向,线永远是从输出管脚流向输入管脚,即从线色管脚走向绿色管脚。同时,为了表达数据类型以及数据复杂度的不同,线必须使用一种方式来区分这两种不同。一般使用颜色来表示数据类型,使用线宽来表达复杂度,如图 2 - 12 - 9 所示。

这样,所有的元素以这样一种方式联系起来,表达了电路图的模型,如图 2 - 12 - 10 所示。

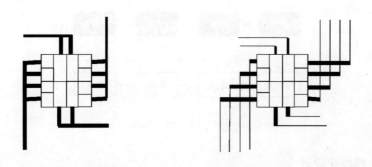

图 2－12－7　线与管脚的连接处

I32
abc
abc

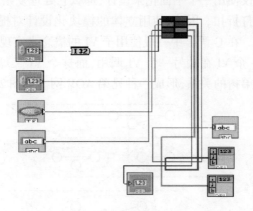

图 2－12－8　连接处的长短及线的类型

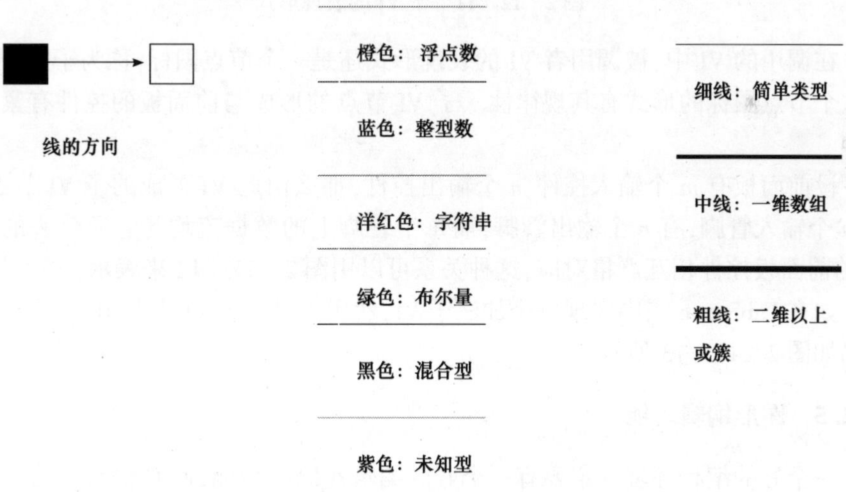

线的方向
橙色：浮点数
蓝色：整型数
洋红色：字符串
绿色：布尔量
黑色：混合型
紫色：未知型
细线：简单类型
中线：一维数组
粗线：二维以上
或簇

图 2－12－9　线的种类

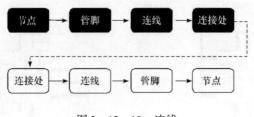

图 2 - 12 - 10　连线

## 2.12.4　模块化设计

一个程序如果仅使用一个平面化来设计,那么它处理复杂的程序将非常吃力,在重用性能上将大打折扣。因此,使用立体的模块化设计对提高程序的功能和重用上有重大的作用。在 G 语言中一般使用子 VI 的概念来实现模块化设计。

子 VI 相当于一个 VI 在被另一个 VI 调用,而这个 VI 又可被其他的 VI 引用,这实际上是一种兄弟树的关系,形成一种兄弟 AOV 网。如图 2 - 12 - 11 所示。

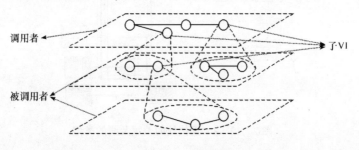

图 2 - 12 - 11　子 VI 的表现形式

在调用的 VI 中,被调用者 VI 的表现形式还是一个节点图标,称为子 VI 节点。而这个节点图标的形式有其规律性。子 VI 节点的形成与前面板的控件有紧密联系。

设前面板有 $m$ 个输入控件,$n$ 个输出控件,那么由此 VI 形成的子 VI 节点,就有 $m$ 个输入管脚,有 $n$ 个输出管脚,而每个管脚上的数据流均与它所代表的那个 VI 的前面板控件相互严格对应,这种关系可以用图 2 - 12 - 12 来表示。

如在 LabScene 当中实现一个加法子 VI,然后由另一个 VI 去调用它,其 G 语言代码如图 2 - 12 - 13 所示。

## 2.12.5　图形编辑功能

一个好的编程环境一定要有一个好的编辑代码的功能,而 G 语言的编辑功能即对图标、框图、连线及连接处等元素的编辑,以及编辑这种功能时需要的辅助工具等。

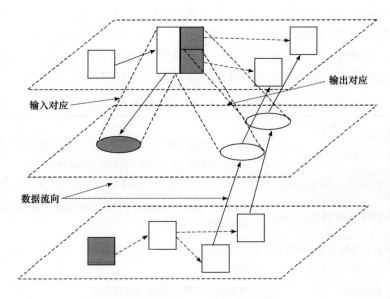

图 2 - 12 - 12　子 VI 的执行过程

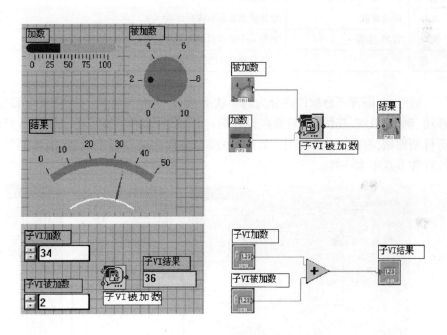

图 2 - 12 - 13　子 VI 调用过程

操作工具箱:由于图形操作很多时候都是使用鼠标替代键盘来进行操作的,因此针对鼠标的功能特别多,包括选择、生成、输值、连线、文本、滚移、探针、中断等,而这些功能必须依赖一个工具箱来进行切换。这种设计虽然有些麻烦,但可以提供更为清晰和强大的控制功能。实际上每个时刻系统都必须处于某一个编辑状态,光标也相应地变成那种状态标志加以区分,处于这个状态就可以对节点或控件进行相应的动作。除了生成可以自动切换以外,其他的状态切换都必须手动按工具箱来进行切换。而多种状态可做的事情如表2-12-2所示。

表2-12-2　图形编辑

| 状态 | 对象 | 功能 |
|------|------|------|
| 生成 | 所有控件、节点 | 选择某一控件或节点,下一刻点击面板处于生成状态,生成后回到选择之前的状态,所有控件节点的生成都依赖此状态 |
| 选择 | 控件、节点、线及连接处 | 选中、移动、可以放缩的(包括框架、数组及簇、放缩节点)放缩、删除 |
| 连线 | 管脚、连线、连接处、通道 | 所有线及连接处的生成都处于此状态,管脚在此状态显示,通道在此状态生成 |
| 输值 | 所有能进行输入的控件及节点、属性信息 | 进行各种控件的运行期用户界面输入、节点的设计期输入、属性对话框的信息输入 |
| 文本 | 注释说明 | 任何地方的注释说明的生成及其更改 |
| 菜单 | 所有控件、节点 | 用左键替代右键 |
| 滚移 | 前后面板 | 整体移动前面板或后面板 |
| 探针 | 管脚、连线 | 观测某个节点管脚或某条连线上某一刻的数据 |
| 中断 | 节点 | 在运行到某个节点时停下来 |

同时,G语言平台软件还分为两个状态:运行期和设计期,有些操作(如生成、移动、删除、放缩、连线等)只能在设计期进行,有些动作(如断点、探针等)只能在运行期使用,有些(输值、选中、菜单等)可以在两个时期都能进行,但不同类型的控件和节点不太一样。

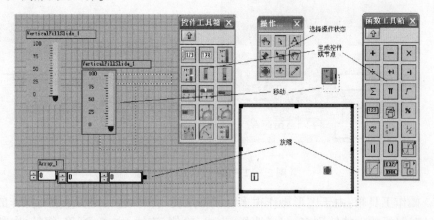

图2-12-14　操作示例

根据这些约定,各种操作的过程如图 2 - 12 - 14 所示。

对文本程序来说,输入主要依赖于键盘,修改和删除等也是如此,而对 G 语言来说,输入主要依赖于鼠标。

# 小　结

G 语言是面向虚拟仪器领域的描述性开发语言,具有高级语言和图形化语言等自身的特征,针对这些本书提出以下解决方案:

(1) 在仪器用户界面对应前控件面板和电路设计图对应 G 代码后面板的基础上形成 G 语言基本框架;

(2) 设计兄弟图作为描述节点之间关系的基本数据结构,来解决一般的图或树等数据结构不足以表现节点同时具有的平行和嵌套的层次关系;

(3) 采用正交三叉树来描述整个连线流程,在编辑上提供连线操作的模型,在运行时解决数据流的流向及分叉确认;

(4) 基于二维链表的内存池技术,来满足图形化语言数据产生速度快、数据的生命周期不可预知、数据本身具有独立性、数据类型的变化大、数据具有多义性等特点;

(5) 在兄弟图排序的基础上,提出基于消息事件驱动的驱动运行模型,与操作系统良好融合,可以对用户的要求及时响应,为图形化运行及调试提供了模式;

(6) 以 G 语言节点重载为基础,提出分布式的网络化 G 语言实现方案。

为了能够在计算机上验证上述方案的可行性,使用以下方式进行验证:

(1) 以 C + + 为实现语言,基于 Windows API,进行基础类库的封装;

(2) 进行 G 语言模型和算法的实现;

(3) 实现 G 语言集成编辑环境;

(4) 以 XML 描述语言实现 G 语言程序的持久化能力;

(5) 进行系统的语言能力测试;

(6) 进行分布式系统用例设计;

(7) 进行虚拟仪器应用方案开发。

## 思考与练习

(1) 请指出真实硬件与虚拟仪器的抽象对比,其模型对比表是什么。

(2) 图形语言要解决哪几方面的问题? 请指出具体内容。

(3) 请画出 G 语言节点分类表,并指出节点的基本属性是什么?

(4) 第三方节点具有什么样的特征?

(5) 下图是否为兄弟图? 如果是请按步骤找出其一种兄弟图。

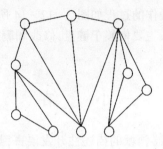

（6）请找出下图的兄弟图模型，并找出其一种运行序列。

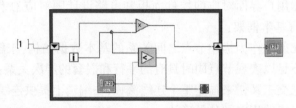

（7）请找出下图正交线路哪些是目标点，哪些是非目标点，并画出其所有段线。

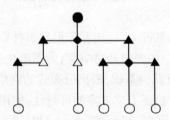

（8）请按任一种方法给出下面表达式的解析步骤：

```
a * 11 - ( x/y + sin( -4 )) + (b-12/z)
```

（9）给出下面函数的节点模型：

```
unsigned char command_usb([in]char * pipe_name,[in]int * buffer,
[in] int length, [out]bool success);
```

# 第3章　G语言在LabScene中的实现

图形化语言本身是抽象的,它的实现必须依赖于一个用某种其他计算机语言实现的软件平台,LabScene正是自主研发的图形化虚拟仪器开发平台。在LabScene当中,除了控制容器节点以外,还有各种不同功能的控件及节点,用以完成面向仪器的功能以及通用语言的功能。这些节点包括三种:

(1) 信息获取及显示:包括所有前面板的控件相对应的交互节点和常数节点两类;

(2) 函数运算:绝大部分的节点,完成已经预定义的功能;

(3) I/O类节点:包括文件、仪器驱动节点等完成特殊的输入输出动作。

对一般的高级语言来说,最基本的类型一般有四种:数字、布尔、字符、指针或句柄型,其他的类型均由此组成,如二进制由指针来代替,当然也存在设计期不可预知而运行期才知道的类型。而数组、结构、列表等更为复杂的类型均由基本类型组成。这些类型由节点表示并且包含于容器当中,从而形成一个个VI程序。

## 3.1　基本数据类型及其操作

LabScene的数据类型和传统语言中的数据类型基本类似,除了具有一般的数据类型之外,还有一些独特的数据类型。

LabScene中的基本数据类型包括数字型(numeric)、布尔型(Boolean)和字符串型(string),复杂数据类型包括数组(array)和簇(cluster)。

本节主要介绍数字型、布尔型和字符串型,以及与这些数据类型有关的一些功能节点的详细用法,其他的数据类型将在后续章节中介绍。

### 3.1.1　数字型

数字类型是最丰富的一个类型,LabScene提供了大量的基本的数字类型,按功能可以分为常量(设计期可变)和变量(运行期可变),数字类型主要提供不同大小和精度的数字量,以供科学运算。同时,各个

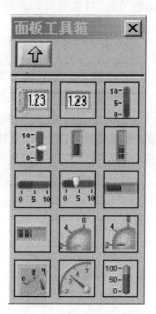

图3-1-1　控制面板中的
数字模板

数字量之间的转换也是非常常见的操作,一般设计程序时,在满足变量取值范围的前提下,尽可能选用比较小的数据类型。在 LabScene 中,数据类型是隐含在控制、指示以及常量之中的。因此,有必要介绍一下数字类型的前面板对象。数字类型的前面板控件包含在控制面板→"数字"子模板中,如图 3-1-1 所示。

图 3-1-2　数字常量

传统编程语言中的数据分为变量和常量两种,在某种意义上,LabScene 中的数据也可以这么分,数字子模板中的前面板控件就相当于传统编程语言中的数字变量,而 LabScene 中的数字常量是不出现在前面板窗口中的,只存在于框图程序窗口中,在功能模板→"数字"子模板中有一个名为"常量节点"的节点,这个节点就是 LabScene 中的数字常量,如图 3-1-2 所示。数字子模板包括多种不同形式的控制和指示,它们的外观各不相同,有数字量、滚动条、温度计、仪表、量表、旋钮和刻度盘等,但本质都是完全相同的,都是数字型,只是外观不同而已。LabScene 这一特点为创建虚拟仪器的前面板提供了很大的方便。只要理解了其中一个的用法,就可以掌握其他全部数字类型的前面板控件的用法。

LabScene 中的数学运算主要由功能模板→"数字"子模板中的节点完成,如图 3-1-3 所示。

数字子模板由基本数据运算节点、类型转换节点、三角函数节点、对数节点和附加常数节点组成。

### 1. 基本数学运算节点

基本数学运算节点主要实现加、减、乘、除等基本运算。

基本数学运算节点支持数值量输入。但与一般编程语言提供的运算符相比,LabScene 中的数学运算节点功能更强,使用更灵活,它不仅支持单一的数值量输入,还可支持处理不同类型的复合型数值量,如由数值量构成的数组等。

图 3-1-3　功能模板中的数字模板

基本数学运算节点用法见表 3-1-1。

表 3-1-1　基本数学运算节点

| 节点名称 | 图标 | 功能 |
| --- | --- | --- |
| 加 | + | 加法,当一个输入是数字标量,另一个输入是一个数组时,节点将数组中的每一个元素与这个数字标量相加,其他节点类似 |
| 减 | − | 减法 |
| 乘 | × | 乘法 |

| 节点名称 | 图标 | 功能 |
|---|---|---|
| 除 | ÷ | 除法 |
| 递增 | +1 | 原值上加一 |
| 递减 | -1 | 原值上减一 |
| 累加 | Σ | 求数组所有元素之和 |
| 累乘 | Π | 求数组所有元素之积 |
| 求根 | √ | 求平方根 |
| 数组常量 | 123 | 在后面板中可以用来输入数字 |
| 随机数发生器 | | 产生 0 到 1 之间的随机数 |
| 取负 | (-X) | 求值的负数 |
| 幂积 | X2ⁿ | 求 $x$ 与 2 的 $n$ 次幂的积 |
| 符号函数 | | 取符号 |
| 倒数 | $\frac{1}{X}$ | 求倒数 |
| 绝对值 | ‖ | 求绝对值 |
| 取整 | [] | 四舍五入取整 |
| 三角函数 | | 进入三角函数面板 |
| 对数 | | 进入对数函数面板 |
| 数值转换 | I32 / DBL | 进入数值转换面板 |
| 附加常数 | π / e | 进入附加常数面板 |

下面的例子是介绍如何使用基本数学运行节点:在功能面板上选择加、减、乘、除等节点的图标,拖入后面板上,再根据节点管脚的作用来连接各节点。在前面板上加入输入和输出的数字控件。然后运行设计完毕的 VI,改变输入的数值,观察输出的数据。

例如,进行加、减、乘、除运算以及把结果的值加一和减一,如图 3-1-4 所示。

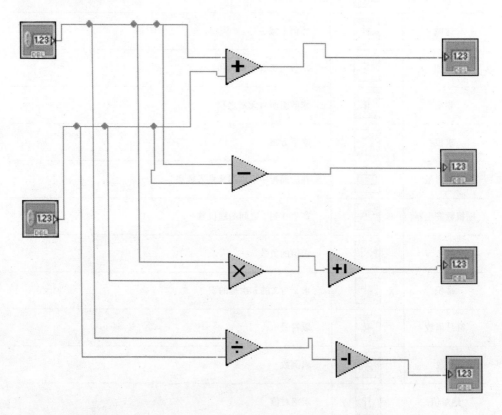

图 3-1-4　求加减乘除等运算

对于连乘连加等节点,它们的输入是由数组封装在一起的一系列数值,而输出是这些值的运算结果。至于求平方根、幂、取模和取整等就如同一般的数学运算一样。

例如,对输入的数组进行连乘等以及对其结果取整再求平方根,如图 3-1-5所示。

例如,对输入数值取模然后求它的幂积、倒数再取整,如图 3-1-6 所示。

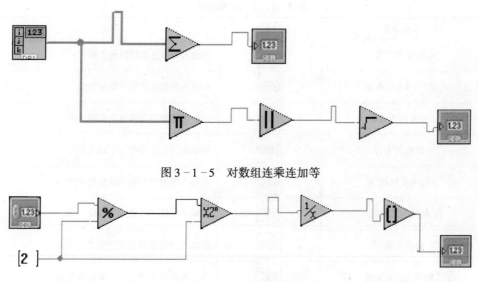

图 3 - 1 - 5　对数组连乘连加等

图 3 - 1 - 6　取模和求倒数等

2. 类型转换节点

LabScene 中的数据由两部分组成:数据本身和类型描述。类型描述是不可见的,它在内部指导 LabScene 处理与之联系的数据,这也是多态性功能是如何知道所连接的数据是何种类型的原因。一个数据的类型描述确定了它的数据类型(如双精度浮点数组)和字节数。当一个数据转化为另一个数据类型时,它的数据内容及类型描述都将被改变。例如,一个 4 字节 32 位符号整数转化为一个双精度浮点数(8 字节 64 位浮点数),包含在这 4 字节 32 位符号整数中的数值将转化为一个特征值和一个指数,其类型描述也得到了相应的转换,只是新数据类型会多占用一些内存。两个标量数据类型之间的转换很简单,通常需一个 CPU 指令。若转换包含聚合的数据类型(如字符串、簇等),则会多花费一些时间。这是因为首先要运行一个特殊的转换程序来解释数值,其次,新数据类型会或多或少地需要内存,因此还需要使用 LabScene 的内存管理器。

在 LabScene 中可以利用类型转换节点在各种不同的数据类型之间进行转换。所有的类型转换节点都包含在"数字转换"子模板中,如图 3 - 1 - 7 所示,类型转换节点用法如表 3 - 1 - 2 所示。

图 3 - 1 - 7　数字转换模板

表 3-1-2　类型转换节点

| 节点名称 | 图标 | 功能 |
|---|---|---|
| 布尔数组到数字 | [··]# | 将输入的布尔数组转换为数字 |
| 数字到布尔数组 | #[··] | 将输入的数字转换为布尔数组 |
| 布尔到 0 或 1 | ?0:1 | 将输入的布尔值转换为整数 0 或 1 |
| 转换为字符 | I8 | 将输入的数字转换为字符类型 |
| 转换为双精度 | DBL | 将输入的数字转换为双精度类型 |
| 转换为单精度 | SGL | 将输入的数字转换为单精度类型 |
| 转换为整型 | I32 | 将输入的数字转换为整型类型 |
| 转换为长双精度 | EXT | 将输入的数字转换为长双精度类型 |
| 转换为长整型 | I64 | 将输入的数字转换为长整型类型 |
| 转换为短整型 | I16 | 将输入的数字转换为短整型类型 |
| 转换为无符号字符型 | U8 | 将输入的数字转换为无符号字符型类型 |
| 转换为无符号整型 | U32 | 将输入的数字转换为无符号整型类型 |
| 转换为无符号短整型 | U16 | 将输入的数字转换为无符号短整型类型 |
| 字符串到字符数组 | [U8] | 将输入的字符串转换为字符数组 |
| 字符数组到字符串 | [U8] | 将输入的字符数组转换为字符串 |
| 两个字符型合并为短整型 | 8 8 →16 | 将输入的两个字符合并为一个短整型 |
| 两个短整型合并为整型 | 16 16 →32 | 将输入的两个短整型合并为一个整型 |
| 四个字符型合并为整型 | 8 8 8 8 →32 | 将输入的四个短整型合并为一个整型 |
| 短整型拆分为两个字符型 | 16→ 8 8 | 将输入的一个短整型拆分为两个字符型 |
| 整型拆分为两个短整型 | 32→ 16 16 | 将输入的一个整型拆分为两个短整型 |
| 整型拆分为四个字符型 | 32→ 8 8 8 8 | 将输入的一个整型拆分为四个字符型 |

布尔数组实际上是一个二进制串,它和数字的转换就是把二进制形式转换为十进制。

例如,布尔数组和数字的相互转换,如图 3-1-8 所示。

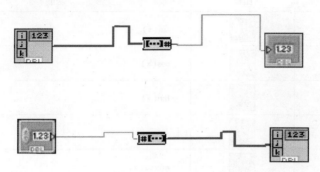

图 3-1-8　布尔数组和数字的相互转换

例如,将数字转换成字符型、双精度型、单精度型、整型和长整型等如图 3-1-9 所示。

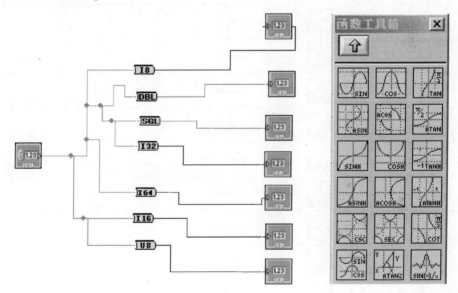

图 3-1-9　数字转换为其他类型　　　　　图 3-1-10　三角函数模板

### 3. 三角函数节点

三角函数子模板中的节点可实现各种三角函数运算,模板如图 3-1-10 所示,功能如表 3-1-3 所示。注意,该模板中的节点均以弧度为单位。节点的输入可以是数字标量、数字量的数组等。

表 3 - 1 - 3　三角函数节点

| 节点名称 | 图标 | 功能 |
|---|---|---|
| sin | | sin( x) |
| cos | | cos( x) |
| tan | | tan( x) |
| arcsin | | arcsin( x) |
| arccos | | arccos( x) |
| arctan | | arctan( x) |
| sinh | | sinh( x) |
| cosh | | cosh( x) |
| tanh | | tanh( x) |
| argsinh | | argsinh( x) |
| argcosh | | argcosh( x) |
| argtanh | | argtanh( x) |
| 1/sin | | 1/sin( x) |
| 1/cos | | 1/cos( x) |
| 1/tan | | 1/tan( x) |
| sin 与 cos | | sin( x)与 cos( x) |
| arctan( x/y) | | arctan( x/y) |
| sinc | | sin( x)/x |

　　在下面的例子中,将输入一个弧度值,并通过三角函数计算结果。

例如,求各种三角函数的值,如图 3－1－11 所示。

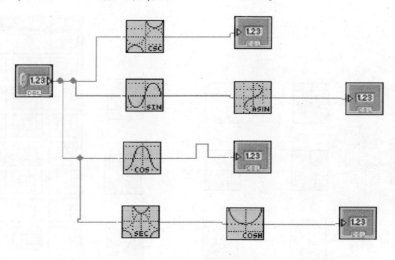

图 3－1－11　求三角函数值

### 4. 对数节点

对数节点用于各种对数运算,包含在"对数"子模板中,如图 3－1－12 所示。对数节点功能如表 3－1－4 所示。

表 3－1－4　对数节点

| 节点名称 | 图标 | 功能 |
|---|---|---|
| exp x | | exp(x) |
| 10 的幂 | | 10 的幂 |
| 2 的幂 | | 2 的幂 |
| x 的幂 | | x 的幂 |
| exp x$^{-1}$ | | exp(x$^{-1}$) |
| ln x | | ln(x) |
| log x | | log(x) |
| log 2$^x$ | | log(2$^x$) |
| log x$^y$ | | log(x$^y$) |

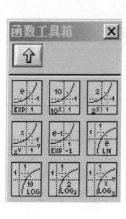

图 3－1－12　对数模板

例如,求各种对数运算,如图 3 - 1 - 13 所示。

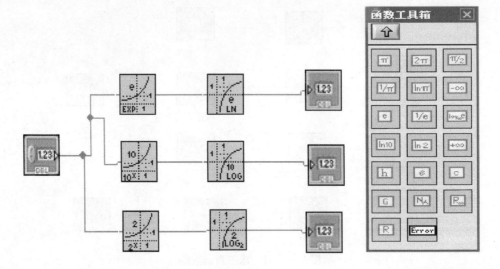

图 3 - 1 - 13　各种对数运算　　　　　　图 3 - 1 - 14　附加常量
　　　　　　　　　　　　　　　　　　　　　　　　　面板

5. 附加常量节点

附加常量节点用于一些一般的通用的常量,如图 3 - 1 - 14 所示。有 π,2π,π/2,1/π,lnπ,负无穷,自然对数基 e,1/e,$\log_{10}$ e,ln10,ln2,正无穷,普朗克常量,基本电荷,真空中的光速,重力常数,阿伏伽德罗常量,里德伯常量,莫尔气体常数和错误环等。

附加常量节点值如表 3 - 1 - 5 所示。

表 3 - 1 - 5　附加常量节点

| 节点名称 | 图标 | 值 |
|---|---|---|
| π | π | 3.14159265e + 0 |
| 2π | 2π | 6.28318507e + 0 |
| π/2 | π/2 | 1.57079632e + 0 |
| 1/π | 1/π | 3.18309886e − 1 |
| lnπ | lnπ | 1.44729885e + 0 |
| 负无穷 | −∞ | 负无穷 |

续表

| 节点名称 | 图标 | 值 |
|---|---|---|
| 自然对数基 e | e | 2. 71828182e + 0 |
| 1/e | 1/e | 3. 67879441e − 1 |
| $\log_{10}e$ | log₁₀e | 4. 34294481e − 1 |
| ln10 | ln10 | 2. 30258092e + 0 |
| ln2 | ln 2 | 6. 93147180e − 1 |
| 正无穷 | +∞ | 正无穷 |
| 普朗克常量 | h | 6. 62607550e − 34(J/Hz) |
| 基本电荷 | e | 1. 60217730e − 19(C) |
| 真空中的光速 | c | 2. 99792458e + 8(m/s) |
| 重力常数 | G | 6. 67259000e − 11(N · m² /kg²) |
| 阿伏伽德罗常量 | N_A | 6. 02213670e + 23(1/mol) |
| 里德伯常量 | R∞ | 1. 09737315e + 7 |
| 摩尔气体常数 | R | 8. 31451000e + 0(J/(mol · K)) |

### 3.1.2　布尔型

　　布尔型即逻辑型,它的值为真或假,为 1 或 0。在 LabScene 中,布尔型体现在布尔型前面板控件中。布尔型前面板控件包含在控制面板→"布尔"子模板中, 如图 3 − 1 − 15 所示。

　　可以看到,该模板中有各种不同的布尔型前面板 对象,如不同形状的按钮、指示灯和开关等,这都是从 实际仪器的开关、按钮演化而来的,十分形象。采用 这些布尔按钮,可以设计出逼真的虚拟仪器前面板。 与数字类型的前面板控件类似,这些不同的布尔控制 也是外观不同,内涵相同,都是布尔型,只有 0 和 1 两 个值。

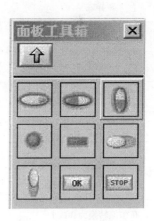

图 3 − 1 − 15　布尔面板

图 3 - 1 - 16　布尔常量节点

与数字量类似,布尔子模板中的布尔型前面板控件相当于传统编程语言中的布尔变量,LabScene 中的布尔常量则存在于框图程序中,在功能模板→"布尔"子模板中有两个名为布尔常量的节点,这个节点就是 LabScene 中的布尔常量,如图3 - 1 - 16 所示。

### 1. 布尔运算

布尔运算相当于传统编程语言中的逻辑运算。传统编程语言使用逻辑运算符将关系表达式或逻辑量连接起来,形成逻辑表达式,逻辑运算符包括 and、or、not 等。在这些逻辑运算符是以图标的形式出现的。布尔运算节点包含在 Boolean 子模板中,如图 3 - 1 - 17 所示。

图 3 - 1 - 17　布尔运算模板

在图 3 - 1 - 17 中,布尔运算节点的图标与集成电路常用逻辑符号一致,可以使用户很方便地使用这些节点而无需重新记忆。布尔运算节点功能如表 3 - 1 - 6 所示。

表 3 - 1 - 6　布尔运算节点

| 节点名称 | 图标 | 功能 |
|---|---|---|
| 布尔常数真 | | 默认值是真,可以改变其值 |
| 布尔常数假 | | 默认值是假,可以改变其值 |
| 逻辑与 | | 输入可以是布尔和整型,如果是整型就是按位与 |
| 逻辑或 | | 输入可以是布尔和整型,如果是整型就是按位或 |
| 异或 | | 输入可以是布尔和整型,如果是整型就是按位异或 |
| 逻辑非 | | 输入可以是布尔和整型,如果是整型就是按位非 |
| 与非 | | 输入可以是布尔和整型,如果是整型就是按位与非 |
| 或非 | | 输入可以是布尔和整型,如果是整型就是按位或非 |
| 同或 | | 输入可以是布尔和整型,如果是整型就是按位同或 |
| 蕴涵 | | x = F, y = F = > T<br>x = T, y = F = > F<br>x = F, y = T = > T<br>x = T, y = T = > T |
| 布尔值转换为0或1 | | 把输入的布尔值转换为0或1 |

下面的例子是把几个布尔值经过各种布尔运算,然后把结果显示出来。
例如,求与或非等逻辑运算的结果,如图 3－1－18 所示。

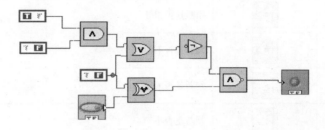

图 3－1－18　求与或非等的逻辑

#### 2. 比较运算

比较运算也就是通常所说的关系运算,比较运算节点包含在"比较"子模板
中,如图 3－1－19 所示。

在 LabScene 中,可以进行以下几种类型的比较:
数字值的比较、布尔值的比较和字符串的比较。

（1）数字值的比较。

比较节点在比较两个数字值时,会先将其转换为
同一类型的数字。当一个数字值和一个非数字比较
时,比较节点将返回一个表示二者不相等的值。

（2）布尔值的比较。

两个布尔值相比较时,True 值比 False 值大。

（3）字符串的比较。

字符串的比较是按照字符在 ASCII 表中的等价数
字值进行比较的。例如,字符 a（在 ASCII 表中的值为
97）大于字符 A（在 ASCII 表中的值为 65）;字符 A 大
于字符 0（48）。当两个字符串进行比较时,比较节点
会从这两个字符串的第一个字符开始逐个比较,直至
有两个字符不相等为止,并按照这两个字符输出比较

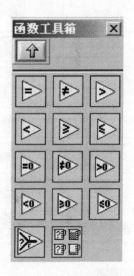

图 3－1－19　比较运算模板

结果。例如,比较字符串 abcd 小于字符串 abef,比较会在 c 停止,而字符 c 小于字
符 e,所以字符串 abcd 小于字符串 abef。当一个字符串中存在某一个字符,而在另
一个字符串中这个字符不存在时,前一个字符串大。例如,字符串 abcd 大于字符
串 abc。

比较运算节点的功能如表 3－1－7 所示。

表 3 - 1 - 7　比较运算节点

| 节点名称 | 图标 | 功能 |
|---|---|---|
| 相等 | = | 判断是否相等 |
| 不相等 | ≠ | 判断是否不相等 |
| 大于 | > | 判断是否大于 |
| 小于 | < | 判断是否小于 |
| 大于等于 | ≥ | 判断是否大于等于 |
| 小于等于 | ≤ | 判断是否小于等于 |
| 等于 0 | =0 | 判断是否等于 0 |
| 不等于 0 | ≠0 | 判断是否不等于 0 |
| 大于 0 | >0 | 判断是否大于 0 |
| 小于 0 | <0 | 判断是否小于 0 |
| 大于等于 0 | ≥0 | 判断是否大于等于 0 |
| 小于等于 0 | ≤0 | 判断是否小于等于 0 |
| 选择 | | 选择管脚为 true 则选择 true 管脚的值,否则选择 false 管脚 |
| 最大最小值 | | 求最大最小值 |

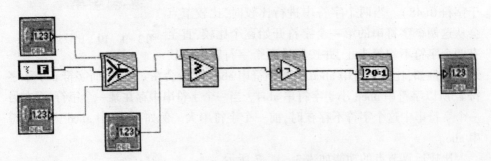

图 3 - 1 - 20　用比较运算节点进行比较

在比较运算节点中,选择节点时判断选择管脚的值是真,则选择真管脚的值,如果是假,则选择假管脚的值,它并不进行比较运算,只是用于数据的选择。

例如,对要比较的值进行选择,然后比较,再判断结果。如图 3－1－20 所示。

### 3.1.3　字符串

#### 1. 字符串控件

字符串是 ASCII 码符号的集合。在仪器控制中,需要将数值型数据转化为字符串,处理完后再将这些字符串转换为数据;将数值型数据存入硬盘后,也要用到字符串。如果要将数据存在 ASCII 码文件中,必须在写硬盘文件之前,将这些数据转化成字符串。

图 3－1－21　字符串及路径模板

在控制面板的"字符串及路径"子模板中可以找到所有的字符串控件,如图3－1－21所示,其中包括字符串控制器、字符串显示器、字符串组合框控件、文件路径控制器、文件路径显示器和列表视图显示器。

前面四个都可以理解为文本编辑和显示的。列表视图显示器比较特殊,它的组织方式是一个表。右键点击它可以弹出菜单,选择菜单进行相应的操作,如图 3－1－22 左部所示。

点击前三项都会弹出同一个对话框,如图 3－1－22 右部所示。

① 插入一列:在指定的列号前面,插入由列名称所确定的列;

② 更改列名:更改指定的列号的列的名称;

③ 删除一列:删除指定了列号的列;

④ 是否为追加模式:数据是从头开始写入还是在尾部接着写;

⑤ 清空内容:把写入的数据清空。

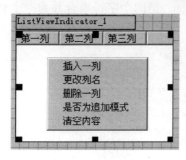
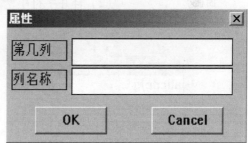

图 3－1－22　列表视图显示器

下面的例子是把二维数组中的数据用列表视图显示器显示出来。

例如,把数据写到列表视图显示器中,如图 3-1-23 所示。

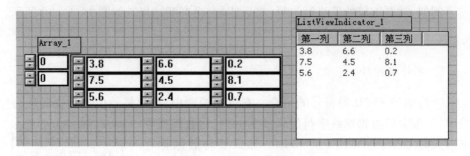

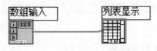

图 3-1-23　数组数据显示到列表视图显示器

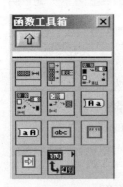

图 3-1-24　字符串
面板

**2. 字符串节点**

字符串操作节点包括字符串长度、合并字符串、寻找子字符串、用子字符串替换、获取子字符串、字符串常量以及空字符串、字符串特有的操作节点包括变成大写、变成小写、TAB 字符串、字符串与数字量转换。如图 3-1-24 所示。

(1) 字符串长度 。求一个字符串的长度。

例如,为输入的字符串求其长度,如图 3-1-25 所示。

(2) 合并字符串 。把两个字符串合并为一个新的字符串。

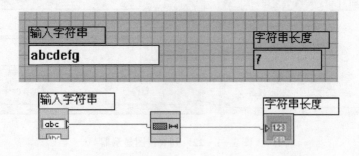

图 3-1-25　求字符串长度

例如,把输入的两个字符串合并成一个新的字符串,如图 3 - 1 - 26 所示。

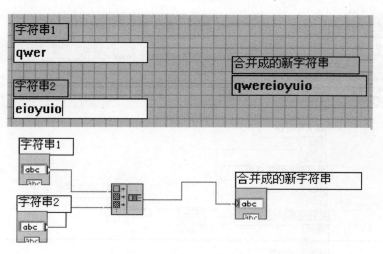

图 3 - 1 - 26　合并字符串

(3) 寻找子字符串 。在已有的字符串中,查找子字符串,返回查找到的位置。

例如,在已有的字符串中,查找子字符串,并返回查找到的位置,如图 3 - 1 - 27 所示。

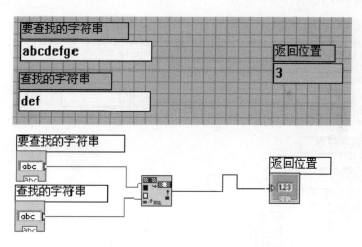

图 3 - 1 - 27　寻找子字符串

(4) 用子字符串替换 。对输入的字符串,用指定的字符串按指定的位置和长度替换。

例如,用字符串替换原字符串,如图 3 - 1 - 28 所示。

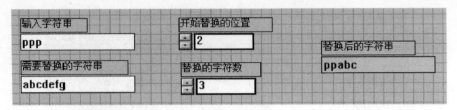

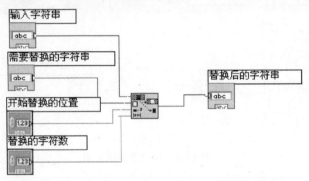

图 3 - 1 - 28　用子字符串替换

(5) 获取子字符串 。从原字符串中,按指定的位置和长度得到子字符串。例如,得到子字符串,如图 3 - 1 - 29 所示。

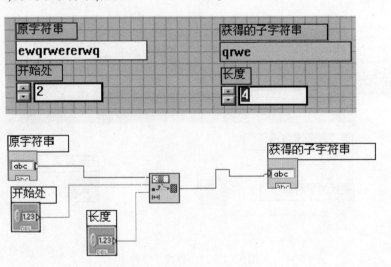

图 3 - 1 - 29　得到子字符串

（6）变成小写 。把字符串转换为小写。

例如，把字符串转换为小写，如图 3 - 1 - 30 所示。

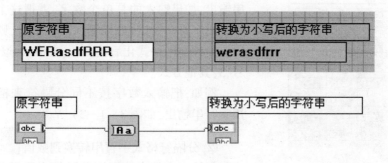

图 3 - 1 - 30　字符串转换为小写

（7）变成大写 [aA]。把字符串转换为大写。

例如，把字符串转换为大写，如图 3 - 1 - 31 所示。

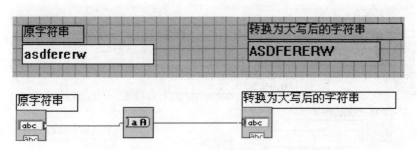

图 3 - 1 - 31　字符串转换为大写

（8）字符串常量 [abc]。在后面板上可以输入的字符串控件。

例如，在字符串常量中输入，再显示出来，如图 3 - 1 - 32 所示。

（9）空字符串 。是空字符串常量。

（10）TAB 字符串 。是 TAB 字符串常量。

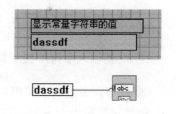

图 3 - 1 - 32　字符串常量的使用

（11）字符串与数字量转换 。转换到字符串和数字量模板，如图 3 - 1 - 33 所示。

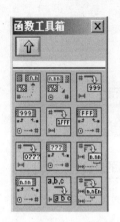

图 3 - 1 - 33　数值与字符串转换模板

① 数值转换到分隔符格式化字符串 。

把输入数字按不同分隔符来格式化后用字符串输出,如果输入的是单个数字,就把这个数字直接变成字符串输出,如果输入的是数组,则按照分隔符的种类来格式化后输出,0:空格,1:逗号,2:分号,3:其他方式。

例如,把输入数字按不同分隔符来格式化后用字符串输出,如图 3 - 1 - 34 所示。

② 分隔符格式字符串转换到数值 。

把输入字符串按不同分隔符来取出其中的数字,如果输出是单个数字,就只是把这个字符串转换为数字输出,如果是数组,就会根据分隔符把一个个数字取出。注意:分隔符应该和字符串中的分隔符相对应。

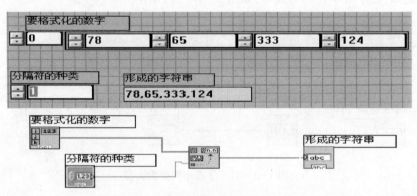

图 3 - 1 - 34　数值格式化字符串输出

例如,把输入字符串按不同分隔符来取出其中的数字,如图 3 - 1 - 35 所示。

③ 数字到十进制字符串 。

把数字转换为十进制的字符串,如果输入的数字的个数小于指定的转换后字符宽度,则添 0 来占位。

例如,把数字转换为十进制的字符串,如图 3 - 1 - 36 所示。

④ 字符串到十进制数 。

把字符串转换为十进制数字,每个单元的大小是控制输出数字的大小的,如果为 0 则整个数字都输出。

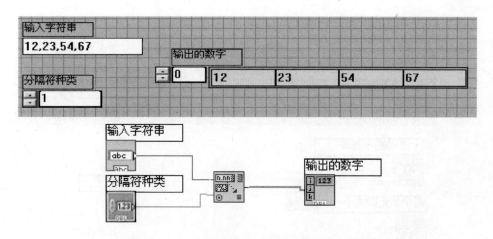

图 3-1-35 分隔符格式化字符串转换为数值

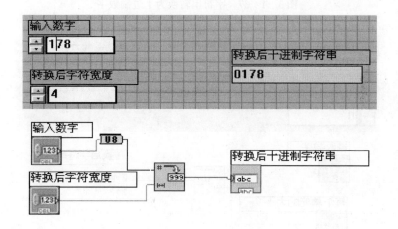

图 3-1-36 数字转换为十进制的字符串

例如,把字符串转换为十进制数字,如图 3-1-37 所示。

⑤ 数字到十六进制字符串 。

把数字转换为十六进制的字符串,如果输入的数字的个数小于指定的转换后字符宽度,则添 0 来占位。

例如,把数字转换为十六进制的字符串,如图 3-1-38 所示。

⑥ 字符串到十六进制数 。

把字符串转换为十六进制数字,每个单元的大小是控制输出数字的大小的,如果为 0 则整个数字都输出。

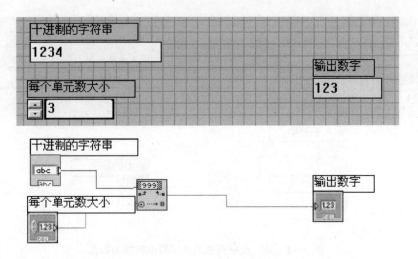

图 3 - 1 - 37　字符串转换为十进制数字

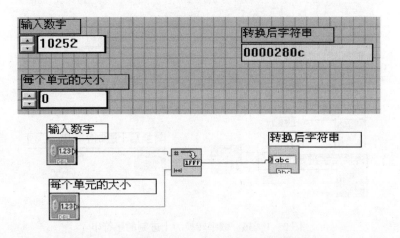

图 3 - 1 - 38　数字转换为十六进制的字符串

例如,把字符串转换为十六进制数字,如图 3 - 1 - 39 所示。

⑦ 数字到八进制字符串 。

把数字转换为八进制的字符串,如果输入的数字的个数小于指定的转换后字符宽度,则添 0 来占位。

例如,把数字转换为八进制的字符串,如图 3 - 1 - 40 所示。

⑧ 字符串到八进制数 。

把字符串转换为八进制数字,每个单元的大小是控制输出数字的大小的,如果

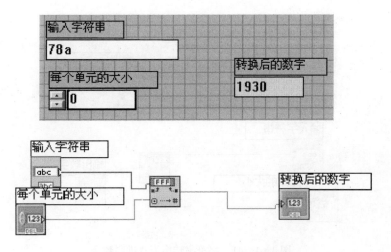

图 3-1-39　字符串转换为十六进制数字

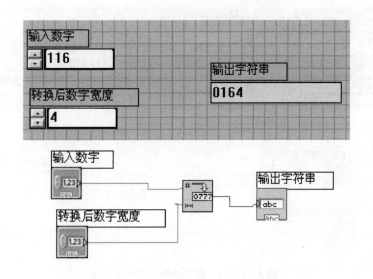

图 3-1-40　数字转换为八进制的字符串

为 0 则整个数字都输出。

例如,把字符串转换为八进制数字,如图 3-1-41 所示。

⑨ 数字到浮点字符串 。

把数字转换为浮点字符串,要输入小数点前后的位数,如果输入的小于实际的,取实际的位数,如果把转换后宽度设为 0,则全部转换。

例如,把数字转换为浮点字符串,如图 3-1-42 所示。

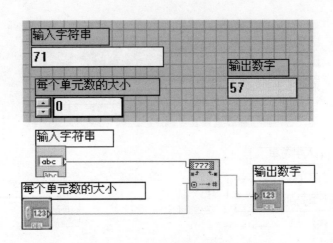

图 3 - 1 - 41　字符串转换为八进制数字

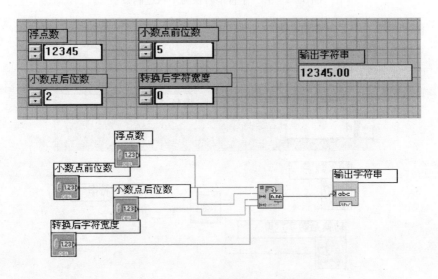

图 3 - 1 - 42　数字转换为浮点字符串

⑩ 字符串到浮点数 。

把字符串按照指定的小数点前后位数来转换为浮点数,注意小数点设置不正确的话,就输出不正确。

例如,把浮点字符串转换为数字,如图 3 - 1 - 43 所示。

⑪ 分拆格式字符串到字符串组 。

按分隔符分拆字符串到字符串数组,注意分隔符要和输入的字符串中的分隔

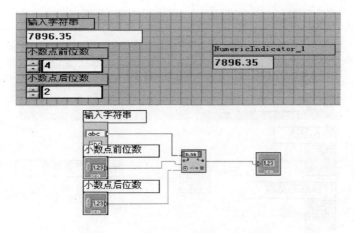

图 3－1－43　浮点字符串转换为数字

符相对应,否则分拆出来的将不正确。

　　例如,按分隔符分拆字符串到字符串数组,如图 3－1－44 所示。

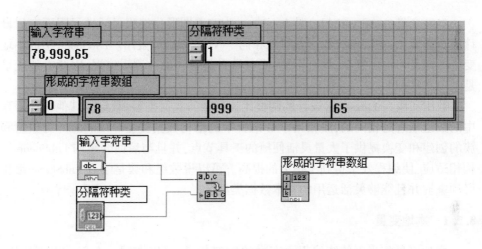

图 3－1－44　按分隔符分拆字符串到字符串数组

⑫ 数字到指数字符串　。

把数字转换成指数形式的字符串。

例如,把数字转换为指数字符串,如图 3－1－45 所示。

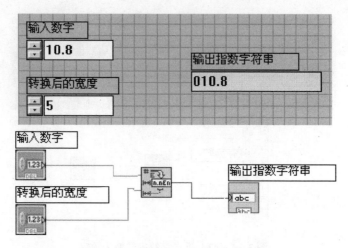

图 3 - 1 - 45　数字转换为指数字符串

# 3.2　变量、数组与簇

本地变量(local variable)是 LabScene 为改善图形化编程灵活性局限而专门设计的特殊节点,主要解决数据和对象在同一 VI 程序中的复用。LabScene 中的本地变量的定义与使用复杂,稍有不慎,便容易引起程序隐性逻辑错误,因此本地变量是学习和掌握 LabScene 编程的难点之一。

数组和簇是 LabScene 设计的两类比较复杂的数据类型,数组与其他编程语言中的数组概念是相同的,簇相当于 C 语言中的结构数据类型。LabScene 为数组和簇的创建和变换提供了大量灵活便捷的工具节点,并且与后面介绍的 LabScene 结构相适应,使编程效率得到了很大的提高。可以说数组和簇是学习 LabScene 编程必须掌握并且能够灵活运用的基本数据类型。

### 3.2.1　本地变量

本地变量相当于传统编程语言中的局部变量,可以在同一个程序内部使用。但由于 LabScene 的特殊性,本地变量与局部变量又有所不同。

在 LabScene 中,前面板上的每一个控制控件或指示控件在后面板上都有一个对应的节点,控制控件通过这个节点将数据传送给后面板上的其他节点,当然也可以通过这个节点为指示赋值。但是这个节点是唯一的,一个控制或一个指示只有一个节点。而用户在编程时,经常需要在同一个 VI 程序中的不同位置多次为指示控件赋值,或多次从控制控件中取出数据,或者有时为控制控件赋值,有时从指示控件中取出数据。显然,这时仅用一个节点是无法实现这些操作的。这就不同于传统的编程语言,如要定义一个变量 $a$,在程序的任何地方需要时,写一个 $a$ 就可解决问题。本地变量的引入,巧妙地解决了这个问题。

### 1. 本地变量的创建

本地变量的创建方式是在功能模板→"结构"子模板中选择"本地变量",然后将其图标放在框图程序中,如图 3-2-1 所示。

### 2. 本地变量的使用

如前所述,使用本地变量可以在框图程序的不同位置访问前面板

图 3-2-1

对象。前面板控件的本地变量相当于其节点的一个拷贝,它的值与该

本地变量

节点同步,也就是说,两者所包含的数据是相同的。

### 3. 本地变量的特点

本地变量有许多特点,了解这些特点,有助于用户更加有效地使用 LabScene 编程。

一个本地变量就是其相应前面板控件的一个数据拷贝,要占用一定的内存。所以,应该在程序中控制本地变量的数量,特别是对于那些包含大量数据的数组,若在程序中使用多个这种数组的本地变量,那么这些本地变量就会占用大量的内存,从而降低程序运行的效率。

LabScene 是一种并行处理语言,只要节点的输入有效,节点就会执行。当程序中有多个本地变量时,就要特别注意这一点,因为这种并行执行可能造成意想不到的错误。例如,在程序的某一处,用户从一个控制控件的本地变量中读出数据,在另一处,根据需要又为这个控制控件的另一个本地变量赋值。如果这两个过程恰好是并行发生的,这就有可能使读出的数据不是前面板控件原来的数据,而是赋值之后的数据。这种错误不是明显的逻辑错误,很难发现,因此在编程过程中要特别注意,尽量避免这种情况的发生。

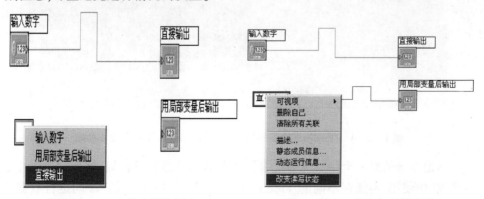

图 3-2-2　本地变量的创建　　　　图 3-2-3　本地变量的使用

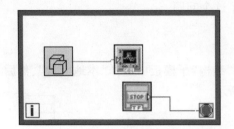 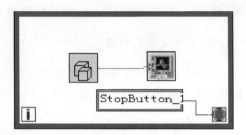

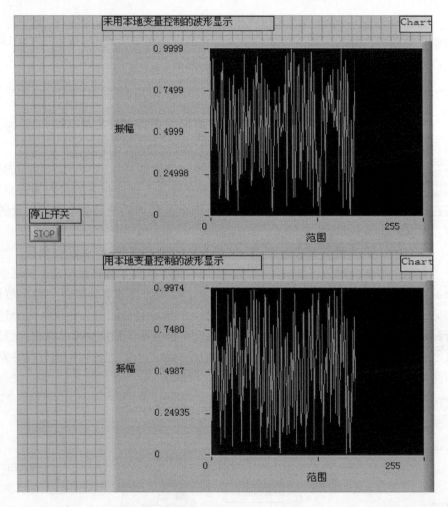

图 3 - 2 - 4　用布尔本地变量同时控制两个 while 循环来显示波形

　　本地变量的另一个特点与传统编程语言中的局部变量相似,就是它只能在同一个 VI 中使用,不能在不同的 VI 之间使用。若需要在不同的 VI 间进行数据传递,则要使用全局变量。

例如,数字控制器的本地变量运用。首先把一个数字控制器和两个数字显示器拖入前面板,然后在后面板上的功能面板上找到"结构\本地变量",拖入后面板中,就会形成图 3-2-2,左键单击"本地变量",会出现菜单,选择要代表的对象。本例是要代表"直接输出"这个数字显示器。

因为数字显示器是个输入对象,则本地变量也是输入对象,想把本地变量的值用其他的数字显示器表示出来就必须用右键来改变其管脚的读写状态,这样才可以与其他的数字显示器连接。"输入数字"输入的数字就可以在本地变量的帮助下由数字显示器显示出来。如图 3-2-3 所示。

例如,用一个布尔开关同时控制两个 while 循环来显示波形,如图 3-2-4 所示。

### 3.2.2　数组

当有一串数据需要处理时,它们很可能是一个数组(array),大多数的数组是一维数组(1D,列或向量),少数是二维数组(2D,矩阵),极少数是三维或多维数组。在 LabScene 中可以创建数字类型、字符串类型、布尔型以及其他任何数据类型的数组(数组的数组除外)。数组常常由 Loop 循环来创建,其中 For 循环是最佳的,因为在循环开始前它已分配好了内存,而 While 循环却无法做到这一点,这是因为 LabScene 无法知道 While 循环将循环多少次。数组是 LabScene 中常用的数据类型之一,与其他编程语言相比,LabScene 中的数组更加灵活多变,独具特色。

1. 数组的组成与创建

LabScene 是图形化编程语言,因此,LabScene 中的数组的表现形式与其他语言有所不同。数组由三部分组成:数据类型、数据索引和数据,如图 3-2-5 所示。

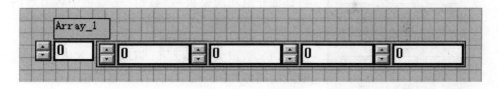

图 3-2-5　数组的组成

在数组中,数组元素位于右侧的数组框架中,按照元素索引由小到大的顺序从左至右排列,数组左侧为索引显示,其中的索引值是位于数组框架中最左面元素的索引值,这样做是由于数组中能够显示的数组元素个数是有限的,用户通过索引显示可以很容易地查看数组中的任何一个元素。

数组的创建分两步进行:

（1）从控制面板→"数组及簇"子模板中创建数组框架,如图 3-2-6 所示。注意,此时创建的只是一个数组框架,不包含任何内容。

（2）根据需要将相应数据类型的前面板控件放入数组框架中。图 3-2-7 所示的是将一个数字量控制放入数组框架,这样就创建了该数字类型数组(数组的属性为控制)。另外,数组在创建之初都是一维数组,如果要用到二维以上的数组,用鼠标(定位工具状态)在数组索引显示的左下角向下拖动,或者在数组的右键弹出菜单中选择"添加一维"即可添加数组的维数。

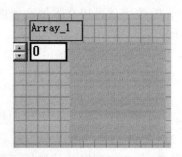

图 3-2-6　数组的创建步骤一

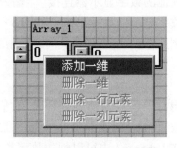

图 3-2-7　数组的创建步骤二

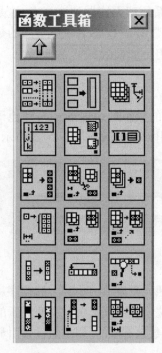

图 3-2-8　数组模板

**2. 数组的使用**

对一个数组进行操作,无非是求数组的长度、对数据排序、取出数组中的元素、替换数组中的元素或初始化数组等各种运算。传统编程语言主要依靠各种数组函数来实现这些运算,而在 LabScene 中,这些函数是以功能函数节点的形式来表现的,本小节将详细介绍功能模板→"数组"子模板中各节点的用法。模板如图 3-2-8 所示。

（1）数组大小 。返回输入数组的长度。节点的图标如图 3-2-8 所示,多维的也是返回整个长度。

例如,求一维和二维数组的长度,如图 3-2-9 所示。

（2）根据索引得值 。返回输入数组中由输入索引指定的元素。当输入数组是一维数组时,节点返回的是数组中与输入索引对应的元素。

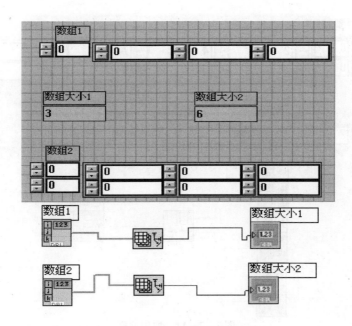

图 3 – 2 – 9　求数组的长度

例如,将一维数组中索引为 2 的元素取出,如图 3 – 2 – 10 所示。

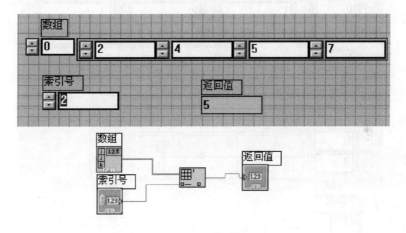

图 3 – 2 – 10　求索引为 2 的值

例如,从二维数组取出一个元素,如图 3 – 2 – 11 所示。

(3) 替代子数组 ▦。替换输入数组中的一个元素。节点的图标如图 3 – 2 – 8所示:输入索引管脚的值不应该大于数组的大小,输入到新元素管脚的数据的数据类型必须与输入数组的数据类型一致。

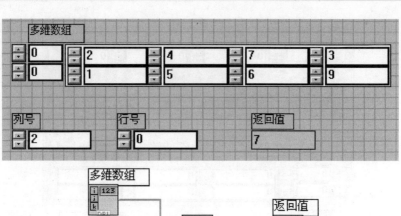

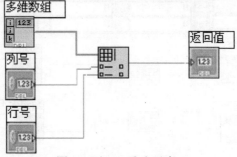

图 3 - 2 - 11　取出元素

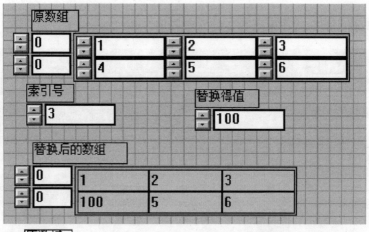

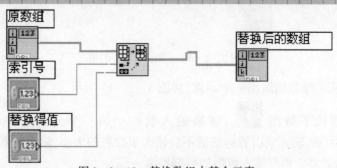

图 3 - 2 - 12　替换数组中某个元素

例如,替换数组中的一个元素,如图 3－2－12 所示。

(4) 子数组 。从输入数组中取出指定的元素。

例如,得到数组的子集,如图 3－2－13 所示。

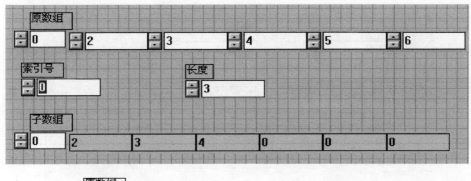

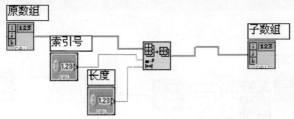

图 3－2－13　得到数组子集

(5) 初始化数组 。数组维数由节点左侧维数管脚的个数决定。数组中所有的元素都相同,均等于输入的元素值。用鼠标(定位工具状态)在节点一角上下拖动,可添加管脚。

例如,初始化一个大小为 4,初始值为 2 的数组,如图 3－2－14 所示。

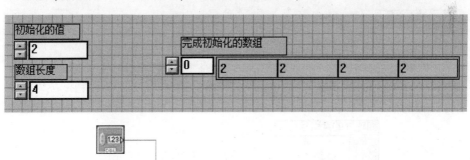

图 3－2－14　初始化数组

（6）创建数组 ▭▭。建立一个新数组。节点将从左侧管脚输入的元素或数组按从上到下的顺序组成一个新数组。节点在创建之初只有一个输入管脚,用鼠标(定位工具状态)在节点一角上下拖动可添加输入管脚。

例如,创建一个新数组,如图 3 − 2 − 15 所示。

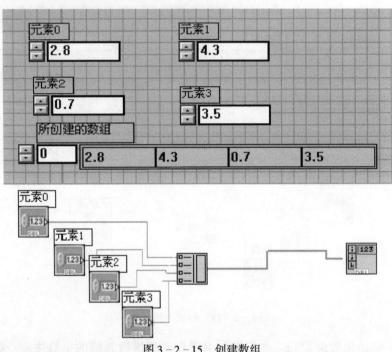

图 3 − 2 − 15　创建数组

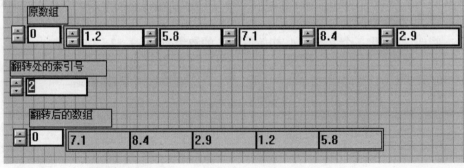

图 3 − 2 − 16　在指定处翻转数组

（7）翻转数组 。将输入数组的最后 $n$ 个元素移至数组的最前面。
例如,在指定处翻转数组,如图 3 - 2 - 16 所示。

（8）排序数组 。将数组按升序降序排列。该节点不能用于布尔数组的排序。
例如,把数组按升序或降序排列,如图 3 - 2 - 17 所示。

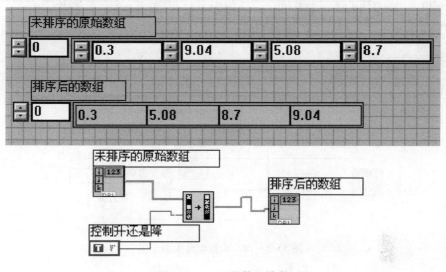

图 3 - 2 - 17　给数组排序

（9）颠倒数组 。将输入的 1D 数组前后颠倒,输入数组可以是任意类型
的数组。
例如,把一个数组的数据颠倒后显示出来,如图 3 - 2 - 18 所示。

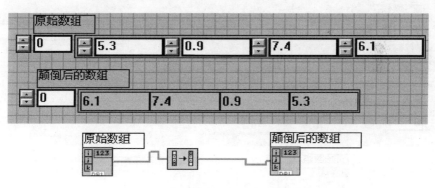

图 3 - 2 - 18　颠倒数组

（10）数组最大最小值 。返回输入数组中的最大值和最小值,以及它们

在数组中所在的位置。数组可以是任意维的,当数组中有多个元素同为最大值和最小值时,节点只返回第一个最大值或最小值所在的位置。

　　例如,求数组中最大最小值,以及其位置,如图 3 - 2 - 19 所示。

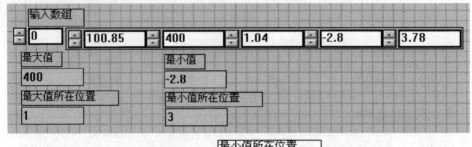

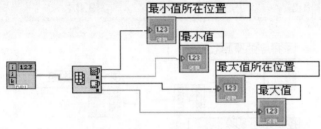

图 3 - 2 - 19　求数组最大最小值

　　(11) 分割一维数组 ▦。将输入的一维数组在指定的元素处截断,分成两个一维数组。当输入的索引值小于等于 0 时,第一个子数组为空;当输入 Index 大于输入数组的长度时,第 2 个数组为空。

　　例如,在指定处把数组分割成两部分,如图 3 - 2 - 20 所示。

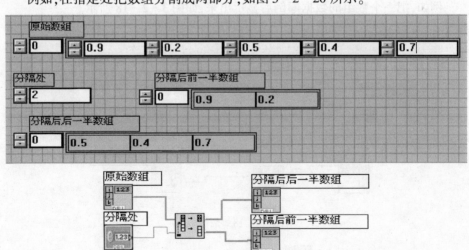

图 3 - 2 - 20　数组分隔成两部分

（12）查找数组 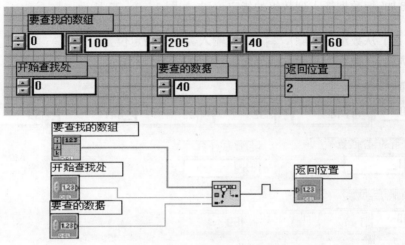。搜索指定元素在一维数组中的位置。由开始位置管脚来指定开始搜索的位置,当数组指定位置后的那部分元素中没有该元素时,节点返回 −1;若该元素存在,则返回该元素所在的位置。

例如,从指定的位置开始查找数组中的某个值,如图 3 − 2 − 21 所示。

图 3 − 2 − 21　查找数组中某个值

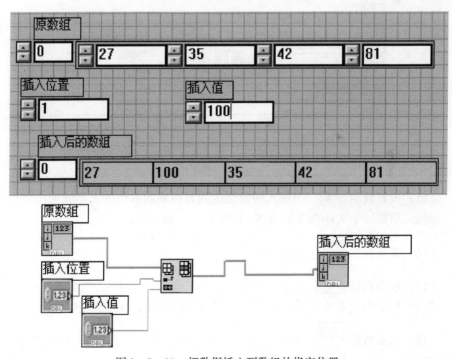

图 3 − 2 − 22　把数据插入到数组的指定位置

（13）插入到数组 ▦▦。将从输入管脚输入的一维数组插入到输出的一维数组中。插入的顺序为：首先按从上到下的顺序取出输入数组中的第 0 个元素，放入输出数组中；然后再从上到下取出输入数组中的第 1 个元素，放入输出数组中；其他元素的取法以此类推。

例如，把数据插入到数组的指定位置，如图 3 - 2 - 22 所示。

（14）从数组中删除 ▦▦。删除输入数组中指定位置的元素。

例如，在数组中删除一部分元素，如图 3 - 2 - 23 所示。

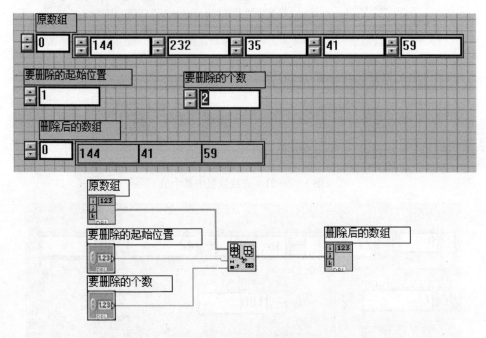

图 3 - 2 - 23　删除数组元素

（15）积累数组 ▤▸▯。当输入的数值达到要积累的数组的大小就输出数组。

例如，积累一个大小为 4 的数组，如图 3 - 2 - 24 所示。

（16）常量数组 ▦。功能还未实现。

（17）数组到簇 ▦。把输入的数组转换成簇输出。注意，类型要匹配。

例如，把一个大小为 3 的数组，转换为簇再输出，如图 3 - 2 - 25 所示。

（18）簇到数组 ▦。把输入的簇转换成数组输出。注意，在簇中的数据类型要相同，而且要与数组的类型相匹配。

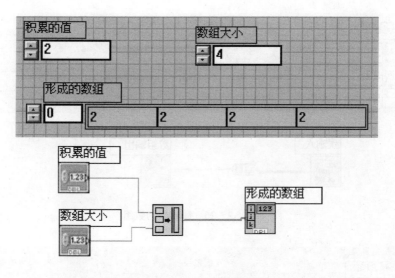

图 3 - 2 - 24　积累数组

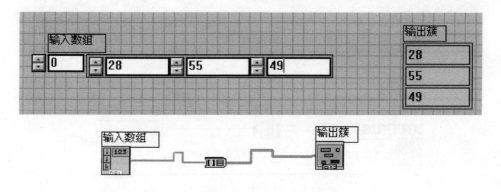

图 3 - 2 - 25　数组转换为簇

例如,把输入的簇,转换成数组输出。如图 3 - 2 - 26 所示。

(19) 展开一个数组 。把一个输入的数组,按照指定的位置,把数据读出,该节点可以伸缩,用选择工具在节点上拖动,可以扩展要取的值。

例如,输入一个数组,并且得到指定位置后的三个数据,如图 3 - 2 - 27 所示。

3. 数组的特点

LabScene 中的数组与其他编程语言相比比较灵活,其他编程语言如 C 语言,在使用一个数组时,必须首先定义该数组的长度,但 LabScene 却不必如此,它会自动确定数组的长度。数组中元素的数据类型必须完全相同,如都是无符号 16 位整

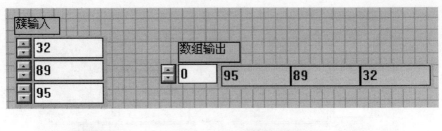

图 3 - 2 - 26　簇转换为数组

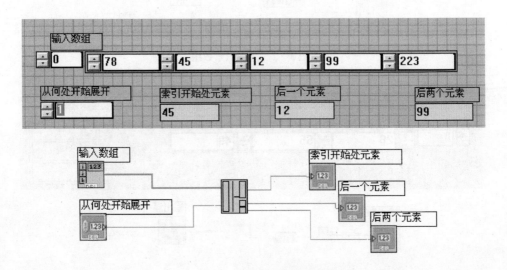

图 3 - 2 - 27　展开数组

数,或都是布尔型等。当数组中有 $n$ 个元素时,元素的索引号从 0 开始,到 $n-1$ 结束。

### 3.2.3　簇

簇(cluster)是 LabScene 中一个比较特别的数据类型,它可以将几种不同的数据类型集中到一个单元中形成一个整体。簇类似于 Pascal 语言中的 record 或 C 语言中的 struct。簇通常可将框图程序中多个地方的相关数据元素集中在一起。这样只需一条数据连线即可把多个节点连接到一起。不仅减少了众多数据连线连接,还可以减少 SubVI 的连线管脚数。

### 1. 簇的组成与创建

前几章介绍了整型、浮点型、布尔型、字符串型和数组等不同的数据类型。但仅有这些数据类型是不够的,有时为便于引用,还需要将不同的数据类型组合成一个有机的整体。例如,一个学生的学号、姓名、性别、年龄、成绩和家庭住址等数据项,都与某一个学生相联系。如果将这些数据项分别定义相互独立的简单变量,是难以反映它们之间的内在联系的。应该把他们组成一个组合项,在组合项中再包含若干个类型不同(当然也可以相同)的数据项。簇就是这样一种数据结构。

关于上述学生的数据项在 C 语言中可以用 Structure 描述:

```
struct student
{ int num;
char name[20];
char sex;
int age;
float score;
char addr[30];
};
```

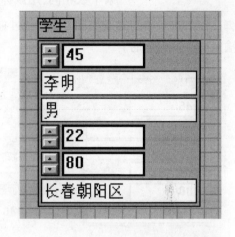

图 3 - 2 - 28　用簇实现学生信息管理

上述数据类型在 LabScene 中可以用簇来实现,如图 3 - 2 - 28 所示。

簇的创建类似于数组的创建。首先在控制面板→"数组及簇"子模板中创建簇的框架,然后向框架中添加所需的元素,最后根据编程需要更改簇和簇中各元素的名称。

在 LabScene 中,簇只能包含控制和指示中的一种,不能既包含控制又包含指示。若确实需要对一个簇既读又写,那么可用簇的本地变量解决,但并不推荐用本地变量对簇进行连续地读写。使用簇时应当遵循一个原则:在一个高度交互的面板中,不要把一个簇既作为输入元素又作为输出元素。

### 2. 簇的使用

用户在使用一个簇时,主要是访问簇中的各个元素,或由不同类型但相互关联的数据组成一个簇。在 LabScene 中,这些功能由功能模板→"簇"子模板中的各个节点来实现,如图 3 - 2 - 29 所示,本小节将介绍如何使用这些节点。

(1) 簇解包 。用该节点来获得簇中元素的值,注意:输出管脚的个数必

图 3 - 2 - 29　簇模板

须和簇中的元素个数相同,用鼠标拖动节点的一角可以添加节点的输出管脚。

　　例如,取出学生这个簇中的各元素的值,如图 3 - 2 - 30 所示。

　　(2)簇打包 。将相互关联不同的数据类型的数据组成一个簇。注意:输入管脚的个数必须和要打包的簇中的元素个数相同,用鼠标拖动节点的一角可以添加节点的输入管脚。该节点开始的时候如图 ,经过拖动后变为 ,管脚的颜色是由连线后输入的类型确定的。

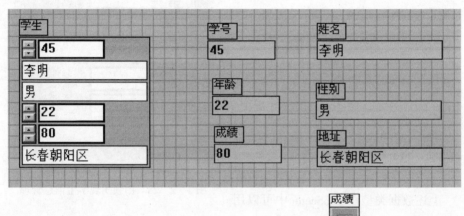

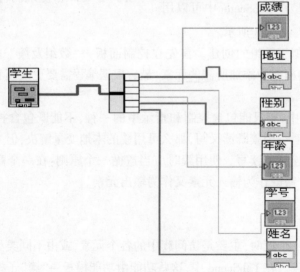

图 3 - 2 - 30　簇解包

例如,将各种学生信息打包成一个簇,并显示出来,如图 3－2－31 所示。

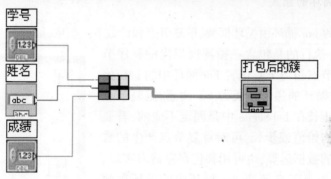

图 3－2－31　簇打包

(3) 簇常量。功能还未实现。

(4) 数组到簇和簇到数组。这两个节点的用法在数组使用中已经介绍过了,此处略。

## 3.3　结构与属性控制

LabScene 采用结构化数据流图编程,能够处理循环、顺序和条件等程序控制的结构框图,这是 LabScene 编程的核心,也是区别于其他图形化编程开发环境的独特与灵活之处。LabScene 提供的结构定义简单直观,形式多种多样,要完全掌握并灵活运用并不是一件容易的事。本节对 LabScene 各种结构框架的定义、使用和主要语法规则进行了比较详细的论述,并配以大量应用实例,介绍了各种结构的特殊用法及容易引起混淆的地方。

### 3.3.1　For 循环

For 循环是 LabScene 最基本的结构之一,它执行指定次数的循环,相当于 C 语言中的 For 循环:

图 3 - 3 - 1　For 循环
图标

```
For(i = 0; i < N; i + +)
{

}
```

LabScene 中 For 循环可从框图功能模板"结构"子模板中创建,节点的图标如图 3 - 3 - 1 所示。

#### 1. For 循环的组成

最基本的 For 循环由循环框架、重复节点和计数节点组成,如图 3 - 3 - 2 所示。

For 循环执行的是包含在循环框架内的程序节点。其重复节点相当于 C 语言 For 循环中的 $i$,初始值为 0,每次循环的递增步长为 1。注意,重复节点的初始值和步长在 LabScene 中是固定不变的,若要用到不同的初始值或步长,可对重复节点产生的数据进行一定的数据运算,也可用移位寄存器来实现。其计数节点相当于 C 语言 For 循环中的循环次数 $N$,在程序运行前必须赋值。通常情况下,该值为整型,若将其他数据类型连接到该节点上,For 循环会自动将其转化为整型。

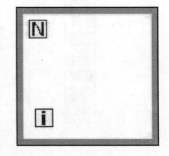

图 3 - 3 - 2　For 循环的组成

另外,为实现 For 循环的各种功能,LabScene 在 For 循环中引入了移位寄存器和框架通道两个独具特色的新概念。移位寄存器的功能是将第 $i-1, i-2, i-3, \cdots$ 次循环的计算结果保存在 For 循环的缓冲区内,并在第 $i$ 次循环时将这些数据从循环框架左侧的移位寄存器中送出,供循环框架内的节点使用。在循环框架上的右键弹出菜单中选择"增加移位寄存器",可创建一个移位寄存器,如图 3 - 3 - 3 所示。

用鼠标(定位工具状态)在左侧移位寄存器的右下角向下拖动,或在左侧移位寄存器的右键弹出菜单中选择"增加元素",可创建多个左侧移位寄存器,如图 3 - 3 - 4 所示。

此时,在第 $i$ 次循环开始时,左侧每一个移位寄存器便会将前几次循环由右侧移位寄存器存储到缓冲区的数据送出来,供循环框架内的各节点使用。左侧第 1 个移位寄存器送出的是第 $i-1$ 次循环时存储的数据,第 2 个移位寄存器送出的是第 $i-2$ 次循环时存储的数据,第 3 个,第 4 个,…移位寄存器送出的数据以此类推。

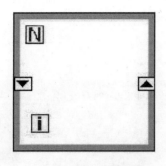
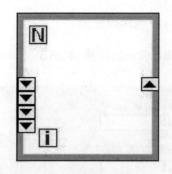

图 3 - 3 - 3　For 循环的移位寄存器　　　　图 3 - 3 - 4　添加移位寄存器

当 For 循环在执行第 0 次循环时,For 循环的数据缓冲区并没有数据存储,所以,在使用移位寄存器时,必须根据编程需要对左侧的移位寄存器进行初始化,否则,左侧的移位寄存器在第 0 次循环时的输出值为默认值 0。另外,连至右侧移位寄存器的数据类型和用于初始化左侧移位寄存器的数据类型必须一致,例如,都是数字型,或都是布尔型等。

框架通道是 For 循环与循环外部进行数据交换的数据通道,其功能是在 For循环开始运行前,将循环外其他节点产生的数据送至循环内,供循环框架内的节点使用。还可在 For 循环运行结束时将循环框架内节点产生的数据送至循环外,供循环外的其他节点使用。用连线工具将数据连线从循环框架内直接拖至循环框架外,LabScene 会自动产生一个框架通道。

框架通道的属性可以是"索引有效"和"索引无效",用右键弹出菜单可以选择。当索引有效时,通道就变成一个内部是空的节点。如图 3 - 3 - 5 所示。这时,通道就变成一个数据缓存,每次循环时通过数据连线传来的数据在该框架通道按照先后次序被组成一个数组,循环结束时,再将这个合成的数组送出。当框架通道的属性为"索引无效"时,它只会接收最后一次循环时通过数据连线送来的数据,并在循环结束时将其送出。

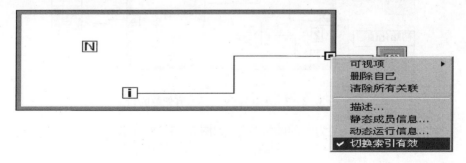

图 3 - 3 - 5　索引切换

### 2. For 循环的使用

例如,求 $n$ 的阶乘,如图 $3-3-6$ 所示。

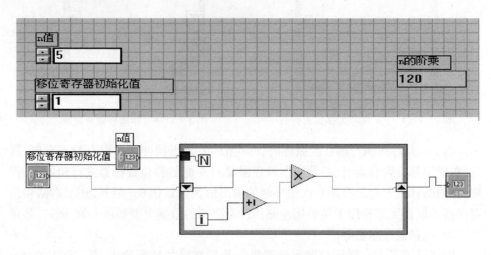

图 $3-3-6$　求 $n$ 的阶乘

例如,求 $0\sim 99$ 所有偶数的和,如图 $3-3-7$ 所示。

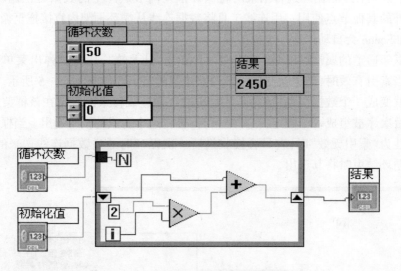

图 $3-3-7$　求 0 到 99 之间所有偶数的和

例如,产生一个长度为 5 的随机数组,如图 $3-3-8$ 所示。

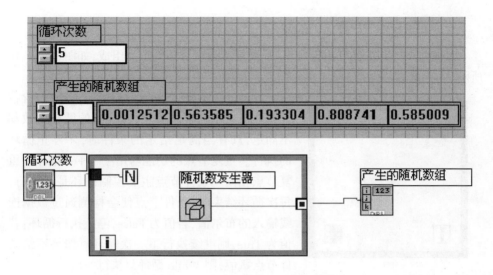

图 3－3－8　产生长度为 5 的随机数组

### 3. For 循环的特点

与其他编程语言相比,LabScene 中的 For 循环除了具有一般 For 循环共有的特点之外,还有一些一般 For 循环没有的独特之处。

LabScene 中没有类似于其他编程语言的 goto 之类的转移语句,故不能随心所欲的将一个程序从一个正在执行的 For 循环中跳出去,一旦确定了 For 循环的次数并开始执行后,就必须在执行完相应次数的循环后才能中止其运行,若确实需要跳出循环,可以用 While 循环来替代 For 循环。

### 3.3.2　While 循环

当循环次数不能预先确定时,就需用到 While 循环(while loop)。While 循环也是 LabScene 最基本的结构之一,相当于 C 语言中的 While 循环和 do-while 循环:

```
while(条件)
{
}
do
{
} while(条件)
```

图 3－3－9　While 循环
图标

While 循环可从程序框图中的"结构"子模板中创建,节点的图标如图 3－3－9所示。

## 1. While 循环的组成

最基本的 While 循环由循环框架、重复节点以及条件节点组成,如图 3 - 3 - 10 所示。

与 For 循环类似,While 循环执行的是包含在其循环框架中的程序节点,但执行的循环次数却不固定,只有当满足给定的条件时,才停止循环的执行。重复节点的功能与用法与 For 循环的重复节点相同。条件节点主要控制循环是否执行,每次循环结束时,条件节点便会检测通过数据连线输入的布尔值,若值为 False,停止执行循环;若值为 True,则继续执行下一次循环。如果不给条件节点赋值,则 While 循环只执行一次。

用鼠标(定位工具状态)在 While 循环框架的一角拖动,可改变循环框架的大小。

图 3 - 3 - 10　While 循环的组成

While 循环也有框架通道和移位寄存器,用法与 For 循环完全相同,在此不再赘述。

## 2. While 循环的使用

例如,求 $n$ 的阶乘,如图 3 - 3 - 11 所示。

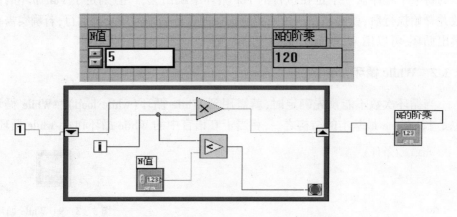

图 3 - 3 - 11　求 $n$ 的阶乘

## 3. While 循环的特点

因为 While 循环是由条件节点来控制的,所以,编程时如果不注意,就会出现死循环。编程中要尽量避免上述情况的出现。编程时最好在前面板上添加一个临时的布尔按钮,与逻辑控制条件相遇后再连接到条件节点。这样如果程序出现逻辑错误而导致死循环时,可以用这个布尔按钮来强行结束程序。等完成所有程序开发,经过检验程序运行无误后,再将这个布尔按钮去掉。当然,出现死循环的时候,也可以用工具栏上的停止按钮来强行终止程序。

### 3.3.3　顺序结构

在传统编程语言中,程序有明确的顺序执行,即程序按照程序代码从上到下的顺序执行,每个时刻只执行一步,这种程序执行方式称为控制流程。而 LabScene 却是一种数据流程语言,在 LabScene 中只有当某个节点的所有输入均为有效时,LabScene 才能执行该节点,这一点称为数据从属性。

虽然数据流编程为用户带来了很多方便,但也在某些方面存在不足。如果框图程序中有两个节点同时满足节点执行的条件,那么这两个节点就会同时执行。但如果编程者需要这两个节点按一定的先后顺序执行,那么数据流控制是无法满足要求的,必须引入特殊的结构框架,在此框架内程序要严格按照预先确定的顺序执行,这就是 LabScene 顺序结构的由来。

LabScene 顺序结构的功能是强制程序按一定的顺序执行。顺序结构可从框图程序中的功能模板→"结构"子模板中创建,节点的图标如图 3-3-12 所示。

图 3-3-12　顺序结构图标

#### 1. 顺序结构的组成

LabScene 顺序结构看起来很像是装在照相机内的胶卷,是按照顺序一帧一帧

地拍照(运行)的。顺序结构共有两种:单框架顺序结构和多框架顺序结构。最基本的顺序结构由顺序框架、框架标志符和递增/递减按钮组成,如图 3-3-13 所示。

按照上述方法创建的是单框架顺序结构,只能执行一步操作。但大多数情况下,用户需要按顺序执行多步操作,因此需要在单框架的基础上创建多框架顺序结构。在顺序框架的右键弹出菜单中选择"添加一个 Frame"就可添加框架,如图 3-3-14

图 3-3-13　顺序结构的组成

所示。

程序运行时,顺序结构就会按框图标志符 0,1,2,… 的顺序逐步执行各个框架中的内容。在程序编辑状态时用鼠标单击递增/递减按钮可将当前编号的顺序框架切换到前一编号或后一编号的顺序框架;用鼠标(操作工具)单击框图标志符,

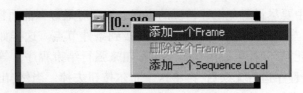

图 3 - 3 - 14　添加一个框架

可从下拉菜单中选择切换到任一编号的顺序框架,如图 3 - 3 - 15 所示。

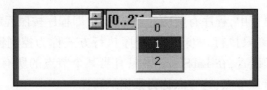

图 3 - 3 - 15　选择某个框架

　　另外,在编程时还常常需要将前一个顺序框架中产生的数据传递到后续顺序框架中使用,为此 LabScene 在顺序框架中引入了本地结果的概念,通过顺序框架的本地结果,就可以在顺序框架中向后传递数据。为与顺序框架外部的程序节点进行数据交换,顺序结构中也存在框架通道,但这里的框架通道没有"索引有效"和"索引无效"两种属性。

　　2. 顺序结构的使用

　　例如,用 For 循环产生一个长度为 2000 点的随机波形,并计算所用时间,如图 3 - 3 - 16所示。

　　3. 顺序结构的特点

　　顺序结构可以很方便地实现程序执行先后的控制,也可以利用 LabScene 的数据从属性,在后面板中的节点形成一个流程控制权。

### 3.3.4　选择结构

　　选择结构也是 LabScene 最基本的结构之一,相当于 C 语言中的 Switch 语句:

```
switch(表达式)
{case 常量表达式 1:语句 1;
case 常量表达式 2:语句 2;
…
case 常量表达式 n:语句 n;
default:语句 n+1;
}
```

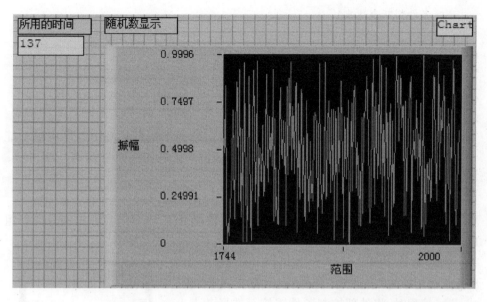

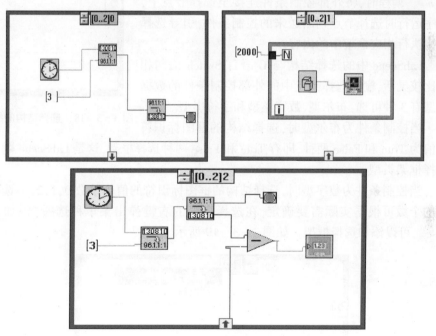

图 3 − 3 − 16 顺序结构的使用

在某种意义上,选择结构还相当于 C 语言中的 if 语句:

```
if(条件判断表达式)
{
}
else
{
}
```

C 语言中的 Switch 语句选择结构可从框图程序中的功能模板→"结构"子模板中创建,节点的图标如图 3-3-17 所示。

图 3-3-17    选择结构图标

1. 选择结构的组成

最基本的选择结构由选择框架、选择节点和框图标志符组成,如图 3-3-18 所示。

在选择结构中,选择节点相当于上述 C 语言 Switch 语句中的"表达式",框图表示符相当于"表达式 $n$"。编程时,将外部控制条件连接至选择节点上,程序运行时选择节点判断送来的控制条件,引导选择结构执行相应框架中的内容。

LabScene 中的选择结构与 C 语言 Switch 语句相比比较灵活,输入选择节点中的外部控制条件的数据类型有 3 种可选:布尔型、数字整型和字符串型。

图 3-3-18    选择结构的组成

当控制条件为布尔型时,选择结构的框图标识符的值为 True 和 False 两种,即有 True 和 False 两种选择框架,这是 LabScene 默认的选择框架类型。

当控制条件为数字型时,选择结构的框图标识符的值为整数 0,1,2,…选择框架的个数可根据实际需要确定,在选择框架的右键弹出菜单种选择"添加一个 case",可以添加选择框架。如图 3-3-19 所示。

图 3-3-19    添加删除一个框架

当控制条件为数字型时,选择结构的框图标识符的值为一个 num-和数字组成的,如"num-3",选择框架的个数也是根据实际需要确定的。

　　注意,在使用选择结构时,控制条件的数据类型必须与框图标识符中的数据类型一致。

　　当 VI 处于编辑状态时,用鼠标(操作工具状态)单击递增/递减按钮可将当前的选择框架切换到前一个或后一个的顺序框架;用鼠标单击框图标识符,可在下拉菜单中选择切换到任意一个选择框架。如图 3-3-20 所示。

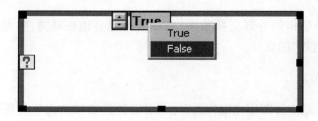

图 3-3-20　选择一个框架

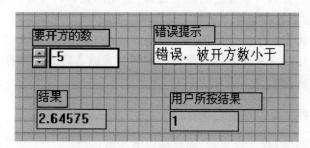

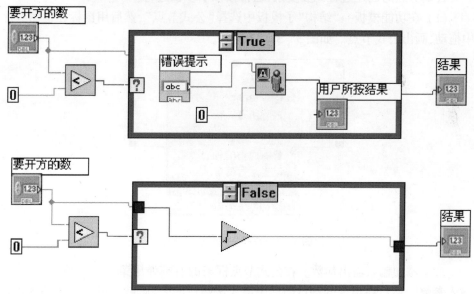

图 3-3-21　选择结构的使用

2. 选择结构的使用

例如,求一个数的平方根,当该数大于等于 0 时,输出开发结果,如果该数小于 0 时,就弹出对话框报告错误,如图 3 - 3 - 21 所示。

3. 选择结构的特点

为与选择结构的外部交换数据,选择结构也有边框通道,但是没有"索引有效"和"索引无效"的属性。

### 3.3.5 公式节点

LabScene 是一种图形化编程语言,主要编程元素和结构节点是系统预先定义的,用户只需要调用相应的节点构成框图程序即可,这种方式虽然方便直接,但是灵活性受到了限制,尤其对于复杂的数字处理,变化形式多种多样,LabScene 就不可能把所存的数学运算和组合方式都形成图标。为了解决这一问题,LabScene 另辟蹊径,提供了一种专用于处理数据公式编程的特殊结构形式,称为公式节点。在公式节点框架中,LabScene 允许用户像书写数学公式或方程式一样直接编写数学处理节点,形式与标准 C 语言类似。

1. 公式节点的创建

公式节点的创建过程比较复杂,通常按以下步骤进行:

(1) 在功能模板→"结构"子模板中选择"公式节点",然后用鼠标在框图程序中拖动,画出公式节点。如图 3 - 3 - 22 所示。

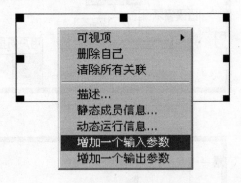

图 3 - 3 - 22 公式节点的创建

(2) 添加输入输出参数。在公式节点框架的右键弹出菜单中选择"增加一个输入参数",然后在出现的端口图标中填入该端口的名称,就完成了一个输入端口的创建,输出端口的创建与此类似。注意,输入变量的端口都在公式节点框架的左边,而输出变量则分布在框架的右边。

(3)按照 C 语言的语法规则在公式节点的框架中加入程序代码。特别要注意的是公式节点框架内每个公式后都必须有分号标示。

至此就完成了一个完整的公式节点的创建。如图 3 - 3 - 23 所示。

图 3 - 3 - 23　公式节点创建完成

### 2. 公式节点的使用

例如,用公式节点来计算,如图 3 - 3 - 24 所示。

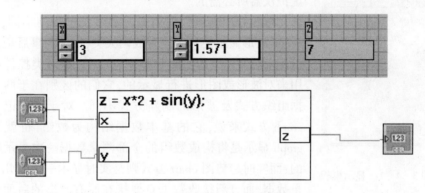

图 3 - 3 - 24　公式节点的使用

### 3. 公式节点的特点

公式节点的引入,使得 LabScene 的编程更加灵活,对于一些稍微复杂的计算公式,用图形化编程可能会显得有些繁琐,此时若采用公式节点来实现这些计算公式,可能会减少编程的工作量。在进行 LabScene 编程时,可根据图形化编程和公式节点各自的特点,灵活使用不同的编程方法,这样可以大大提高编程的效率。

使用公式节点时,有一点应当注意:在公式节点框架中出现的所有变量,必须有一个相对应的输入端口或输出端口。

# 3.4  波形显示控件

通过前面内容的介绍,可以知道 LabScene 为模拟真实仪器的操作面板提供了强大的交互式界面设计功能。本章将要介绍的波形显示控件就是在 LabScene 程序设计中最常用的前面板控件之一,也是 LabScene 使用比较灵活,功能比较完善,特色比较突出的模板。

在传统的仪器仪表中,除了最简单的数码显示外,能够显示测量信号波形和仪器工作状态的 CRT 荧光屏正在广泛应用,包括数字示波器、频谱分析仪和逻辑分析仪等,这些高级仪器都必须具备实时波形显示能力。一幅精心设计的画面为用户提供的信息量,远远超过完全由数字或文字组成的报告。因此,能够将大量测量数据转化为意义明确的显示曲线或三维图形的控件是设计虚拟仪器所必需的。

图 3-4-1  显示模板

按照处理测量数据的方式和显示过程的不同,Lab-Scene 波形显示控件主要分成两大类,一类为事后记录图(graph),另一类为实时趋势图(chart),这两类控件都是用来对波形或图形进行显示的,它们的区别在于两者数据组织方式及波形的刷新方式不同。对于事后记录图 graph 方式来说,它的基本数据结构为数组,也就是说 graph 显示是将构成数组的全部测量数据一次显示完成的;而实时趋势图 chart 方式则是实时显示一个或几个测量数据,而且新接收数据点要接在原有波形的后面连续显示。它的基本数据结构是数据标量,也就是数组。即使是数组,chart 方式也是连续不断地一个数组接着一个数组显示,而不是像 graph 方式那样一次显示完成。

在 LabScene 控制面板的"显示"子模板,可以找到所有的波形控件,如图 3-4-1 所示。

## 3.4.1  简单事后记录波形控件

1. 控件结构

事后记录波形控件的典型前面板结构,如图 3-4-2 所示。

该控件显示时是以一次刷新方式进行的,数据输入基本形式是一个一维数组,输入数组中包含了所有需要显示的测量。

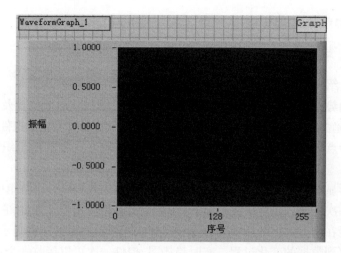

图 3 - 4 - 2　控件外观

## 2. 使用控件

例如,用波形显示控件显示一次 100 点的温度测量结果,如图 3 - 4 - 3 所示。

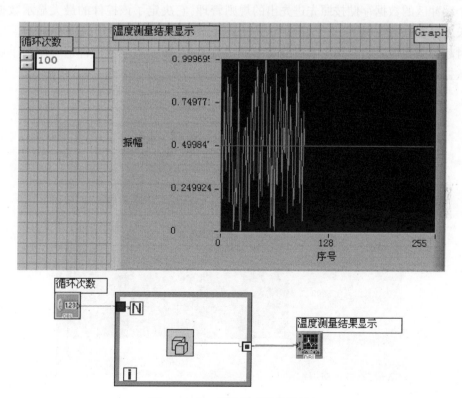

图 3 - 4 - 3　显示温度测量结果

### 3.4.2　实时趋势图控件

1. 控件结构

下面介绍实时趋势图控件的典型前面板结构。

实时趋势图控件与波形显示控件不同,它的 X 轴只有起始位置及结束位置有刻度,实时趋势图控件的输入是一个双精度浮点变量,而波形显示控件的输入是一个双精度浮点数组。这主要是由于两者的波形刷新方式和数据组织方法是不一样的。

对波形显示控件来说,它通常是把显示的数据先收集到一个数组中,然后再把这组数据一次性送入控件中进行显示,而对于实时趋势图控件来说,它是把新的数据连续扩展在已有数据的后面,波形是连续向前推进显示的,这种显示方法可以很清楚地观察到数据的变化过程。实时趋势图,控件一次可以接收一个点的数据,也可以接收一组数据。不过,这组数据与波形显示控件的数据数组在概念上是不同的。前者只不过是代表一条波形上的几个点,而后者代表的则是整条波形。实时趋势图控件内置了一个显示缓冲器,用来保存一部分历史数据,并接收新数据。这个缓冲区的数据存储按照先进先出的规则管理,它决定了该控件的最大显示数据长度。在缺省情况下,这个缓冲大小为 1KB,即最大的数据显示长度为 1024。实时趋势图控件最适合用于实时测量中的参数监控,而波形显示控件适合用在事后数据分析。

控件外观如图 3 - 4 - 4 所示。

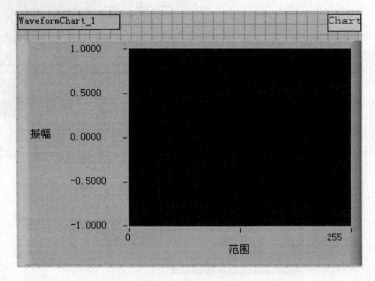

图 3 - 4 - 4　控件外观

2. 控件使用

例如,用波形显示控件显示一次 100 点的温度测量结果,如图 3-4-5 所示。

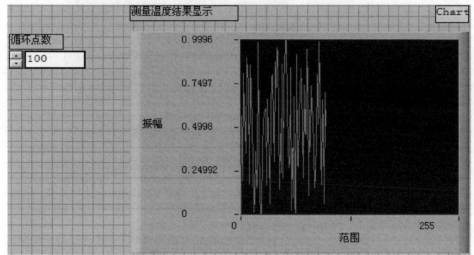

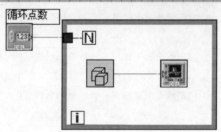

图 3-4-5　一次显示温度测试结果

### 3.4.3　复杂记录示波器

为了更加清楚地表示数据,设计了复杂事后记录控件,外观如图 3-4-6 所示。

与简单记录示波器基本相同,不过可以用右键修改显示属性。使得显示更加灵活,如图 3-4-7 所示。

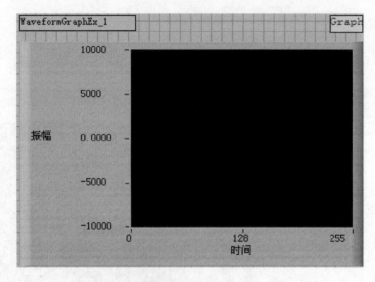

图 3 - 4 - 6　控件外观

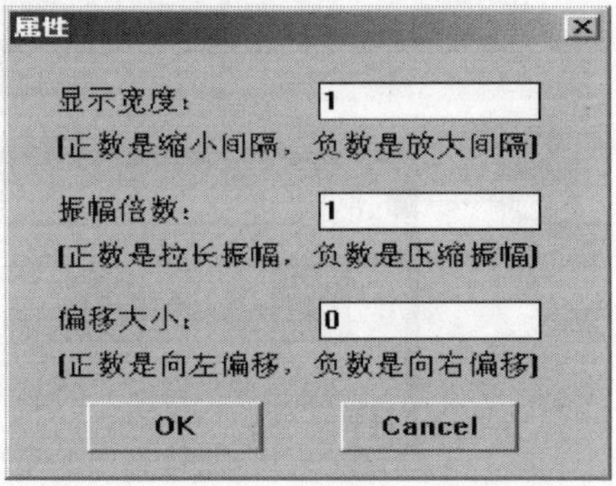

图 3 - 4 - 7　属性对话框

# 3.5　文件操作

## 3.5.1　文件存取

G 语言中的文件存取函数是功能强大、使用灵活的文件处理工具,除了以 ASCII 码方式读/写数据外,还可用二进制形式读写数据,以提高速度和可靠性。

由文件取数据有两种不同格式:

ASCII 码字节型——要想从软件包中取得数据,如字处理或扩展表格程序,可将数据用 ASCII 码形式存储,这样所有的数据都必须转换成 ASCII 码字符串。

二进制字节型——这种文件是数据存储最可靠,也是最快捷的方式;但必须将数据转换成二进制字符串的格式,而且必须确切地知道正在存取哪种数据类型。

文件存取的前面板包括文件路径控制器和文件路径显示器,如图 3 - 5 - 1 所示。

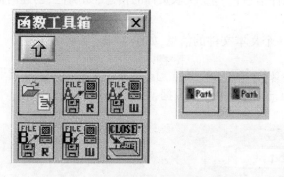

图 3 - 5 - 1　文件相关面板及节点

### 3.5.2　文件操作节点

文件操作节点包括获取文件信息、从文件文本中读取数据、向文件文本中写入数据、从二进制文件中读取数据、往二进制文件中写入数据以及关闭文件节点。

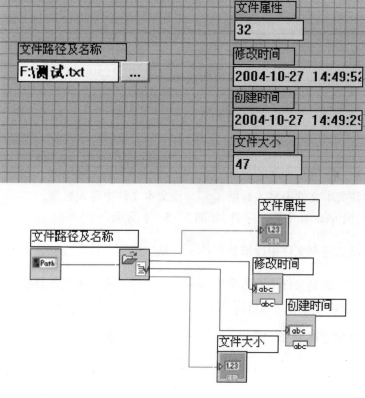

图 3 - 5 - 2　获得文件信息

(1) 获取文件信息 ![icon]。获取文件的信息,如属性、创建时间、修改时间和文件大小等信息。

例如,获得一个文本文件的信息,如图 3 – 5 – 2 所示。

(2) 从文本文件中读取数据 ![icon]。从文本文件中指定处读取数据。

例如,从 test. txt 文件中读出数据,如图 3 – 5 – 3 所示。

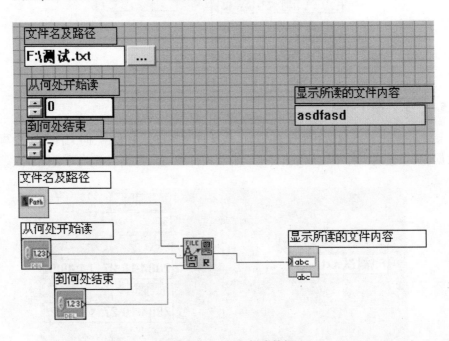

图 3 – 5 – 3　从文件读数据

(3) 往文本文件中写入数据 ![icon]。往文本文件中写入数据。

例如,向 test. txt 中写入字符,如图 3 – 5 – 4 所示。

(4) 从二进制文件中读取数据 ![icon]。从二进制文件中读取数据。

(5) 往二进制文件中写入数据 ![icon]。往二进制文件中写入数据。

例如,用读写二进制文件实现文件拷贝,如图 3 – 5 – 5 所示。

(6) 关闭文件 ![icon]。关闭文件句柄,做一些清理工作。

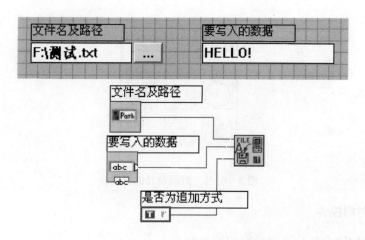

图 3 - 5 - 4　向文件中写入数据

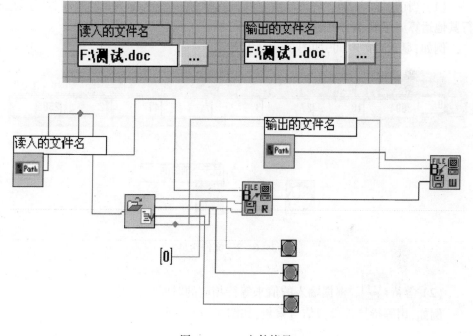

图 3 - 5 - 5　文件拷贝

## 3.6　时间及对话框

点击"功能面板"的"时间及对话框"可以进入时间及对话框面板。如图 3 - 6 - 1 所示。

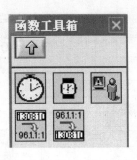

图 3-6-1　时间及对话框模板

### 3.6.1　时间控件

时间控件主要是处理和时间相关的节点。

（1）当前时间 ⏰。获得当前时间，返回值是一个长度为 8 的数组，如果要进行其他运算必须转换了之后才行。

例如，显示当前时间，如图 3-6-2 所示。

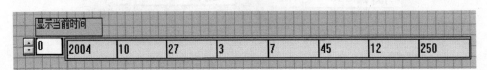

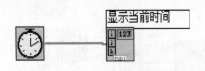

图 3-6-2　文件拷贝

（2）等待 ⌚。根据输入的值来等待相应的时间再执行。

例如，用等待控件模拟信号采集，如图 3-6-3 所示。

（3）时间变成字符串 。将输入的时间转换为字符串格式输出。可以用输出格式来确定要显示的部分：0：日期，1：时间，2：星期，3：毫秒。

例如，把当前时间转换为字符串输出，如图 3-6-4 所示。

（4）字符串变成时间 。将输入的字符串转换为时间输出。同样地，不同的时间格式输入会产生不同的值，而且相应的输入格式也会显示出来。

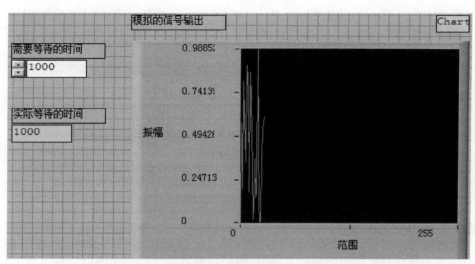

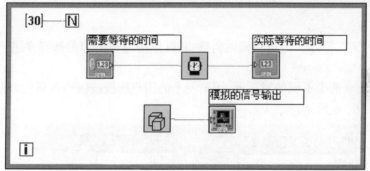

图 3-6-3　用等待控件模拟信号采集

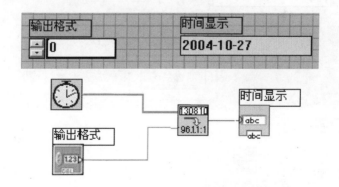

图 3-6-4　当前时间转换为字符串

例如,把字符串输入的时间用数字显示,如图 3-6-5 所示。

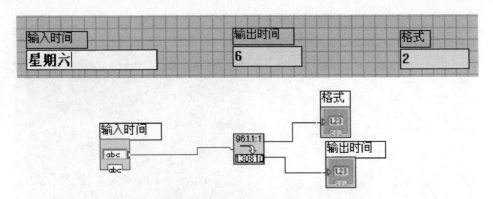

图 3 - 6 - 5　数字显示输入的时间

### 3.6.2　对话框控件

对话框控件是用来和用户交互的,用户在对话框中点击不同的按钮会有不同的处理。

消息对话框 。为用户提供消息,并可以按用户不同的选择来进行不同的处理。

例如,建立两个不同的对话框,用第一个的用户所按按钮的返回值来控制第二个,如图 3 - 6 - 6 所示。

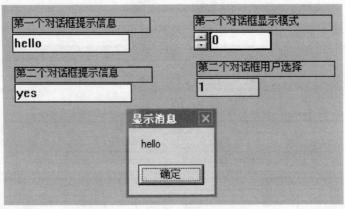

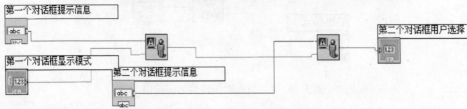

图 3 - 6 - 6　消息对话框的使用

# 3.7　数 学 分 析

点击功能面板的"分析"按钮,可以进入分析面板。里面主要放的是对信号等的各种分析工具,如傅里叶变换等。

傅里叶变换。用来进行傅里叶正变换和傅里叶逆变换。

例如,对信号发生器产生的波形进行正傅里叶变换后再把结果进行傅里叶逆变换,如图 3 - 7 - 1 所示。

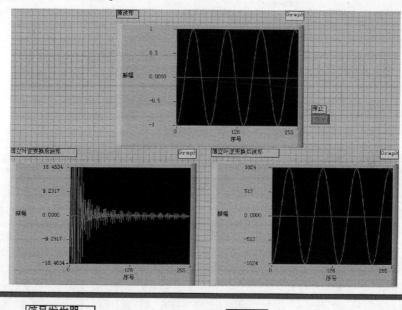

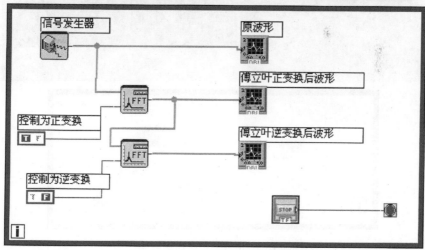

图 3 - 7 - 1　傅里叶正反变换(原软件中的傅立叶应为傅里叶)

# 3.8　信 号 产 生

点击功能面板中的"信号",就可以进入信号产生面板。这里提供各种模拟信号的产生器。

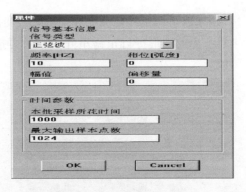

图 3 – 8 – 1　信号属性对话框

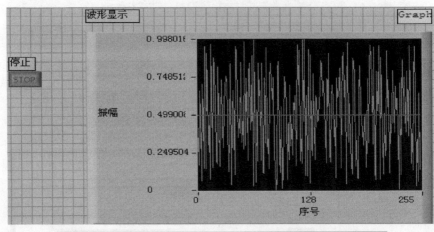

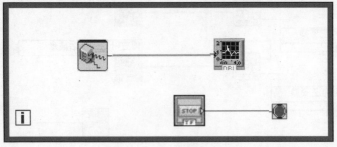

图 3 – 8 – 2　产生白噪声

（1）模拟信号发生器 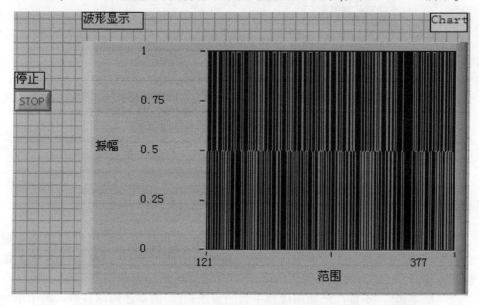。可以产生正弦波、方波、三角波、锯齿波、直流信号、正切波和白噪声等多种信号。右键点击节点，可以弹出对话框来设置波形的振幅、频率等属性，如图 3 - 8 - 1 所示。这样就可以设计出自己想要的波形。

例如，产生一个白噪声并显示，如图 3 - 8 - 2 所示。

（2）随机 PWM 波发生器 。产生随机 PWM 波，也就是脉宽可调制波。

例如，产生一个脉宽可调制波然后用示波器显示出来，如图 3 - 8 - 3 所示。

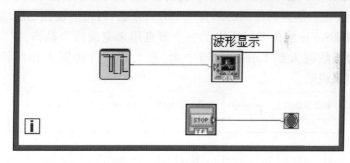

图 3 - 8 - 3　产生 PWM 波

# 3.9　控　制　控　件

在 LabScene 程序设计的时候，需要对一些流程进行控制，在功能面板里面的"控制"面板里提供两种控制控件：

（1）分叉处 ![图标]。提供数据流的分支功能,和一般在线上进行的分支是一个功能。

（2）结束节点 ![图标]。对很多节点来说,有一些输出节点的信息在程序中并不想处理,就可以用这个节点来连,这样保证程序能正常地终止。

例如,取出文件的大小,而不要其他的信息,如图3－9－1所示。

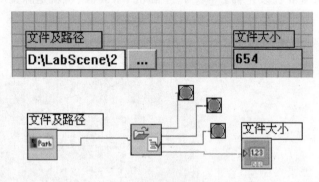

图3－9－1　使用结束节点

## 3.10　高级控件

LabScene 不是一个封闭的系统,它可以很好地与其他系统提供的功能相融合,它可以通过调用 DLL 文件来实现非常强大的功能,为用户提供自己的 DLL 提供了方便。

一般来说,一个硬件的使用依赖于它的驱动程序,而驱动程序开发一般由第三方人员进行开发。这时的使用必须有一个方式来进行传递,使用 DLL 是个很常用的办法,在 LabScene 当中专门提供了一个节点用来完成这个动作,它实际上可以使一个驱动函数嵌入到 LabScene 当中来,这个与硬件协同工作的流程可以用图3－10－1来说明。

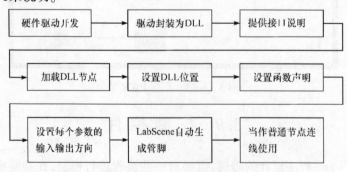

图3－10－1　DLL 调用流程

调用外部库函数 。该节点提供了调用外部库函数的功能。
例如,调用外部的函数 add( )来实现加法,如图 3 - 10 - 2 所示。

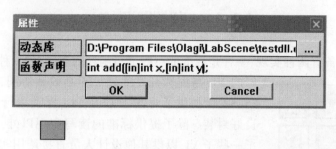

图 3 - 10 - 2 使用调用外部库函数节点

首先把节点拖动到后面板上,然后双击节点会弹出对话框,上面有所要调用的
动态库路径和需要自己来填写的函数的声明。注意:函
数申明的写法是,输入的参数前面加上[in],输出的参数
前面加上[out],既是输入又是输出的参数加上[in]
[out],其他部分的写法和 C 语言相同。

图 3 - 10 - 3 自动
生成管脚

然后点击 OK 按钮,此时该节点就会根据函数申明
来自动生成管脚信息。如图 3 - 10 - 3 所示。

接着根据相应的管脚信息,在前面加上对应的控制器和显示器。连好线,运
行,就会得到结果,如图 3 - 10 - 4 所示。

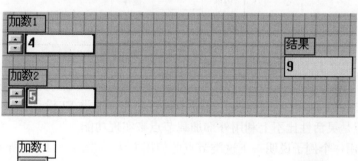

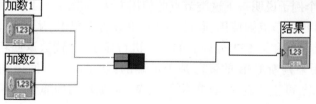

图 3 - 10 - 4 调用的结果显示

注意:和其他编程语言调用 DLL 相同,必须把编写好的 DLL 文件放到要执行的文件的目录下面,否则,在运行后系统会提示找不到相应的 DLL 来调用。

# 3.11  仪  器  设  备

仪器设备有两种实现:一种是标准的总线读写函数的实现,另一种类似子封装

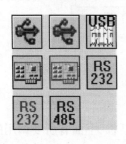

图 3 - 11 - 1  仪器设备节点

好的 VI,与配套开发的硬件更高效地协同工作。目前,LabScene 提供了对基于 USB、PCI 以及串行总线接口的良好封装。除了提供标准的读写实现以外,在内部封装了一些子 VI,以供其他设计人员直接调用实现。用户只需在安装 LabScene 的机器上使用这些节点,即可完成对这些硬件的无缝操作。仪器设备节点如图 3 - 11 - 1 所示。

用户使用上述节点的过程都是一样的,只需要提供节点管脚定义所需的数据类型,按一般的节点设计连接好,即可执行其硬件的读写功能,其步骤如图 3 - 11 - 2 所示。

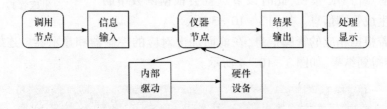

图 3 - 11 - 2  仪器节点调用过程

基于 USB 的接口有三类:一类写入器,一类读出,还有专门为任意波形发生提供的设备。PCI 和 RS 系列能够完成基本读写动作。这类 VI 设计比较简单,执行效率高,但是灵活性比不上利用外部加载节点来实现功能。

下面用一个例子说明一下这类节点的使用方法,如图 3 - 11 - 3 所示。

例如,USB 设备节点的使用:通过一块 USB 硬件采集卡,从硬件电路采集实际信号,并对原始波形和经 FFT 处理后的波形进行显示。“读数返回状态”与“写入返回状态”是用来判断 USB 的读写是否正确的,如果两个返回值均为“4”,说明 USB 的读写无误,可正常显示,如果不等,则 While 循环内的部分将不工作,示波器上将不会显示波形。

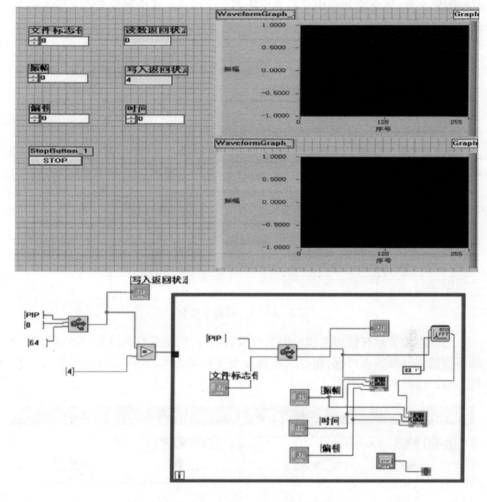

图 3 - 11 - 3　USB 节点的使用示例

## 3.12　节点的扩展

　　LabScene 中为了加强与第三方控件及网络节点的使用,提供了这两类节点的动态加载与使用功能,这两方面的使用实现了面向用户的位置透明性,即使用者并不知道他所用的某个节点是在远处或本地,大大地增强了系统的扩展性。同时,LabScene 自身提供的节点也可以进行功能重载,实现用户想实现的功能,本书仅以本地节点的使用为例加以阐述。

　　本地节点的面板和网络节点一样是个动态变化的面板,只不过它依赖于本地

某些配置文件,使它能知道用户需要使用多少个节点。这个配置文件采用 XML 格式,它描述的内容有:

（1）节点唯一标志符 ID 和名字;

（2）图标及形状信息;

（3）管脚的数目及数据类型信息;

（4）实现位置信息;

（5）辅助说明信息。

当 LabScene 侦测到系统特定目录下存在这些描述文件时,即动态加载并刷新本地节点工具箱,生成一些临时节点,如图 3 - 12 - 1 所示。

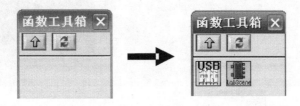

图 3 - 12 - 1　刷新本地节

这些本地节点在使用上和一般节点没有两样,但是观察其位置属性可看到,本地节点的内外部实现可选,而且实现是一个外部动态库,而内部节点则不可选,如图3 - 12 - 2所示。

图 3 - 12 - 2　内部节点和本地节点的位置区别

重载应用。在高级文本语言中,函数重载是相同的函数名,但是实现的内容不一样,他们是通过不同的参数列表来区分。在 LabScene 中提供同一个节点的不同实现位置。用户可以根据不同的需要把原来固定在 LabScene 中的节点功能丢弃,而使用自己愿意的实现方式。正因为它们的信息区别仅在于实现位置不一样,因此,内部节点可以通过改变实现位置来实现内部节点的功能重载,即将其 LabScene 自带功能实现指向外部提供的 DLL 或网络实现,这个特征是 LabScene 区别于 Lab-VIEW 的一个重要特征。

例如,重载加法器。首先我们编写好加法器的新实现,里面实际是两个数相乘的 DLL 文件。然后把加法器拖到后面板上,右键点击,选择实现位置,会弹出对话框,如图 3 - 12 - 3 所示。

选择编写的那个 DLL 文件,再确定,如图 3 - 12 - 4 所示。那么这个加法器的实现将调用 DLL 中的实现而不是 LabScene 中加法的功能。图 3 - 12 - 5 和图 3 - 12 - 6分别是设计图和结果显示图。

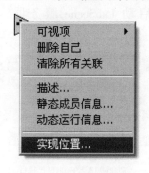

图 3 - 12 - 3　实现位置菜单　　　　　图 3 - 12 - 4　选择实现位置对话框

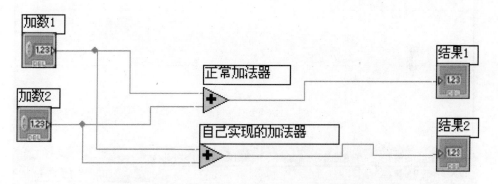

图 3 - 12 - 5　比较节点实现位置设计图

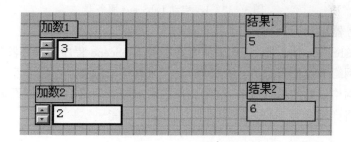

图 3 - 12 - 6　显示结果

# 3.13　网络应用

### 3.13.1　LabScene 服务器

在开始菜单中找到 LabScene 程序组,可以启动 LabScene 服务器。如图 3 - 13 - 1所示。

图 3 - 13 - 1　启动 LabScene 服务器

当服务器启动后,它会启动三个服务:

(1) LabScene 侦听服务:用来侦听是否有 LabScene 程序向服务器提出请求;

(2) 网络节点侦听服务:用来侦听是否有网络节点要求在服务器上注册;

(3) 网络设备的搜索服务:根据用户的需求搜索网络上的硬件设备。

下面将详细介绍 LabScene 服务器中的各个功能。

1. 数据库登录

用户点击"启动"按钮会看到对话框,如图 3 - 13 - 2 所示。

这个对话框是用来登录数据库的。用户输入数据库名、用户名、密码来登录。因为 LabScene 的服务器上的数据通常是保存在数据库中,如果是管理员使用数据

图 3 – 13 – 2　登录数据库

库,他可以登录到数据库中,并且可以进行一系列的操作。如果登录成功会把"启动"按钮变成"停止"按钮。并且在日志里面显示出来登录的情况。

2. 用户管理

显示登录和注销的 LabScene 客户端的信息。用户点击"用户"按钮会出现界面,如图 3 – 13 – 3 所示。

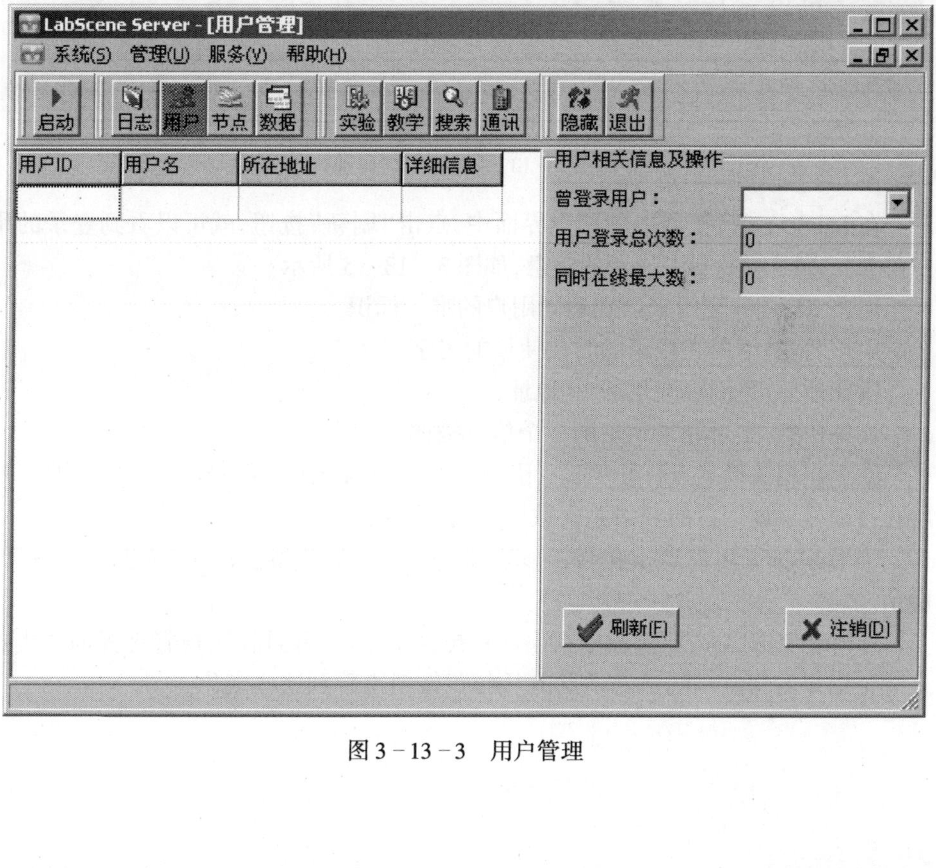

图 3 – 13 – 3　用户管理

当 LabScene 客户端,有用户点击文件 - >登录时,就会在服务器上登录。如图 3 - 13 - 4 所示。

图 3 - 13 - 4    客户端登录

在 LabScene 服务器中的用户界面中,点击"刷新"按钮,就可以看到登录的用户在 LabScene 服务器中显示的信息,如图 3 - 13 - 5 所示。

用户 ID:是分配用来区别不同用户的唯一标识。

用户名:是用户在登录的时候使用的名字。

所在地址:是用户登录的 IP 地址。

详细信息:是对登录用户的一个信息描述。

在用户相关信息及操作里面,用户可以在下拉框中选择曾经登录的用户名,然后会自动显示该用户的登录总次数以及同时在线的最大数。

当 LabScene 用户点击文件 - >注销,就会在服务器上注销,如图 3 - 13 - 6 所示。

这时在 LabScene 服务器中就会注销掉这个用户,并且在用户管理界面中去掉这一个用户的信息。同样的是点击"刷新"按钮来看到这些变化。

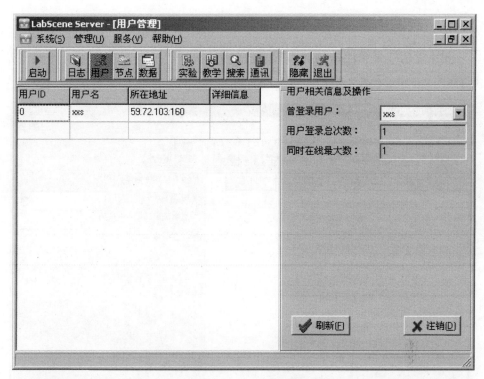

图 3 - 13 - 5　用户管理

图 3 - 13 - 6　客户端注销

3. 节点管理

　　用来显示登录和注销的网络节点的信息。点击"节点"按钮,可以得到该界面,如图 3 - 13 - 7 所示。

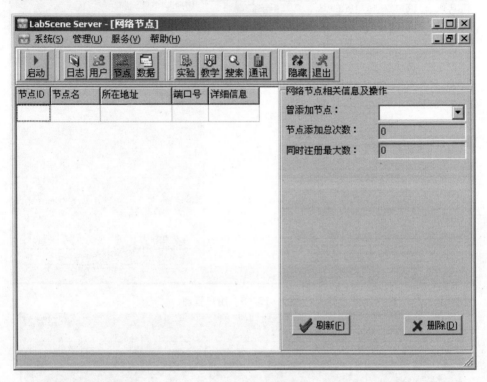

图 3 - 13 - 7　节点管理

　　当任意网络节点启动的时候,会在 LabScene 服务器上登录,如图 3 - 13 - 8 所示。

　　LabScene 服务器的节点管理界面会显示登录的网络节点的信息,如图 3 - 13 - 9 所示。

　　节点 ID:是分配用来区别不同网络节点的唯一标识。

　　节点名:是网络节点在登录的时候使用的名字。

　　所在地址:是网络节点登录的 IP 地址。

　　端口号:是网络节点登录的端口号。

　　详细信息:是对登录网络节点的一个信息描述。

　　在网络节点相关信息及操作中,可以通过下拉框来

图 3 - 13 - 8　网络节点启动

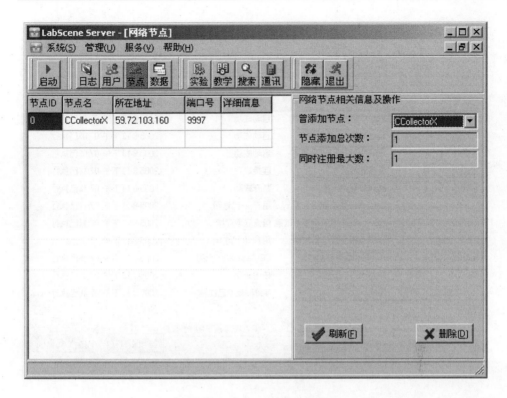

图 3 - 13 - 9　显示网络节点信息

图 3 - 13 - 10　网络节点
注销

选择曾添加的网络节点,会自动显示节点添加总次数和同时注册最大数。

　　在网络节点上点击"停止"按钮,就是在服务器上注销自己,如图 3 - 13 - 10 所示。

　　同样的 LabScene 服务器中的节点管理界面会做相应的调整,把注销的网络节点的信息去除。

　　4. 日志管理

　　点击 LabScene 服务器中的"日志"按钮,会把各种监控信息、用户或网络节点的登录和注销信息都显示出来,用户可以很清楚地看到这些资源在网络上的情况。如图 3 - 13 - 11所示。

图 3 - 13 - 11　日志管理

**5. 数据库操作**

用来输入 Sql 数据库查询语言,来执行相应的数据库操作。点击 LabScene 服务器的"数据"按钮,如图 3 - 13 - 12 所示。

**6. 搜索网络节点**

有的网络节点是直接用硬件实现,并且有自己的 IP 地址。这样必须有个搜索的机制来搜索运行在网络上的这些节点。点击 LabScene 服务器中的"搜索"按钮,就可以看到界面,如图 3 - 13 - 13 所示。

在目标地址中写下要搜索的 IP 地址以及要搜索的端口。点击"搜索",就可以把在这个目标地址端口下的资源找到,并可以加以利用。

**7. 通讯**

点击 LabScene 服务器的"通讯"按钮,可以实现与客户端的通信。当然前提是有客户端在服务器上登录,如图 3 - 13 - 14 所示。

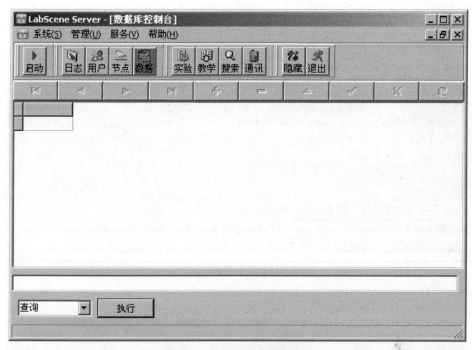

图 3 - 13 - 12　数据库操作

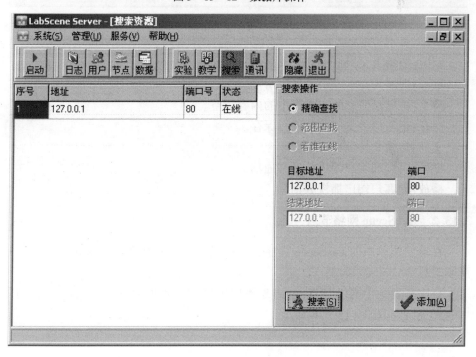

图 3 - 13 - 13　搜索节点

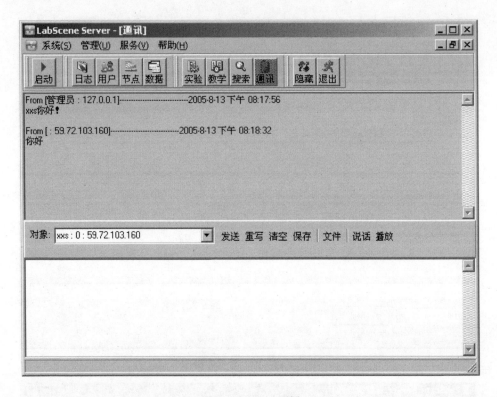

图 3 - 13 - 14　通讯

　　发送:把输入文本框中的文本信息发送到客户端中。

　　重写:把输入文本框中的内容清空。

　　清空:把显示信息的文本框中的内容清空。

　　保存:把通信的文本信息进行保存。

　　文件:传输文件到客户端去。

　　说话:可以和客户端进行语音通信。

　　播放:向客户端广播视频信息。

### 3. 13. 2　LabScene 网络节点

　　在开始菜单中的 LabScene 程序组可以找到不同的网络节点,如图 3 - 13 - 15 所示。

　　点击任意一个网络节点,会出现不同的网络节点的界面,但是都有"启动"、"设置"等。如图 3 - 13 - 16 所示。

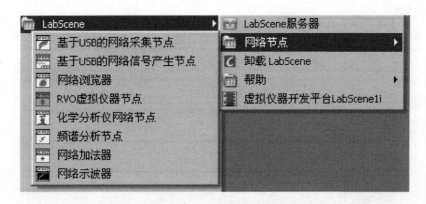

图 3 - 13 - 15　网络节点菜单组

**1. 启动**

网络节点运行以后可以根据需要设置网络节点的信息,当信息设置完毕后,就可以点击"启动"按钮在 Lab-Scene 服务器上注册。这样在服务器上注册了的 Lab-Scene 客户端就可以使用这个网络节点的功能。

**2. 设置**

对网络节点的基本属性进行设置,以保证在 Lab-Scene 服务器上的正确登录,以及 LabScene 客户端的正确使用。如图 3 - 13 - 17 所示。

图 3 - 13 - 16　网络
节点启动

服务器地址:网络节点想要登录的服务器的地址。这样网络节点可以在不同的服务器上登录。

本机端口:设置网络节点要登录的端口。

节点 ID:是 LabScene 分配的一个 ID 号,用来区别不同的网络节点。

类名:用户一般不应该去设置这个,它是表示实现这个网络节点类的名字。

高度:代表网络节点的图标的高度。

宽度:代表网络节点的图标的宽度。

形状:可以选择矩形、圆形、椭圆形、多边形和三角形等。用户可以根据这里的设置来控制在 LabScene 客户端取到该网络节点图标时的形状。

图标:用户可以自己制作想要的图标,在这里可以把图标选入。这样网络节点在向服务器登录的时候会把图标一起传送过去。LabScene 客户端可以下载该图标。

描述:是对该网络节点的一个简短的信息描述。

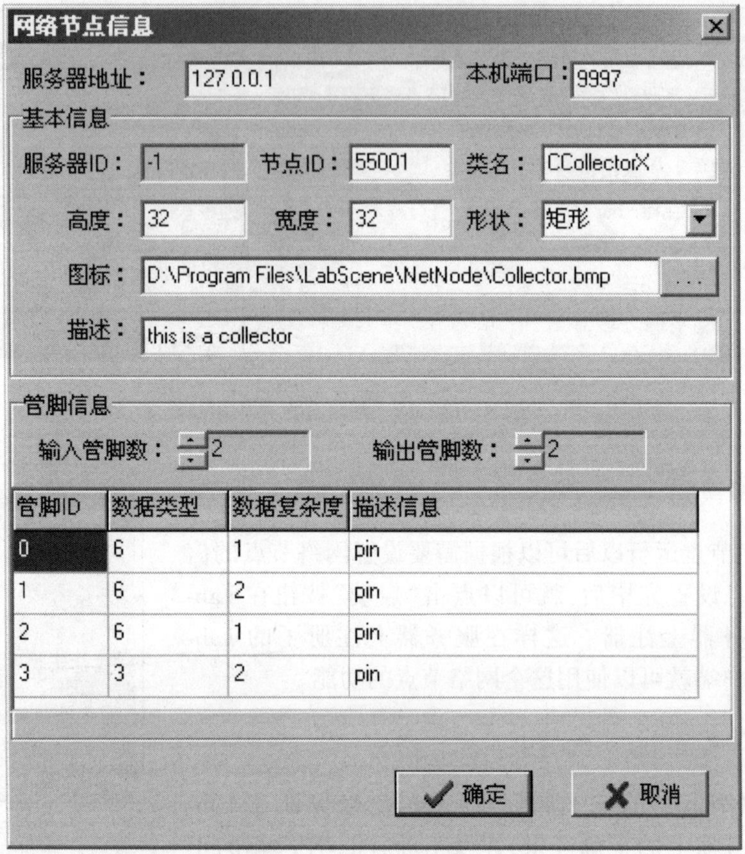

图 3-13-17　信息设置

输入管脚数:需要的输入参数的个数。

输出管脚数:需要的输出参数的个数。

每个管脚的信息包括以下四个方面:

管脚 ID:不能修改,从 0 开始算;

数据类型:可以是 LabScene 兼容的所有数据类型,如整型、布尔和单精度等;

数据复杂度:可以是单个数据、数组、簇或结构等;

描述信息:描述该管脚的含义。

当所有信息都设置完全以后,点击"确定"保存到网络节点中。

3. 清空

当网络节点登录、注销或做其他行为时,会在文本框中把信息显示出来,点击"清空"按钮可以把这些信息清空。

4. 退出

点击"退出"按钮,一方面会退出网络节点程序,另一方面会在 LabScene 服务器上注销自己。

### 3.13.3　LabScene 客户端

1. 群组

LabScene 服务器端和客户端都提供群组的功能,它可以用来完成文本、语音和视频通信,可以传送文件等,主要是方便不同用户的沟通。如图 3 - 13 - 18 所示。

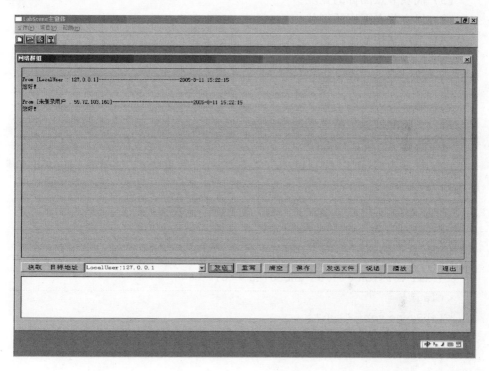

图 3 - 13 - 18　群组

2. 登录和注销

在 LabScene 客户端中,打开"文件"菜单可以选择其中的"登录"和"注销"菜单来登录到所希望的 LabScene 服务器中。只有登录到服务器中才能获得已经在服务器中注册的网络节点,并可以获得这些资源。当然,只有这样才能和其他

LabScene 客户端通信。

### 3. 本地动态节点

在函数面板上,图标如图 ⬚ 。它是对 LabScene 本地功能的一个扩展。当用户想实现某个功能,并且想以节点的方式融入到 LabScene 中的时候,可以完成以下几步来实现这个功能:

首先:定义个 vin 文件,它是一个 xml 的描述文件。在这里面用户必须定义:

(1) 一个节点 ID 来区别不同的网络节点;

(2) 代表节点图标的高度;

(3) 代表节点图标的宽度;

(4) 代表节点图标的形状;

(5) 用户制作的图标名称;

(6) 对该节点的一个简短的信息描述;

(7) 输入管脚数的个数;

(8) 输出管脚数的个数。

每个管脚的信息包括以下四个方面:

(1) 管脚 ID:从 0 开始算;

(2) 数据类型:可以是 LabScene 兼容的所有数据类型,如整型、布尔和单精度等;

(3) 数据复杂度:可以是单个数据、数组、簇或结构等;

(4) 描述信息:描述该管脚的含义。

例如,从下面的定义可以知道节点名称、节点号和图标宽度、高度等信息:

```
< ? xml version = "1.0" encoding = "UTF-8"? >
< Olagi >
< LabScene ver = "1.0" >
< ObjectX >
< /ObjectX >
< ValueX >
< /ValueX >
< ProxyX >
< CLNDemoX nid = "58001" width = "32" height = "32" shape = "0" description = "localnode" icon = "LNemo.bmp" >
< Pin incount = "2" outcount = "1" >
< Pin0 pinid = "0" datatype = "6" datacomplexity = "1" hint = "pin0" >
< /Pin0 >
```

```
    < Pin1 pinid = "1" datatype = "6" datacomplexity = "1" hint = "pin1" >
< /Pin1 >
    < Pin2 pinid = "2" datatype = "6" datacomplexity = "1" hint = "pin2" >
< /Pin2 >
    < /Pin >
    < Pos >
    < Pos0 address = "LNDemo.dll" flag = "1" > < /Pos0 >
    < /Pos >
    < /CLNDemoX >
    < /ProxyX >
    < /LabScene >
    < OtherProduct >
    < /OtherProduct >
    < /Olagi >
```

然后,把功能实现在 DLL 文件中。

最后,把图标文件、DLL 文件和 vin 文件复制到 LabScene 安装目录下的 LocalProxy 目录下。

这样用户可以进入本地动态节点面板,点击刷新,就会自动把该目录下的所有本地动态节点加载到该面板里面,如图 3 - 13 - 19 所示。

下面用这个本地动态节点做实验,这个实验仅仅是演示一下功能而已,如图 3 - 13 - 20 所示。

图 3 - 13 - 19 本地动态节点面板

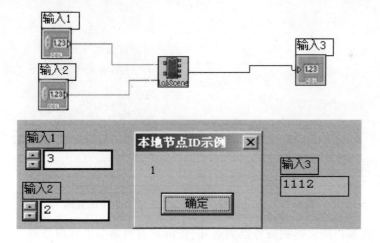

图 3 - 13 - 20 演示本地动态节点

4. 远程网络节点

在函数面板上,图标如图  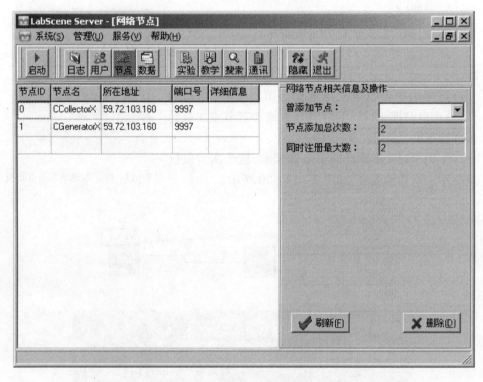。在这个面板里面用户可以通过"刷新"按钮来获得远程网络节点的信息。但首先是 LabScene 客户端已经登录到服务器上,否则会给予提示,如图 3 – 13 – 21 所示。

当客户端登录到服务器之后,会把服务器上所有可用的网络节点的信息得到。如现在有两个网络节点登录在服务器上:一个是基于 USB 的数据采集卡,另一个基于 USB 的信号发生卡。通过服务器的节点管理界面可以看到,如图 3 – 13 – 22 所示。

图 3 – 13 – 21　未登录警告

图 3 – 13 – 22　网络节点登录后在服务器上的显示

此时在客户端会得到服务器的通知,告诉它有网络节点在服务器上登录,并且可以使用。因为有两个网络节点登录,就会出现两次提示对话框,如图 3 – 13 – 23 所示。

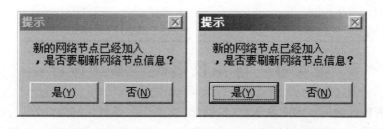

图 3 - 13 - 23　网络节点登录后在客户端的提示

　　点击确定,就可以看到远程网络节点面板里面出现这两个节点的图标,如图 3 - 13 - 24 所示。

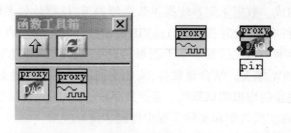

图 3 - 13 - 24　网络节点面板

　　把这两个节点拖到后面板上,就可以像使用别的本地节点一样使用该节点了。当网络节点从服务器上注销之后,服务器会通知客户端有网络节点注销了不可以再使用,如图 3 - 13 - 25 所示。

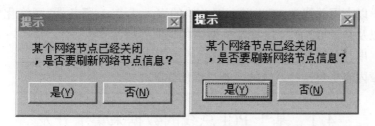

图 3 - 13 - 25　网络节点注销后在客户端的提示

### 思考与练习

　　(1) 利用摄氏温度 $y$(℃)与华氏温度 $x$(℉)的关系 $y = 5(x - 32)/9$ 编写一个 G 程序,求华氏温度为 27 ℉、92.4 ℉、113 ℉时的摄氏温度。

　　(2) 产生 100 个随机数,求其最小值和平均值。

　　(3) 用波形显示控件显示 1000 个点的数据,并计算所用时间。

# 第4章 虚拟仪器硬件系统设计

随着现代测试技术向集成化、自动化、数字化和智能化的方向发展,计算机技术以其高效、快速的数据处理能力发挥着越来越重要的作用。基于微型计算机的虚拟仪器技术以其传统所无法比拟的强大数据采集、分析、处理、显示和存储功能在测试领域得到了广泛的应用,显示出强劲的生命力。虚拟仪器的最大特点在于其开放式的体系架构和系统重构性,主要由基于各类总线的数据采集系统和通用软件开发平台构成。数据采集系统提供数据流通道,仪器软件系统是虚拟仪器的核心,常用的软件有 NI 公司提供的 LabVIEW 软件开发平台。吉林大学虚拟仪器实验室经过多年努力自主研发了基于图形的虚拟仪器软件开发平台 LabScene,其性能可与 LabVIEW 媲美。结合该软件,实验室研制了系列硬件系统,与 LabScene 一起构成一套完整的虚拟测试系统。通过此系统,可以构建灵活的虚拟测试仪器。目前,这套系统在实验教学和实际工程中得到了良好应用。

开发成功的硬件系统基于各类计算机总线,包括 PCI 总线、USB 总线、以太网总线以及串行总线。研制的系统主要如下:

(1) PCI 总线类:基于 PCI 总线的数据采集卡;

(2) USB 总线类:基于 USB 总线的虚拟示波器、任意波形发生器和 LCR 测试仪;

(3) 以太网总线类:基于以太网总线的嵌入式 Web 服务器、网络化虚拟信号发生器以及基于 IEEE 1451 标准的网络化智能变送器节点;

(4) 串行总线类:基于 RS232 总线的虚拟冲击功测试仪。

本章内容将对这些系统的研制过程作详细介绍。

## 4.1 基于 PCI 总线的数据采集卡开发

### 4.1.1 PCI 局部总线概述

#### 1. PCI 总线特点

PCI 总线的英文全称为:peripheral component interconnect,即外围设备互联。1991 年下半年,Intel 公司首先提出了 PCI 总线的概念,并与 IBM、Compaq、AST、HP 和 DEC 等 100 多家公司联合共谋计算机总线的发展大业,于 1993 年推出了 PC 局部总线标准——PCI 总线。PCI 总线支持 64 位数据传输、多总线主控和线性突发方式(burst),其数据传输率为 132MB/s,大大缓解了大容量数据传输和存储问题。PCI 是先进的高性能局部总线,可同时支持多组外围设备。其不受制于处理器,为中央处理器及高速外围设备提供了一座桥梁,可作为总线之间的交通指挥员,提高了数据吞吐率。PCI 总线采用高度综合化的局部总线结构,其优化的设计可充分利用目前最先进的微处理器及个人电脑,可确保外围设备及系统之间的可靠运行,并能完全兼容现有的 ISA/EISA/Micro Channel 扩展总线。总之,PCI 局部总线具有如下特点:

(1)高性能。

PCI 局部总线以 33MHz 的时钟频率操作,采用 32 位数据总线宽度,可支持多组外围设备,数据传输率可以达到 132MB/s;若以 66MHz 时钟频率操作,64 位数据总线宽度,数据传输率高达 528MB/s,远远超过 ISA 等数据总线。

(2)线性突发传输。

PCI 总线能支持线性突发传输模式,可确保总线不断满载数据。线性突发传输能够更有效地运用总线的带宽去传送数据,减少无谓的地址操作。

(3)采用总线主控和同步操作。

PCI 的总线主控和同步操作功能有利于 PCI 性能的改善。总线主控是大多数总线都有的功能。目的是让任何一个具有处理能力的外围设备暂时接管总线,以加速执行高吞吐量、高优先级的任务。PCI 独特的同步操作功能可保证微处理器能够与这些总线主控同时操作,而不必等待后者的完成。

(4)不受处理器限制。

PCI 总线独立于处理器结构,形成一种独特的中间缓冲设计方式,将中央处理器子系统与外围设备分开。一般来说,在中央处理器总线上增加更多的设备或部件,只会降低性能和可靠程度。但是有了缓冲器的设计方法,用户可以随意增添外围设备,以扩展电脑系统,而不必担心在不同时钟频率下导致性能下降。

(5)兼容性强。

由于 PCI 的设计要辅助现有的扩展总线标准,因此它与 ISA、EISA 及 MCA 等总线完全兼容。

(6)适合于各种机型。

PCI 局部总线不仅适合于标准的台式电脑,而且也适合于便携式电脑和服务器。同时也支持 3.3V 的电源环境,延长电池寿命,为电脑的小型化创造了条件。

(7)立足现在,放眼未来。

PCI 局部总线既迎合了当今的技术要求,又能满足未来的需要,是计算机界公认的最具高瞻远瞩的局部总线标准。

2. PCI 总线系统结构

图 4 - 1 - 1 为 PCI 局部总线系统结构原理图。从图中可以看出,处理器/Cache/存储器子系统经过 PCI 桥连接到 PCI 总线。桥路提供了一个低延迟的访问通路,使得处理器能够直接访问存储器或者 I/O 映射空间的 PCI 设备;也提供了能使 PCI 主设备直接访问内存的高速通路;桥路还提供数据缓冲功能,使 CPU 与 PCI 总线上的设备并行工作而不必相互等待;另外,桥路可使 PCI 总线的操作与 CPU 分开,以免相互影响。

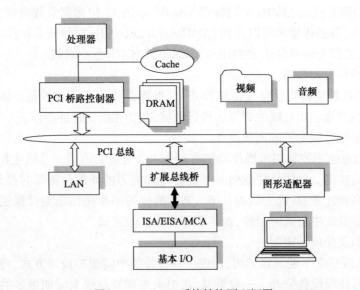

图 4 - 1 - 1　PCI 系统结构原理框图

扩展总线桥的设置是为了能在 PCI 总线上扩展出一条标准 I/O 总线,如 ISA、EISA 等,从而可继续使用现有的 I/O 设备。

3. PCI 总线信号定义

在一个 PCI 应用系统中,如果某设备取得了总线控制权,就称其为"主设备";而被主设备选中以进行通信的设备称其为"从设备"或"目标设备"。对于相应的接口信号线,通常分为必备和可选两大类。如果只作为目标的设备,至少需要 47 条,若作为主设备则需要 49 条。下面对主设备与目标设备综合考虑,分组列举 PCI 总线的信号线,如图 4 - 1 - 2 所示。

左侧是 PCI 总线的必备信号,右侧是可选信号。必备信号包括地址/数据复用信号、传输控制信号、错误报告信号、总线仲裁信号和系统信号。系统信号 CLK、

RST#分别为 PCI33 MHz 时钟信号和复位信号。仲裁信号 REQ#和 GNT#实现总线的分配与回收,外部设备占用总线必须发出 REQ#请求信号,当得到 GNT#应答信号后外部设备允许占用总线。传输控制信号 FRAME#、TRDY#、IRDY#、STOP#、DEVSEL#和 IDSEL#实现 PCI 传输通信时的总线时序。FRAME#为整个 PCI 总线传输的起始信号,TRDY#为目标设备准备好信号,IRDY#为主控设备准备好信号,STOP#信号为目标设备发起的停止传输信号,DEVSEL#是 PCI 设备选择信号,ID-SEL#是设备初始化时 PCI 设备选择信号。AD 信号为数据地址复用信号,在整个PCI 数据传输过程中,首先在 AD 总线上出现地址期,随后可能是数据期,中间可能插有等待周期。C/BE 信号在地址期的时候为总线命令,在数据期的时候为字节使能信号。PCI 在数据传输的时候进行奇偶校验,当总线发生错误时,报错信号PERR#和 SERR#有效。

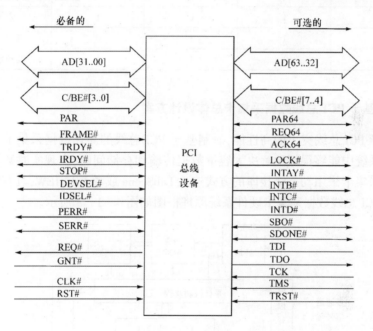

图 4-1-2　PCI 局部总线信号

可选信号包括 64 位扩展信号、中断引脚和边界扫描信号,对于普通 PC 机而言不采用 64 位 PCI 总线,所以扩展信号不用。对于单功能设备而言,中断引脚必须使用 INTA#,对于多功能设备而言中断可以使用 INTB#、INTC#、INTD#中断引脚线。

在总线的传输过程中,每次总线操作都是通过总线命令实现的。表 4-1-1列举了所有 PCI 总线操作命令。

表 4 - 1 - 1　　PCI 总线操作命令

| C/BE#[3] | C/BE#[2] | C/BE#[1] | C/BE#[0] | 命令类型 |
|---|---|---|---|---|
| 0 | 0 | 0 | 0 | 中断响应 |
| 0 | 0 | 0 | 1 | 特殊周期 |
| 0 | 0 | 1 | 0 | I/O 读 |
| 0 | 0 | 1 | 1 | I/O 写 |
| 0 | 1 | 1 | 0 | 内存读 |
| 0 | 1 | 1 | 1 | 内存写 |
| 1 | 0 | 1 | 0 | 配置读 |
| 1 | 0 | 1 | 1 | 配置写 |
| 1 | 1 | 0 | 0 | 内存重复读 |
| 1 | 1 | 0 | 1 | 双周期 |
| 1 | 1 | 1 | 0 | 高速缓存读 |
| 1 | 1 | 1 | 1 | 高速缓存写 |

### 4.1.2　基于 PCI 总线数据采集卡总体设计方案

　　由于 PCI 总线突出的高性能,研制基于 PCI 总线的高速数据采集卡应用于虚拟仪器系统中能够很好地解决大容量数据传输和存储问题,实现实时数据采集与处理。采集卡采用动态链接库的方式连入 LabScene 或者 LabVIEW,具有很强的通用性。PCI 总线数据采集卡硬件系统原理框图如图 4 - 1 - 3 所示。

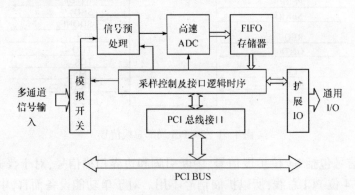

图 4 - 1 - 3　PCI 数据采集卡硬件系统框图

整个系统分成以下四大模块:
(1) 信号调理预处理模块。包括通道选择、信号放大和差分转换部分电路。
(2) 高速 AD 转换模块。包括模数转换和数据缓存部分电路。

（3）PCI 总线接口模块。包括 PCI 桥路转换和设备配置部分电路。

（4）CPLD 时序控制模块。控制各模块之间的协调工作。

整个系统工作流程描述为：模拟信号（输入范围为 ±4.096V）在 CPLD 时序逻辑的控制之下通过模拟选择开关和程控放大器，并在缓冲级的配合之下输入到差分转换电路，将单端信号转换成双端差分信号。差分信号具有更高的抗共模干扰能力，降低了模数转换器的输入噪声。获得的差分信号送入模数转换器，在 CPLD 时序控制下进行模数转换。转换完毕的数据直接倒入数据缓存区 FIFO 中进行数据暂存。当缓存区的数据达到 2K 满时，CPLD 向 PCI 总线控制器发出中断请求信号。PCI 桥路控制器将接收到的中断请求信号转换成 PCI 总线中断请求信号，通知主机以 DMA 的方式读取缓存区的数据。PCI 总线控制器在系统上电的过程中首先读取配置寄存器中的配置信息，实现系统的自动配置和即插即用功能。

对于 PCI 数据采集卡的开发，软件是重要组成部分。PCI 数据采集卡的控制、数据的传输、DMA 的发起和中断的截获都由驱动程序实现。设备卡的列举、自动配置、即插即用都由总线驱动和设备驱动共同完成。基于 LabScene 上层应用软件实现人机交互、波形恢复以及信号处理等功能。总的来说，工作在内核态的驱动程序实现了底层硬件的信息交互，工作在用户态的应用软件实现了人机交互、数字信号处理等任务。PCI 总线数据采集卡的软件系统原理框图如图 4-1-4 所示。

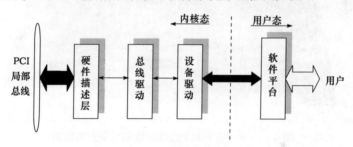

图 4-1-4　软件系统原理框图

在设备卡列举的时候，总线驱动检测设备卡，并将设备卡的一些情况告诉操作系统，操作系统在确认设备卡后对设备卡分配系统资源、下载相应的驱动程序，此后设备卡可以正常工作了。当 PCI 总线发生中断后，总线驱动将此信息发给所有的设备驱动程序，设备驱动程序经过判断确认此中断是自己的，那么它将处理中断请求，例如，DMA 开始传输事务、DMA 结束事务等。上层应用软件可以设置设备卡的通道、增益等参数，它是通过 WIN32 API 函数向操作系统提出请求，操作系统构造相应的 IRP（I/O 请求包）将请求事务传递给设备驱动程序和总线驱动程序，实现相应功能。

### 4.1.3　PCI 总线数据采集卡硬件部分设计

采集系统实现了 8 通道模拟输入、3 级程控放大、高速 AD 采集和大容量数据存储,达到了实时采集系统的要求。系统所有时序都由 CPLD 完成。板卡实物如图 4－1－5 所示。

图 4－1－5　基于 PCI 总线的数据采集卡实物图

### 1. 采集模块电路设计

根据设计要求,采集模块的核心器件采用 MAXIM 公司的 MAX1201(如图 4－1－7 所示)。其工作时序如图 4－1－6 所示,采样频率可达 2.2MHz,分辨率为 14bit。内部 CMOS 积分电路采用全差分多级流水线结构,并且具有快速的数字误差校正和自校正功能,保证在全采样率时具有 14 位的线性度、良好的信噪比和谐波失真,适用于本设计。MAX1201 采样时钟必须要保证 50% 占空比,外部时钟 CLK 在内部分频器的作用下被 2 分频,得到 50% 占空比的采样时钟 SAMPLE CLOCK,这个时钟是实际的采样时钟。为了更好地提高系统抗干扰性能,降低共模噪声,有效地消除偶次谐波,系统中采用了差分输入的方式,获得了良好效果。

MAX1201 接口电路简单,便于与 FIFO 连接, DAV 信号是采样完毕信号,这个信号逻辑取反之后可以直接作为 FIFO 存储单元的写信号,简化了存储单元接口电路设计。存储单元采用 IDT7204,内部 4K 空间一分为二,半满信号 HF#可以作为本地总线中断控制信号,EF#、FF#作为读写时序的控制信号。值得注意的一点是数据总线上的数据在第三个采样时钟以后才有效。电路系统中模拟地和数字地分开,模拟电源和数字电源分开,并采用了合理的去耦电路,有效降低了系统干扰。

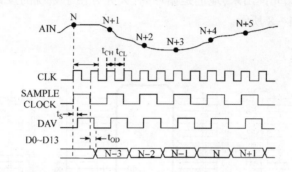

图 4 - 1 - 6　MAX1201 工作时序图

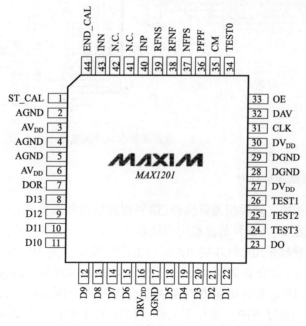

图 4 - 1 - 7　MAX1201 引脚图

ST_CAL 是 MAX1201 的自校准触发端,当该引脚接高电平时,系统处于正常工作状态,当该引脚接地时,MAX1201 进行自我标定,自我标定可以减少误码率。MAX1201 的 14 位数据线与两个并联的 IDT7204 相连。当写信号有效时,数据倒入 FIFO,FIFO 的尾指针随着数据的输入往后移动,随之 EF#空信号变为无效,当 FIFO 的尾指针和头指针相差 2K 时,半满信号 HF#驱动为低,一旦数据量达到 4K,FF#满信号置低。当读信号有效后,数据开始从头指针处往外读,头指针向尾指针处移动。这个逻辑结构和数据结构中的队列结构是相似的。它无须考虑地址问题,先进去的数据先读出来,地址是循环的,大大方便了系统的设计。采集模块具体电路如图 4-1-8 所示。

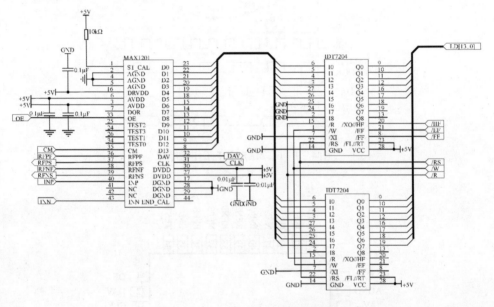

图 4-1-8　数据采集模块外围电路

## 2. 信号调理模块设计

信号调理模块实现模拟通道选择、信号程控放大和差分转换。这部分电路对采集系统至关重要,在设计的过程中应该着重注意降低信号失真,减少系统噪声。

模拟通道选择采用 CPLD 和 BB 公司生产的模拟开关 MPC508A 实现。CPLD 发送命令控制字(命令表如图 4-1-9 所示),控制 MPC508A 实现 8 选 1 功能。MPC508 具有 70Vpp 的过压保护,±15V 的信号输入范围,静态功耗仅有 7.5mW,工作于工业级的温度范围。其外围电路连接简单,8 个输入端直接和外部模拟信号相连,$A_0$、$A_1$ 和 $A_2$ 为通道控制信号,兼容 TTL 电平。电源电压采用 ±12V 供电方式。

| $A_2$ | $A_1$ | $A_0$ | EN | "ON"<br>CHANNEL |
|---|---|---|---|---|
| X | X | X | L | None |
| L | L | L | H | 1 |
| L | L | H | H | 2 |
| L | H | L | H | 3 |
| L | H | H | H | 4 |
| H | L | L | H | 5 |
| H | L | H | H | 6 |
| H | H | L | H | 7 |
| H | H | H | H | 8 |

图 4-1-9　MPC508A 命令

　　程控放大部分采用 CPLD EMP7128 和 PGA103 加以实现。PGA103 是美国 BB 公司生产的集成程控放大器,能够实现 1 倍、10 倍和 100 倍三级放大(命令字如图 4-1-11所示)。其控制简单,程控放大电路如图 4-1-10 所示。值得注意的一点是 PGA103 和后级电路相连时需要设计阻抗匹配电路。

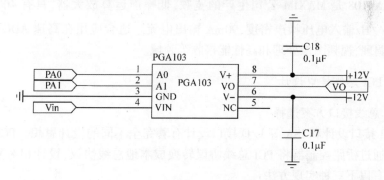

图 4-1-10　PGA103 程控放大电路

| GAIN | $A_1$ | $A_0$ |
|---|---|---|
| 1 | 0 | 0 |
| 10 | 0 | 1 |
| 100 | 1 | 0 |

图 4-1-11　PGA103 命令字

　　考虑到差分信号比单端输入具有更好的 THD 和 SFDR 性能,并且具有两倍的信号量程,抗干扰性能大为提高,有效地消除了偶次谐波,对输入信号的放大器预处理要求降低。因此设计采用差分输入方式,通过信号转换电路将单端输入转换成差分输入。电路形式如图 4 - 1 - 12 所示,利用低噪声、宽频带运算放大器 MAX4108 可以保证 MAX1201 输入信号在全功率范围的信号纯净。减小了信号调理模块的频率失真,抑制了器件噪声。

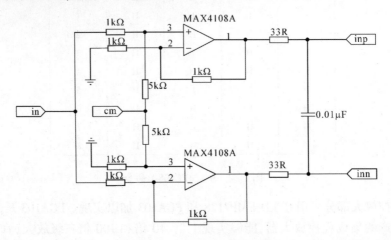

图 4 - 1 - 12 差分转换电路

MAX4108 是 MAXIM 公司生产的宽频、低噪声运算放大器,具有 400MHz 带宽,$6nV/\sqrt{Hz}$ 输入电压噪声密度,90mA 输出电流。适合应用在高速 ADC/DAC 前置信号调理、视频图像处理和高性能接收等领域。

3. PCI 总线接口设计

1) 总线接口方案选择

PCI 接口设计和 ISA 等 I/O 接口设计有着完全不同的设计思想。PCI 总线设备需要通过桥路控制器将 PCI 总线协议转换成本地总线协议,设计相对复杂。总结起来有以下三种实现方法:

(1) 采用普通 FPGA 实现。

利用普通 FPGA 实现 PCI 总线控制器的前提是开发者必须对 PCI 协议有充分的了解,设计开发的重点在于 PCI 总线协议的调试,开发周期将会大大加长。但是 FPGA 集成度高,设备卡的外部连线将会减少,提高了整个系统的稳定性和抗干扰性能。很多可编程逻辑器件厂商为了简化 PCI 控制器的开发,缩短研发周期,将 PCI 控制器的内核程序封装成库,供开发者使用。但是这些软核往往都很昂贵。

(2) CPLD + 集成总线控制器。

利用这种方案实现 PCI 总线接口大大缩短了系统的研发周期,开发者不必将宝贵的时间投入到复杂的 PCI 协议调试中去,而将重点放在外围设备功能的开发上。但是,这种方案有一个缺点就是加大了系统 PCB 设计难度,外部引线明显地增多,系统的抗干扰性能和稳定性都不如前者。现在很多厂商都推出了性能优良的 PCI 总线控制器,典型的有 AMCC 公司和 PLX 公司。另外,德州仪器(TI)公司也推出了自己的总线控制器,并且和 DSP 具有良好的总线接口,简化了 PCI 接口设计。

　　(3)采用特殊 FPGA 实现。

　　方案一虽然系统的稳定性和抗干扰能力很强,但是开发周期实在太长,方案二缩短了开发周期,但是设备稳定性不如前者,PCB 设计复杂。采用特殊 FPGA 能够综合方案一和方案二的优点,避免了它们的缺点。这个特殊 FPGA 内部含有 PCI 控制器,开发者可以像开发普通 FPGA 一样进行开发。但唯一的缺点是这个 FPGA 的开发工具实在昂贵。

　　综合上述三种方案,设计选用了第二种方案。在比较了各种总线控制器之后选择了 PLX 公司生产的 PCI9054。PCI9054 是一种新颖的总线控制器,具有良好的市场前景。

　　2)PCI9054 简介

　　PCI9054 是美国 PLX 公司生产的 PCI 总线桥路控制芯片。它简化了 PCI 总线开发过程,解决了 PCI 总线协议问题,实现了 PCI 总线和本地局部总线之间的转换。PCI9054 局部总线设计灵活,采用 M、J 和 C 三种模式中的一种可以和众多控制器连接。PCI9054 不仅可以作为从控芯片而且还可以作为主控芯片使用,它能直接控制 PCI 总线,将数据传到计算机内存,并且可以采用 DMA 数据传输方式。由于其具有使用灵活方便的特性,PCI9054 广泛应用于各种 PCI 外围设备中。PCI9054 的主要功能特点如下:

　　(1)符合 PCIV2.2 规范,是一种新型的 32 位、33MHz 总线主控接口控制器;

　　(2)具有 132Mb/s 的 PCI 突发传输速度;

　　(3)采用通用总线主控接口,并配备了先进的数据流水线架构,其中包含两个 DMA 引擎、可编程目标和起始器、数据传输模式和 PCI 信息传输功能;

　　(4)与 PCI V2.2 电源管理规范兼容;

　　(5)支持 PCI 双地址周期(DAC);

　　(6)内含可编程中断生成器,能进行可编程突发管理;

　　(7)支持 TYPE 0 和 TYPE 1 配置周期;

　　(8)支持与 MPC850/860 等处理器无缝连接;

　　(9)可用 3.3V 和 5V 容错的 PCI 信号支持通用 PCI 适配器设计;

　　(10)有 32 位多路复用或非多路复用本地局部总线,可支持 8 位、16 位以及 32 位外围设备和存储设备,其本地局部总线操作速度高达 50MHz;

　　(11)支持 CompactPCI 热交换功能。

### 3）PCI 接口电路设计

采用 PCI9054 实现 PCI 总线接口电路形式比较简单。PCI 总线端协议由 PCI9054 实现,开发者实现本地总线端协议,以及完成 PCI 配置空间的设置。设计中采用 CPLD EPM7128 实现 PCI9054 C 模式本地总线接口,原理框图如图 4-1-13 所示。

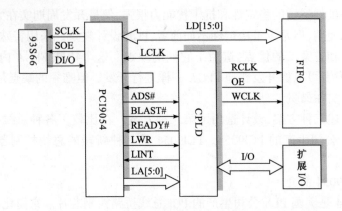

图 4-1-13　PCI 接口设计原理图

本地总线仲裁信号包括:LHOLD、LHOLDA、ADS#、BLAST#和 READY#。其 CPLD 实现逻辑如图 4-1-14 所示。

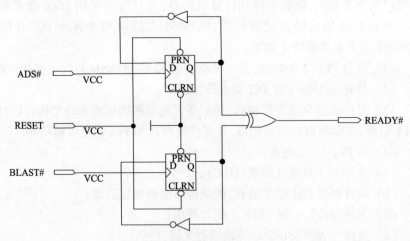

图 4-1-14　本地仲裁逻辑图

应答握手信号 LHOLD 和 LHOLDA 直接相连。ADS#是传输启动信号,由 PCI9054 驱动。置低时发起总线起始事务,CPLD 驱动应答信号 READY#为低,随后开始总线传输。BLAST#信号是总线结束信号,该信号被 PCI9054 驱动,有效后,

READY#信号置高,一次总线传输结束。系统中 PCI9054 充当总线的主控方,CPLD 只作为本地总线的被动方,需要传输数据时,CPLD 向 PCI9054 提出中断请求,PCI9054 驱动本地总线完成一次数据传输。

PCI 总线接口电路设计要点:

(1) 需要注意 PCI 总线时钟线的长度,要符合 PCI 协议标准,为了达到这种长度可以采用蛇形线布线方式。另外一定要注意时钟的带载能力,本地时钟不能从 PCI 端获取,否则将导致设备卡无法被正确识别。

(2) 需要注意 PCI 总线接口的两个特殊引脚:PRSNT1 和 PRSNT2。这两个引脚必须有一个要接地。PC 机是通过这两个引脚来判断识别 PCI 设备卡的,如果这两个脚都悬空,那么计算机将无法找到相应的设备卡,除此之外这两个引脚还表示了设备卡的功耗大小。

(3) 外部配置空间的设计至关重要。通常可以采用93S66 作为 PCI9054 的配置存储器,采用 SPI 同步串行接口和 PCI9054 相连,时序要求连续读写。设计过程中曾采用93C56 等存储器都导致 PC 机无法识别设备卡,问题就在于 SPI 总线时序和 PCI9054 的接口时序不符。

(4) PCI 设备卡的 PCB 制作一定要考虑电磁兼容(EMC)问题,要注意模拟电路和数字电路、高频电路和低频电路的整体布局,以及对模拟电路加屏蔽盒以屏蔽。

4) PCI 配置空间的实现

即插即用是 PCI 总线接口的一大特点。即插即用是指能够实现设备的自动配置,无需用户的干预。即插即用的实现归结于 PCI 协议定义了一个 256 字节的配置空间,这个配置空间含有设备的 ID 号、内存和 I/O 映射的基地址等信息。在系统上电瞬间,PCI9054 通过 SPI 总线读取外部 EEPROM 中的用户配置信息,操作系统随后读取 PCI9054 配置空间中的信息,根据用户的需求自动分配设备卡资源,实现即插即用。

(1) 配置空间简介。

PCI 规范协议定义了一个 256 字节的配置空间,增加了系统的配置潜力,使设备支持即插即用功能。配置空间前 64 字节为预定义头域,每个 PCI 设备都必须支持,后 192 字节为设备特定区域,由设备自定义。头域空间的组织结构如表4-1-2 所示。

如表 4-1-2 所示,其中有一个基地址寄存器,这个寄存器中的内容是用户最关心的。用户对设备卡 I/O 映射的范围、本地总线的基地址的内容都需要写入这个基地址寄存器中。另外,开发者必须对设备 ID 和厂商 ID 配置正确,否则系统将无法下载正确的驱动程序。

**表 4 - 1 - 2　头域空间的组织结构**

| 设备 ID | | | 厂商 ID | 00H |
|---|---|---|---|---|
| 状态 | | | 命令 | 04H |
| 类型码 | | | 版本 ID | 08H |
| BIST | 头域类型 | 延时计数器 | Catch 行 | 0CH |
| 基地址寄存器 | | | | 10H |
| 保留 | | | | 28H |
| 保留 | | | | 2CH |
| 扩展 ROM 基址寄存器 | | | | 30H |
| 保留 | | | | 34H |
| 保留 | | | | 38H |
| Max-Latency | Min-Latency | 中断引脚 | 中断线 | 3CH |

(2) 配置寄存器的访问。

配置空间的访问可以采用两种方式:一种是采用 BIOS 访问,第二种是采用 I/O口访问,I/O 访问比较简单。在开发本设备卡时,采用了 PLX 公司提供的 PLXMON 软件对设备卡进行了调试,该软件可以访问设备卡的配置空间。在这个基础之上又在 Windows98 下采用 C 语言写了一段小程序对配置空间进行了访问,效果不错,参考程序代码如下:

```
#include < stdio.h >
#include < conio.h >
void main()
{   unsingned long data, address;
    address =0x80000000 +9*8*0x100;          //插槽号为 9
    _outpd(0x0cf8, address);
    data = _inpd(0x0cfc);
    printf("% x", data);
    address =0x80000004 +9*8*0x100;          //访问第二个寄存器
    _outpd(0x0cf8, address);
    data = _inpd(0x0cfc);
    printf("% x", data);
}
```

0XCF8 ~0XCFB 称为配置地址空间,0XCFC ~0XCFF 称为配置数据空间,这是两个双字空间。配置地址空间的格式如下:

| 31 | 30　　　24 | 23　　　16 | 15　　　11 | 10　　8 | 7　　　2 | 1　　0 | 0　　0 |
|---|---|---|---|---|---|---|---|
| 使能 | 保留 | 总线号 | 设备号 | 功能号 | 寄存器号 | 0 | 0 |

最高位是配置访问使能位,要访问配置空间,使能位必须为 1。位 30 到 24 为保留位,只读且为 0。总线号从 256 条总线中选择一条,对应于系统引导时 PCI 列表中的 BUS NO 项。在 PC 机中,每个 PCI 插槽的设备号是固定的,而且互不相同。功能号用来选择多功能设备中的某一个功能,最多有 8 种功能可供选择,单功能设备此项为 0。寄存器号为配置空间寄存器的索引号。最低两位必须为 0。

4. CPLD 时序控制逻辑的实现

时序控制逻辑设计是系统设计重点。第一,PCI9054 本地总线时序完全由 CPLD 实现;第二,采集系统部分时序需要 CPLD 实现。所以时序逻辑电路是整个系统的重要组成部分。系统基于 ALTERA 公司生产的 EPM7128-15 开发时序逻辑,满足了系统设计要求。在 MAX + PLUSII 开发环境下,合理地利用了 VHDL 语言和图形混合编程的开发手段,提高了程序开发效率。

1) PCI9054 本地总线逻辑设计

(1) 本地总线仲裁。

本地总线仲裁信号有 LHOLD、LHOLDA、ADS#、BLAST#和 READY#信号,前文已经提过这三个信号的处理方法。LHOLD 和 LHOLDA 信号直接相连,其余三个信号控制总线活动,其时序关系如图 4 - 1 - 15 所示。

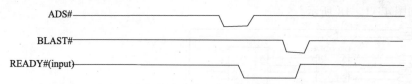

图 4 - 1 - 15 总线仲裁时序图

时序控制逻辑电路如图 4 - 1 - 14 所示。PCI9054 驱动 ADS#发起总线起始事务,CPLD 应答 READY#信号,开始总线传输。BLAST#信号是总线结束信号,有效后,READY#信号置高,总线传输结束。时序逻辑采用两个 D 触发器和异或门实现。仿真波形如图 4 - 1 - 16 所示。

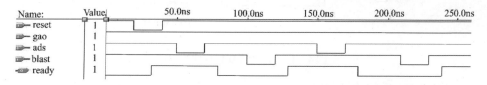

图 4 - 1 - 16 CPLD 仿真波形

(2) I/O 读写操作。

设备卡扩展了 8 位双向 I/O 口,用来控制步进电机等外部设备。I/O 操作采用从模式方式,其时序逻辑如图 4 - 1 - 17 所示。

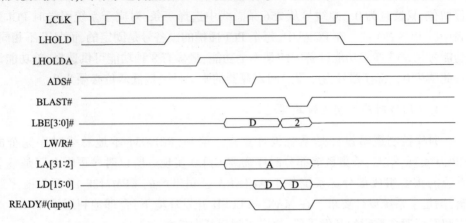

图 4 - 1 - 17　从模式写时序(16 位)

　　本地总线的数据交换是通过 LCLK 同步的,LW/R#信号为读写状态信号,LA 为地址信号,LD 为数据信号。总线交互以后,地址信号和数据信号有效,CPLD 对地址信号锁存、译码完成以后驱动锁存有效信号,输出数据。地址锁存器采用 VHDL 语言描述,译码电路采用 74138 实现,锁存器采用 74374,脉冲沿触发。具体电路如图 4 - 1 - 18 所示。

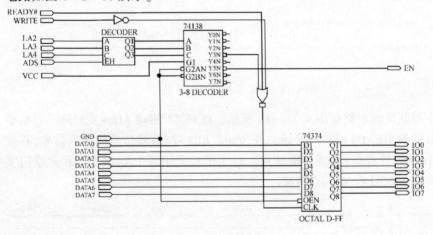

图 4 - 1 - 18　CPLD I/O 实现电路

　　(3) DMA 数据传输逻辑。

　　DMA 的任务是将 FIFO 中的数据直接传输到计算机内存。由于 PCI9054 内部集成 DMA 控制器,所以 DMA 传输设计主要是本地总线仲裁和 FIFO 的接口逻辑设计。本地总线仲裁前面提过,FIFO 接口逻辑实现 FIFO 的读写操作和中断申请。

其主要由 DAV、FF#、EF#和 HF#信号实现。

2）A/D 转换逻辑控制设计

A/D 转换部分逻辑设计包括 AD 的时序控制、功能命令的译码两部分。AD 时序逻辑控制完成模数转换的控制、选择采样频率以及启动采集等功能。功能命令译码实现模拟通道的选择、通道增益选择等功能。

（1）AD 的时序控制。

MAX1201 需要外加一个稳定的时钟频率作为流水线 AD 采样时钟。考虑到系统采样率并不是太高，因此采用 CPLD 分频方式提供可变的采样频率。通过功能命令译码逻辑和选择逻辑实现采样率的切换，实现逻辑如图 4 - 1 - 19 所示。

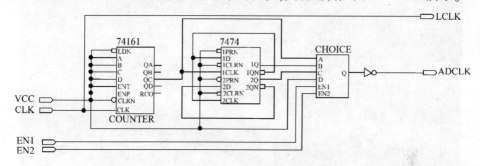

图 4 - 1 - 19　采样时钟生成逻辑

ADC 的采样时钟由本地晶振经过 74161 和 7474 逻辑分频之后，通过选择器选择得到。选择器由 VHDL 语言描述。

（2）功能命令译码。

设备卡可以通过应用软件设定系列参数。例如，模拟通道、采样频率的选择，通道增益的控制，ADC 的启停。应用软件通过 I/O 映射的方式将定义的命令字通过 PCI 总线传输到 CPLD 内部命令寄存器。命令寄存器对命令字进行译码产生控制逻辑，实现相应的功能。命令字格式定义如下：

| 7 | | 6 | 5 | | 3 | 2 | | 0 |
|---|---|---|---|---|---|---|---|---|
| 类型码 | | | 保留 | | | 功能码 | | |

类型码指明命令的种类。设备卡定义 00 为增益控制命令，01 为采样频率控制命令，10 为通道选择命令，11 为 AD 启停命令。功能码实现相应的功能，它的定义参照相应可编程器件的命令字。功能命令译码逻辑由 VHDL 语言描述。

5. PCI 数据采集卡 PCB 设计要点

PCI 数据采集卡最高工作时钟为 33MHz，属于高速系统设计范畴。另外，需要考虑 PCI 板卡的兼容性，因此，PCI 数据采集卡 PCB 设计必须符合 PCI 的工程技术规范。高速系统 PCB 的制作有很多的注意事项：时钟信号引线长度、传输线效应、阻抗匹配、电磁兼容技术等。一般而言，基于 PCI 总线的 PCB 板卡要制成四层板，增强系统的电磁兼容能力，符合高速 PCB 的制板要求和 PCI 的协议规范。

　　设备卡 PCB 实物如图 4-1-20 所示。前文提及，PCI 设备卡的时钟线长度需要符合规范规定的 2.5 英寸(1 英寸 = 2.54 厘米)长度。一般信号线越短越好，减小 PCI 总线操作的出错率。另外，设备卡 PCB 采用全板覆铜的方法减小机箱噪声对系统的影响。设备卡 PCB 制作考究，布局合理，充分考虑了各元器件之间的引线长度，将整个系统的引线数量减小到最少。

图 4-1-20　设备卡 PCB 实物图

### 4.1.4　PCI 总线数据采集卡软件部分设计

　　PCI 总线数据采集卡软件系统包括驱动程序和应用程序两大部分。驱动程序是应用软件和硬件设备的通信桥梁。基于 Windows 操作系统，PCI 总线数据采集卡必须开发内核态设备驱动程序。应用软件的开发基于通用虚拟仪器软件开发平台 LabScene 或者 LabVIEW，软件平台和驱动程序的通信采用动态链接库方式。下面简要介绍设备驱动程序和动态链接库的开发思想。

　　1. 设备驱动程序设计

　　开发设备驱动程序是开发基于 PCI 总线数据采集系统的关键一步。驱动程序是连接应用软件和硬件系统的桥梁。最新的驱动模型是 Microsoft 力推的 WDM (windows driver module)分层模型，它适合于 Win98/2000 和 XP 操作系统，支持即插即用,支持电源管理,是在 NT 驱动模型之上发展起来的未来主流驱动模型。

1) WDM 驱动程序模型

在 WDM 驱动程序模型中,每个硬件设备至少有两个驱动程序,其中一个驱动程序称为功能(function)驱动程序,就是通常所说的硬件设备驱动程序。它了解硬件工作的细节,负责初始化 I/O 操作,有责任处理中断事件,有责任为用户提供一种适合设备的控制方式。

另一种驱动程序称之为总线(bus)驱动程序,它负责管理硬件与计算机的连接。例如,PCI 总线驱动程序检测插入到 PCI 槽上的设备并确定设备的资源使用情况,它还能控制设备所在 PCI 槽的电流开关。通常,总线驱动由操作系统提供。

一个完整的驱动程序包含许多例程,当操作系统遇到一个 IRP(I/O request package)时,它就调用驱动程序中的例程来执行该 IRP 的各种操作。有些例程是必须的,如 DriverEntry 和 AddDevice,还有 DispatchPnP,DispatchPower 和 Dispatch-WMI 派遣函数。当需要对 IRP 排队时,一般都需要一个 StartIO 例程。大部分生成硬件中断的设备,其驱动程序都有一个中断服务例程和一个延时过程调用例程。执行 DMA 传输的驱动有一个 AdapterControl 例程。总之,WDM 驱动程序开发过程的一项任务就是编写例程函数。

2) 驱动程序层次结构

WDM 驱动程序采用分层的结构模型,如图 4－1－21 所示。图中左边是一个设备对象堆栈,设备对象是操作系统为帮助软件管理硬件而创建的数据结构。处于堆栈最底层的设备对象称为物理设备对象,简称 PDO。在设备对象堆栈的中间有一个对象称为功能设备对象,简称 FDO。在 FDO 的上面和下面可能还存在过滤器设备对象。

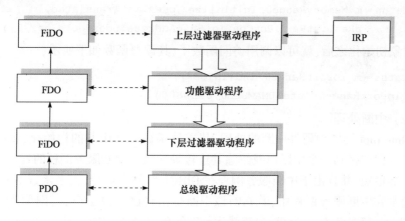

图 4－1－21　驱动程序层次结构

在驱动程序堆栈中,不同位置的驱动程序扮演了不同角色:总线驱动程序管理计算机与 PDO 所代表的设备连接;功能驱动程序管理 FDO 所代表的设备;过滤驱动程序用于监视和修改 IRP 流。

3) 设备卡设备驱动程序开发方法

驱动程序开发一般有两种方法:一种是直接采用 DDK(device developer kit) 编程,这种方法对硬件工程师而言难度较高,需要开发者对 Windows 内核编程有相当的了解。另一种是采用第三方提供的软件开发工具包,采用封装完毕的类库编程,大大降低了开发难度。常用的开发软件有 Compuware 公司的 DriverStudio 和 Windriver。设计采用了后者开发方法,在 VC 开发环境下采用 DriverStudio 中的 DriverWorks 向导生成 WDM 驱动框架,然后在这个框架下调用类库中的函数实现设备所需功能。

4) PCI 总线设备驱动程序开发思想

PCI 总线数据采集卡驱动程序主要解决三方面问题:硬件 I/O 访问、中断处理和 DMA 传输。下面对这三部分程序的设计思想作简要介绍。

(1) 硬件 I/O 访问。

KIoRange 类实现对 I/O 映射空间的访问,KMemoryRange 类实现对内存映射空间的访问。设备卡基地址寄存器 0 配置为内存映射,基地址寄存器 1 配置为 I/O 映射方式,所以声明两个类的对象如下:

```
KMemoryRange    m_MemoryRage0;
KIoRagne    m_IoPortRage0;
```

在创建 PCI 设备驱动程序时,对于定义的空间类型实例,在 PnP 启动例程中包含这些实例初始化代码。例如,基地址寄存器 0 的对象初始化代码如下:

```
status = m_MemoryRange0. Initialize( pResListTranslated,
       pResListRaw, PciConfig.BaseAddressIndexToOrdinal(0));
```

对象初始化之后,就可以调用访问函数了,其读写函数如下所示:

```
status = m_IoPortRange0. ind(INTCSR);
m_IoPortRange0. outd(DMAMODE0,0x20800);
```

(2) 中断处理。

KInterrupt 类实现硬件中断的处理,其成员函数包括中断的初始化、将一个中断服务例程连接到一个中断以及解除其连接等功能。中断服务例程的处理事件应当尽可能地短,并且由于中断服务例程在 DIRQL 级别上运行,很多函数不能调用,所以通常在中断服务例程中,若判断该中断是由自己的设备产生,则调用一个在 DISPATCH_LEVEL 的运行权,内核就运行它的延时过程调用。可以在延迟过程调用例程中做大部分的中断处理工作。

在设备类中声明中断类的对象、中断服务程序和延迟调用对象,在 PnP 启动

例程中,需要初始化 KInterrupt 和 KDeferredCall 类对象。如下所示:

```
status = m_Irq.InitializeAndConnect(          //初始化中断类对象
        pResListTranslated,
        LinkTo(Isr_Irq),                      //连接到中断服务程序
            This);
M_DpcFor_Irq.Setup(LinkTo(DpcFor_Irq),this);  //延迟调用对象和程序连接
```

在 PCI 设备中断处理程序中,首先判断该中断是否是自己的设备产生,若不是,返回 FALSE,若是,进行必要处理,请求一个 DPC(延迟调用例程),然后,返回 TRUE。

（3）DMA 数据传输。

设备卡 DMA 数据传输较为复杂,其流程如图 4 - 1 - 22 所示。PCI9054 发出 PCI 中断请求,中断服务程序响应中断,判断是本设备发出的,启动 DMA 中断信号后,激活 Ring3 层应用软件调用 ReadFile( )函数,发出 DMA 启动命令。驱动程序截获类型为 IRP_MJ_READ 的 IRP 后,调用回调函数 OnDmaReady( ),设置 PCI9054 通道 0 DMA 控制寄存器并启动 DMA 传输。DMA 传输完毕后 PCI9054 发出 DMA 中断信号,驱动程序截获中断,再次调用回调函数 OnDmaReady( ),判断确认传输完毕后结束 IRP 生命期,完成一次数据批量传输。

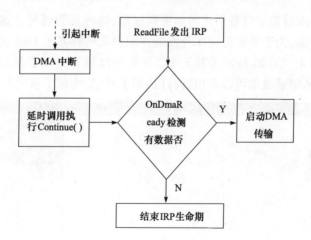

图 4 - 1 - 22　DMA 驱动程序流程

在 DriverStudio 中提供了三个类实现 DMA 数据传输,分别为:KDmaAdapter、KDmaTransfer 和 KCommonDmaBuffer。涉及的函数主要有:Continue( )和 OnD-maReady( )。

**2. 设备卡动态链接库开发**

访问底层硬件设备采用微软提供的 WIN32 API 函数进行应用软件设计,通过 API 函数和设备驱动程序通信,由驱动程序直接和硬件设备交换信息。外围设备访问常用的五个 API 函数为:CreateFile( ) 函数用来打开驱动程序,以获得设备句柄;ReadFile( ) 函数用来从底层设备读取数据到开辟的缓存中;WriteFile( ) 函数用来将缓存中的数据传输到底层硬件设备;CloseFile( ) 函数用来关闭设备,释放设备句柄;DeviceIoControl( ) 使用灵活,采用功能码与驱动程序交换数据。这五个函数和设备驱动程序之间的五个例程一一对应,对应关系如表 4 - 1 - 3 所示。

**表 4 - 1 - 3　API 函数和驱动例程之间的对应关系**

| Win32 函数 | IRP 主功能代码 IRP_MJ_XXX | 例程函数 |
|---|---|---|
| CreateFile( ) | IRP_MJ_CREATE | Create( ) |
| ReadFile( ) | IRP_MJ_READ | Read( ) |
| WriteFile( ) | IRP_MJ_Write | Write( ) |
| DeviceIoControl( ) | IRP_MJ_DEVICE_CONTROL | DeviceControl( ) |
| CloseHandle( ) | IRP_MJ_CLOSE | Close( ) |
|  | IRP_MJ_CLEANUP | CleanUp( ) |

动态链接库封装了设备卡访问的系列函数,这些函数通过上述五个 API 函数编写。限于篇幅,关于动态链接库开发的详细说明将在基于 USB 虚拟示波器的内容中介绍。图 4 - 1 - 23 所示为基于 VC 开发平台和 DLL 动态链接库开发的设备卡测试软件,从测试波形可以看出,设计达到了要求,论证了系统方案的可行性。

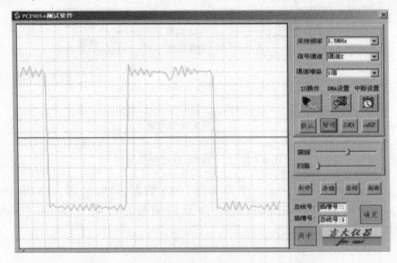

图 4 - 1 - 23　PCI 采集卡测试软件及测试波形

## 4.2　基于 USB 总线的虚拟示波器开发

USB 是通用串行总线(universal serial bus)的简称,是计算机外部总线标准。近年来,虚拟仪器技术得到了很大的发展和应用,基于 USB 总线的虚拟仪器以其无源化、微型化和智能化等特点受到了业界的普遍欢迎,而这种特性也正代表了仪器仪表的发展方向。吉林大学虚拟仪器实验室经过多年努力开发了系列基于 USB 总线的微型测试模块,并结合 LabScene 虚拟仪器开发平台成功应用于本科实验教学中。

### 4.2.1　USB 总线概述

#### 1. USB 总线特点及优点

##### 1) 即插即用

USB 支持热插拔和操作系统的自动配置。在 Windows 操作系统工作的情况下可以直接接入或拔出 USB 设备,而不用重新启动 PC。当 USB 设备第一次接入到 PC 时,操作系统可以自动检测设备的接入,进行设备配置、安装驱动程序,用户不用进行任何复杂操作。

##### 2) 多种速度模式

USB 提供了三种速度模式:低速 1.5Mb/s、全速 12Mb/s 以及高速 480Mb/s。不同的速度可满足不同的外设要求。低速设备可以用在鼠标、键盘等对传输速度要求不高,严格要求低成本的外设产品上;高速在大容量传输等领域大显身手;全速能够满足工业和嵌入式领域内的很多场合,如数据采集等。

##### 3) 完备的总线拓扑结构

USB 菊花链式的总线结构,能够支持多达 127 个外设的同时连接,充分满足了外设的需求。以 USB Hub 为中转站的模式,大大降低了 USB 主机的工作负荷,同时为设备的工作提供更高的稳定性。

##### 4) 广泛的软硬件支持

软件和操作系统对于 USB 的支持越来越强大,Windows、Linux 等操作系统对 USB 的各种设备的支持越来越完备,硬件和半导体厂家所能提供的 USB 解决方案和外设产品也越来越多。

#### 2. USB 系统软硬件组成

图 4-2-1 说明了一个完整的 USB 系统软硬件组成以及它们之间的关系。如图 4-2-1 所示,USB 系统的软硬件资源可以分为三个层次,即功能层、设备层和接口层。接口层涉及具体的物理层,主要实现物理信号数据包的交互,也就是在主机端

的 USB 主控制器和设备端的 USB 总线接口之间传输实际的数据流。设备层提供 USB 基本的协议栈,执行通用的 USB 各种操作和请求命令。功能层提供每个 USB 设备所需的特定功能。因此,开发基于 USB 总线的设备需要完成如下四个任务:

(1) USB 设备层的实现:开发 USB 协议栈,体现在 USB 固件程序开发;

(2) USB 设备驱动程序开发;

(3) USB 功能单元软硬件实现;

(4) 基于虚拟仪器软件开发平台开发上层应用软件。

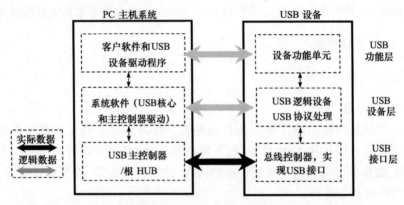

图 4-2-1　USB 系统构成

### 3. USB 设备的枚举过程

主机识别一个 USB 设备必须经过总线枚举过程。主机使用总线枚举来识别管理必要的设备状态变化,总线枚举过程如下:

(1) 设备连接:USB 设备接入 USB 总线;

(2) 设备上电:USB 设备可以使用 USB 总线供电也可以使用外部电源供电;

(3) 主机检测到设备,复位设备:设备连接到总线后,通过检测总线上的上拉电阻确认新设备,并识别该设备是全速设备还是低速设备,然后主机向该端口发送一个复位信号;

(4) 设备缺省状态:设备从总线上接收到一个复位信号后,才可以对总线的处理操作作出响应,并使用缺省地址(00H)来对其进行寻址;

(5) 地址分配:当主机接收到设备缺省地址的响应后,就对该设备分配一个空闲地址,分配以后只对该地址进行响应;

(6) 读取 USB 设备描述符:主机读取 USB 设备描述符,确认 USB 设备的属性;

(7) 设备配置:主机按照读取的 USB 设备描述符对设备进行设置,如果设备所需 USB 资源得以满足,就发送配置命令给 USB 设备,表示配置完毕;

(8) 挂起:为了节省电源,总线保持空闲超过 3ms 以后,设备就会进入挂起状态。

### 4.2.2　基于 USB 总线虚拟示波器概述

虚拟示波器设计可以分成两部分：一部分是硬件系统设计；另一部分是软件系统设计。硬件系统设计包括前置程控放大电路设计、双通道高速数据采集系统设计、大容量数据存储系统设计和 USB 数据通信模块设计。软件系统设计包括 USB 设备驱动程序开发、DLL 动态链接库开发和基于 LabScene 应用软件开发。

虚拟示波器硬件系统提供数据流通道，完成信号调理、数据转换及数据传输功能。示波器的核心功能由计算机软件实现，体现了"软件即仪器"的设计思想。基于灵活的虚拟仪器软件开发平台 LabScene 可以方便地实现波形显示、频谱分析和相关检测等功能。所以，虚拟示波器是以计算机技术为基础，以软件为核心的测试测量仪器。

吉林大学虚拟仪器实验室研制的虚拟示波器具有如下特性：

（1）基于 USB 总线，无须外部电源，即插即测；

（2）体积小，80mm×65mm，普通人手掌大小；

（3）±5V（1∶1 示波器探头）双极性信号输入；

（4）×0.5、×5 倍程控放大；

（5）单/双通道可选择输入模式；

（6）实现单通道 80MHz 采样率，双通道 40MHz 采样率；

（7）单通道 64K 板载存储器，双通道 32K 板载存储器，并且程控调节存储容量；

（8）8 位垂直数据分辨率；

（9）外触发、程序触发等工作模式；

（10）8 级采样频率程控选择；

（11）WDM 驱动程序，适用于 WINDOWS98/2000/XP 操作系统；

（12）采用 DLL 动态链接库与 LabVIEW/LabScene 连接。

示波器板卡实物图如图 4-2-2 所示。

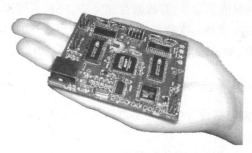

图 4-2-2　USB 虚拟示波器板卡实物

### 4.2.3　示波器硬件系统设计

虚拟示波器硬件板卡是虚拟示波器系统的基础。它主要实现信号高速数据采集与数据传输功能,是虚拟示波器系统的前向数据通道。因此,虚拟示波器的主要功能模块包括前置程控放大模块、高速数据采集模块和 USB 数据通信模块。系统结构原理框图如图 4-2-3 所示。

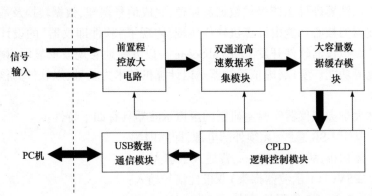

图 4-2-3　系统原理框图

前置放大模块采用 FET 输入宽频放大器 OPA655 实现,并和通用示波器探头实现阻抗匹配。高速采集模块使用两片 TLC5540,采用两种采样策略,实现单通道 80MHz 采样率和双通道 40MHz 采样率,并且为每通道提供 32Kb 板载存储空间。所有逻辑控制都采用大规模可编程逻辑器件 EPM7160 实现,完成高速采集系统的自动存储及多种触发控制。利用 USB 总线接口芯片 PDIUSBD12 和 51 内核微控制器 AT89S52 实现 USB 数据通信,一次批量传输率达 12Mb/s,满足了系统设计要求。

待测信号从标准示波器探头耦合输入,通过程控前置放大电路将信号调整到合适的待测电压范围。双 A/D 在程序控制下可以采用两种采样策略对两路信号进行模数转换,在 CPLD 的逻辑控制下将采集数据自动存入板载存储器。上层应用软件通过 USB 总线发送数据请求命令,若数据存储完毕,USB 通信模块可以通过逻辑控制模块读取存储区数据,实现一次数据批量传输。上层应用软件基于灵活的虚拟仪器软件开发平台对相应数据进行处理,实现虚拟示波器、频谱分析仪等功能。

1. 前置程控放大电路设计

1) 前置程控放大电路设计中需要考虑的几个问题

(1) 探头阻抗匹配。

示波器探头不仅仅是输入端的一段导线,而且是测量系统的重要组成部分。探头的屏蔽性能、频带宽度和探头的输出阻抗都对信号的测量影响很大。如果仅仅使用一根导线来代替探头,那么,导线就会耦合 50Hz 电源噪声、无线电台及电机干扰信号,所以需要屏蔽电缆和被测电路连接。另外,电缆有输入电阻、输入电容分量,会引入额外负载,导致测量结果误差,这就是负载效应,所以合理选用示波器探头至关重要。探头有有源和无源之分,有源探头包含有源元件,提供放大功能,无源探头包含阻容等无源元件,通常对输入信号进行衰减。设计的虚拟示波器采用无源探头。

(2) 信号频带宽。

被测信号带宽很宽,所以,设计示波器最关键的一个技术指标就是频带宽度。前置程控放大器的频带宽度限制了示波器的信道带宽,因此,应该选用合理的运算放大器提高示波器信道带宽。

(3) 信号动态范围大。

示波器被测信号的幅度变化范围很宽,小到几毫伏,大到几百伏。为了保证后继电路能够正常工作,对大信号需要考虑无源衰减,对小信号进行程控放大。

(4) 低功耗设计。

USB 总线供电能力有限,最大输出功率 5V/500mA,所以,器件功耗是器件选择时应主要考虑的问题。

2) 前置程控放大器设计方案

综合上述问题,在 USB 低功耗等条件限制下采用了如图 4-2-4 所示方案,实现了 ±5 信号量程(1∶1 探头)、1MΩ/20pF 输入阻抗、40MHz 模拟通道带宽、±5V 供电电源、多极程控放大等指标。其中,无源衰减网络处于最佳补偿状态,实现 6dB 信号衰减,将输入信号调整在程控放大器的测量范围之内,扩大了信号量程。程控放大器双极性输出信号经过信号变换电路转化成单极性 0~5V 信号,和高速采集系统输入信号范围相一致。

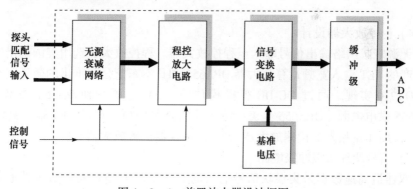

图 4-2-4　前置放大器设计框图

3) 无源衰减网络设计

示波器被测信号幅度变化范围很宽,为了保证数据采集系统能够正常工作,对

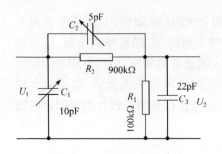

图 4 - 2 - 5　无源衰减网络

大信号需要进行衰减,为使信号不产生畸变,这里采用了电阻电容分压器。为了和通用无源示波器探头阻抗匹配,衰减网络输入阻抗设置为 1MΩ。设计采用如图 4 - 2 - 5 所示的无源高频衰减网络实现 6dB 信号衰减。

电路分析:

当输入电压为低频信号时,$C_2$、$C_3$ 不起作用,衰减比决定于 $R_1$、$R_2$ 的电阻比,即实现 10 倍衰减:

$$\frac{U_2}{U_1} = \frac{R_1}{R_1 + R_2} = \frac{100}{900 + 100} = \frac{1}{10}$$

当输入为高频信号时,有

$$Z_1 = \frac{R_1}{1 + j\omega R_1 C_3}$$

$$Z_2 = \frac{\dfrac{R_2}{j\omega C_2}}{R_2 + \dfrac{1}{j\omega C_2}} = \frac{R_2}{1 + j\omega R_2 C_2}$$

得到

$$\frac{Z_1}{Z_1 + Z_2} = \frac{R_1}{R_2 \dfrac{1 + j\omega R_1 C_3}{1 + j\omega R_2 C_2} + R_1}$$

调整 $C_2$,使 $R_1 C_1 = R_2 C_2$,则衰减比仍为 $R_1/(R_1 + R_2)$,与信号频率无关,称为最佳补偿。

4) 程控放大器设计

无源衰减网络输出信号输入至程控放大器。程控放大器选用美国德州仪器公司生产的 FET 输入宽频运算放大器 OPA655 和日本东芝公司推出的微型固态继电器 AQY210 实现。通过 DC-DC 变换模块将 + 5V 电源转换成 - 5V 电源,作为 OPA655 供电电源。OPA655 是美国德州仪器公司(TI)生产的 FET 输入高阻宽带运放,常用作宽频光电检测放大器、测试测量仪器前置放大器。

5) 信号调理及缓冲级电路

双通道高速数据采集模块信号输入范围设计为 0 ~ 5V,程控放大器的信号输出范围为 - 2.5 ~ + 2.5V,因此,需要信号调理电路将信号调整在 0 ~ 5V,以便高速采集模块能够正常工作。考虑到系统电源为 + 5V,因此,信号调理模块必须满幅输出才能实现 0 ~ 5V 信号输出。这里选用轨至轨运算放大器作为信号调理核心单元,确保信号输出动态范围。TI 公司提供的 OPA4350 宽频轨至轨 I/O 放大器和 2.5V 基准源 MAX873 可以实现信号调理。OPA4350 常用于 A/D 驱动、数据采集和测试仪器中。

6) DC-DC 电源模块的实现

USB 电缆只能提供 +5V/500mA 电源,宽频放大器 OPA655 需要 -5V 电源供电。因此,设计采用 TI 公司生产的 DC-DC 电源转换模块 TPS6735 实现 -5V 电源。其电路形式如图 4-2-6 所示。

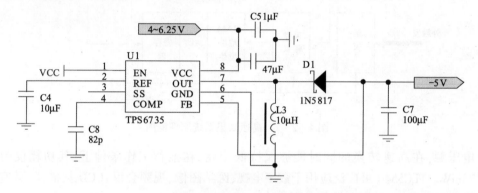

图 4-2-6 DC-DC 变换电路

**2. 双通道高速采集及存储系统设计**

双通道高速数据采集及存储系统是虚拟示波器硬件系统设计核心部分。测量信号经过程控放大、信号调理之后,输入至高速数据采集模块量化成数字信号,并将量化信号保存至大容量数据存储区。

1) 采集系统设计方案

充分考虑示波器高速采集系统的各项指标后,提出如下设计方案:以两片高速 A/D 转换器 TLC5540 为核心,在高密度可编程逻辑器件 EPM7160 的控制下构成双通道数据采集系统。数据采集完成之后通过逻辑控制直接将双通道数据分别存储至 32K 大容量 RAM。上位机通过发送命令实现诸如采样频率设定和工作模式改变等操作,并将采样数据读入。示波器系统采用两种采样策略,由上层应用软件控制,每路 A/D 可以分别对各通道采样,实现双通道同时采样、分析和显示,亦可以采用两路 A/D 对同一路信号并行采集,采样频率增加一倍。整个系统结构如图 4-2-7 所示。

2) 采集系统核心器件——TLC5540

TLC5540 是 TI 公司提供的半闪速 8 位高速模数转换器,该器件使用单 +5V 电源,最大采样频率为 40MSPS,输入信号频率带宽可达 75MHz 以上,有内置基准

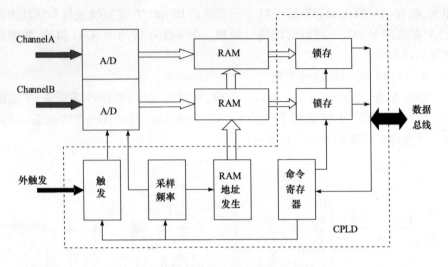

图 4 - 2 - 7　高速采集系统原理框图

电压源,在高速转换的同时能够保持低功耗,在推荐工作条件下,其功耗仅为 75mW。TLC5540 可广泛应用于数字电视、医学图像、视频会议、CCD 扫描仪、高速数据变换及 QAM 调制器等方面。

　　时钟信号 CLK 在每一个下降沿采集模拟输入信号,第 $N$ 次采集的数据经过 3 个时钟周期的延时之后,送到内部的数据总线上。此时如果输出使能#OE 有效, 则数据可由 CPU 读取或进入存储器。TLC5540 的运行时序如图 4 - 2 - 8 所示。

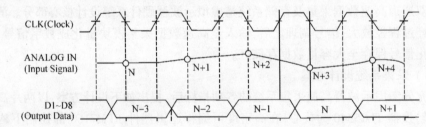

图 4 - 2 - 8　TLC5540 时序图

3）TLC5540 外围电路设计及注意事项

　　经过调理后的信号从 AIN 引脚输入,NOEA 引脚为数据输出使能。转换完毕后的数据通过 D1 ~ D8 并行数据总线自动存入 32K RAM 中。TLC5540 的时序控制由 CPLD 完成。TLC5540 周边参考电路如图 4 - 2 - 9 所示。

　　由于 TLC5540 工作频率很高,各种干扰对器件的工作性能会产生很大的影响,为了减少干扰,应该注意以下几个方面:

　　（1）应该选取高质量的时钟源,转换时钟 CLK 上的毛刺将会影响到器件的工作性能。

（2）VDDA 和 VDDD 应就近与 AGND 和 DGND 连接一个 0.1μF 的高频陶瓷滤波电容。如图 4-2-9 所示,采用了典型去耦连接电路,其中采用了高频磁珠,模拟供电电源 VCC 经高频磁珠为模拟电源和数字电源提供工作电流,以获得更好的高频去耦效果。

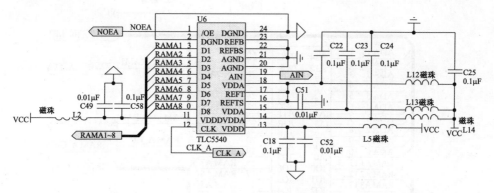

图 4-2-9　TLC5540 外围电路

（3）AD 转换部分的元件尽量集中放置在电路板靠近模拟信号输入端的一角,整个电路板的 PCB 设计应符合 EMC 标准。

4）并行数据采集设计

为了提高系统采样率,充分利用双通道模数转换器,示波器采用两种采样策略:一种是双通道 ADC 分别对两个通道独立采样,可以实现双通道示波器功能,每通道最高采样率为 40MSPS;另一种是双通道 ADC 并行对同一通道信号采样,最高采样率达到 80MSPS。

同时采集的关键在于产生具有 90°相位差的采样时钟信号。为了避免逻辑门带来的延时误差,不提倡采用非门直接对一路时钟信号取反作为另一路采样时钟信号,设计采用 JK 触发器产生两路同频反相时钟信号。

5）存储电路设计

存储电路用于保存 TLC5540 的输出数据,并通过数据总线与系统交换数据,这里选用静态存储器 IC61C256-20 作为大容量存储单元,和先进先出存储器 FIFO 相比,电路设计相对复杂一些,但是解决了大容量存储和价格昂贵等问题。IC61C256-20 读写周期为 20ns,能够满足 40MSPS 采样速率的要求。电路形式如图 4-2-10 所示。

为了实现采集数据自动存储,CPLD 配合作为地址发生器和时序控制器,其基本思路如下:系统采样时钟下降沿作为 A/D 转换器的工作时钟,同时这个下降沿也作为地址发生器的时钟信号,也就是在采样量化的同时地址发生器输出地址增加一个单位。采样时钟经过非门取反之后的下降沿作为 IS61C256 写信号，即图 4-2-10 中所示的 WR_RAM1，它们的时序关系如图 4-2-11 所示。

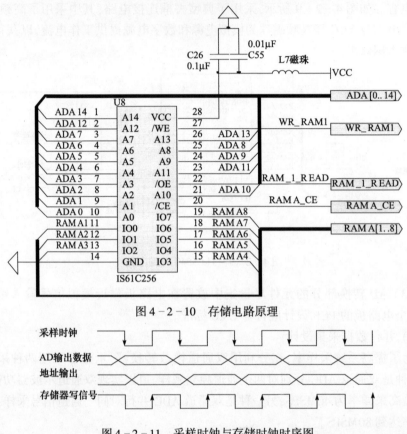

图 4-2-10　存储电路原理

图 4-2-11　采样时钟与存储时钟时序图

### 3. USB 通信模块硬件设计

USB 总线具有复杂的协议规范，以软件复杂性换来硬件特性的简单。这不仅体现在 USB 设备具有较小的外形和 USB 电缆的简洁性，更重要的是体现了硬件电路上的简单性。几乎所有设备的 USB 接口部分电路都相差无几，除了特定的 USB 接口芯片外，系统只需少量元器件就能实现设备功能。

#### 1）USB 通信模块总体设计方案

USB 通信模块开发第一件要做的事情就是 USB 控制器的选择。USB 设备端控制器有两类芯片：一类是内部带有微控制器的 USB 控制芯片，例如，CYPRESS 公司推出的 EZ-USB，其内部集成了 8051 内核；另一类是内部不带微控制器的 USB 控制芯片，需要和外部微处理器协同工作，完成 USB 通信。这种 USB 控制器对外部微控制器没有任何限制,开发者可以选用自己熟悉的 MCU 来控制。典型代表有朗讯公司的 USS825/820、PHILIPS 公司的 PDIUSBD12。设计采用 PDIUSBD12 和 AT89S52 配合完成通信设计,其系统构成原理如图 4 - 2 - 12 所示。

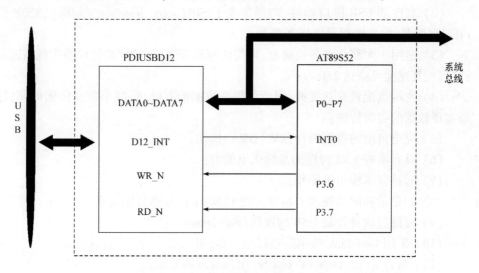

图 4 - 2 - 12　USB 接口系统构成框图

　　如图 4 - 2 - 12 所示,AT89S52 单片机和 USB 控制器 PDIUSBD12 采用总线方式相连接,对 AT89S52 来说,PDIUSBD12 是一个有 8 位数据总线的存储设备。PDIUSBD12 获取 USB 总线数据,并对数据作相应协议处理之后以中断的方式通知 AT89S52,MCU 根据相应的中断请求往 PDIUSBD12 发送不同请求数据,协同实现 USB 设备列举和数据传输。当外设经 PDIUSBD12 连接到集线器后,集线器就会检测外设的连接状态并向主机报告,一旦发现该设备,主机就会发送一系列请求给集线器,以使得集线器在主机和设备之间建立一个通信通道。然后主机试图列举该设备,发送设备描述符等请求,列举成功之后,主机即可从外设获得相关的配置信息并根据该配置信息对外设进行配置。经过配置以后的外设能够被主机识别并能和主机进行通信。之后,USB 总线进入数据传输阶段。

　　2) PDIUSBD12 介绍

　　PDIUSBD12 是 PHILIPS 公司生产的一款性价比较高的 USB 总线控制器。通常用于单片机系统,并与单片机通过高速并行接口进行通信。支持本地 DMA 传输,支持 3 个 USB 端点,其中 1 个端点具有 128B 容量,另外 2 个端点具有 256B 容量。该控制器允许在众多可用的微控制器中选择最合适的系统微控制器,允许使用现存的体系结构并使设备软件投资成本降到最小。这种灵活性减少了开发时间、风险和成本,是开发低成本、高效率的 USB 外围设备解决方案的一种最佳途径。

PDIUSBD12 器件的主要特性如下：

（1）符合通用串行总线 1.1 协议规范；

（2）高性能 USB 接口器件，内部集成了 SIE（serial interface engine）、320B 的 FIFO 存储器、收发器以及电压调整器；

（3）适用于大部分设备类规范，可与任何外部微控制器/微处理器实现高速并行接口，其速度可高达 2Mb/s；

（4）主端点配置有双缓冲，因而可提高数据的吞吐量，减小数据传输时间，轻松实现数据的实时传输；

（5）完全自治的直接内存存取（DMA）操作；

（6）具有良好 EMI 特性的总线供电能力；

（7）时钟频率输出可编程；

（8）在批量和同步模式下均可实现 12Mb/s 的数据传输速率；

（9）可通过软件控制 USB 的连接（SoftConnect）；

（10）采用 GoodLink 技术的连接指示器，可以监控 USB 通信状态；

（11）符合 ACPI、OnNOW 和 USB 电源管理的要求；

（12）SO18 和 TSSOP 28 封装；

（13）能在 -40 ~ +85℃ 工业级工作；

（14）双电源操作：3.3V 或 5V。

3）PDIUSBD12 接口电路设计

图 4 - 2 - 13 给出了 PDIUSBD12 控制器的外围电路。其采用总线方式和微控制单元 AT89S52 相连，即 DATA0 ~ DATA7 和 MCU 数据总线相连，A0 引脚经 10kΩ 电阻下拉，D12 的 ALE 连到 MCU 的 ALE，构成地址复用模式。因此，MCU 总线的偶地址表示送往 D12 的是读/写数据，奇数地址表示往 D12 写入一个命令。PDIUSBD12 与 AT89S52 的数据交换采用中断方式，即 D12_INT 和 MCU 中断 0（INT0）相连。D12_CS 为 D12 的片选端，由于系统总线上还有其他设备，不是唯一器件，所以 D12_CS 不能一直有效，这里将 D12_CS 和单片机的一个 IO 相连。D12 的一个输出（GL_N）接 LED 对其状态进行监控，这个 LED 在 USB 连接时会点亮，在进行数据传输时会闪烁，LED 常亮或一直不亮说明 USB 接口有问题。如图 4 - 2 - 13 所示，USB 总线 V + 引脚接 2kΩ 电阻上拉，表明 USB 工作模式设定为全速模式，即具有 12Mb/s 的数据传输率。主机 USB HUB 通过这个电阻识别 USB 设备，如果需要设置 USB 模式为低速模式，可以将 V - 数据线下拉 5kΩ 电阻即可。由于设备没有使用 DMA 方式，所以 DMACK_N 和 EOT_N 都接 10kΩ 电阻上拉。为了降低开发过程中的 EMI 风险，PDIUSBD12 采用 6MHz 晶振，并使用两个 22pF 到 68pF 的外接电容。另外，PDIUSBD12 具有内置的上电复位电路，所以，RESET_N 引脚可以

直接连接到 VCC。但是,为了避免 D12 进入不确定状态,建议使用外部控制源(如 MCU)提供 D12 的复位信号,这样复位变得较为容易。引脚 13 CLKOUT 可输出标准时钟频率,其频率值可使用"设置模式"命令(0xF3)通过"时钟分频系数"寄存器进行设置。

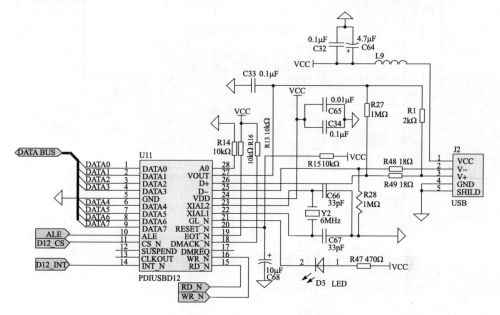

图 4-2-13 PDIUSBD12 外围电路

### 4) AT89S52 周边电路设计

图 4-2-14 给出了 AT89S52 单片机的外围电路。AT89S52 是 ATMEL 公司推出的具有 ISP 功能的 51 内核单片机,是 AT89C52 的升级品,具备在线下载(ISP)功能。AT89S52 采用 5V 电源供电,利用 0.1μF 电容进行去耦。AT89S52 和 PDIUSBD12相连接的信号线有 8 位数据总线 DATA BUS,读信号 RD_N,写信号 WR_N,片选信号 D12_CS,中断信号 D12_INT 和地址选择信号 ALE。作为虚拟示波器系统核心控制单元,AT89S52 不仅和 D12 以总线方式通信,而且还和 EPM7160 通信,实现对前置程控放大器、双通道高速数据采集系统的控制。为了区分总线上的设备,避免总线冲突,其采用 I/O 参与译码选择的方法。图 4-2-14 中,J1 口是单片机 ISP 下载口,复用了 P1.5、P1.6、P1.7 和 RST 引脚,其中 P1.5/MOSI 为数据输入端,P1.6/MISO 作为数据输出端口,P1.7/SCK 为时钟信号输入端。如果在程序下载的过程中出现无法下载的问题,而下载电缆和 PC 机都没有问题的情况下,很有可能是 ISP 的复用引脚出现冲突,这一点很重要,在设计电路的时候必须考虑清楚。

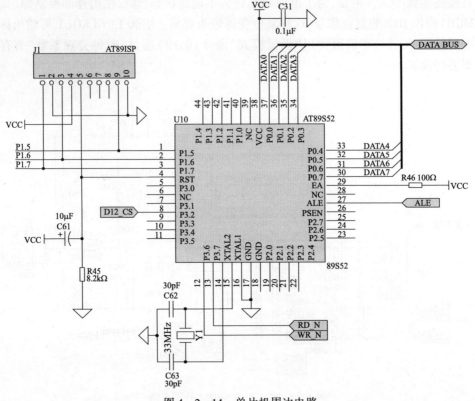

图 4 - 2 - 14　单片机周边电路

## 4. USB 固件程序开发

固件是 FIREWARE 的对应中文词,它实际上是单片机的程序文件,其编写语言可以采用 C 语言或者汇编语言。它的操作方式与硬件联系紧密,包括 USB 设备的连接、USB 协议处理和中断处理等。固件不是单纯的软件,而是软件和硬件的结合,开发者需要对端口、中断和硬件结构非常熟悉。

USB 固件程序采用前后台程序架构,由中断驱动。后台程序(中断服务程序)和前台程序之间的数据交换通过事件标志和数据缓冲区来实现,其原理如图 4 - 2 - 15 所示。当 PDIUSBD12 从 USB 接收到一个数据包,就对 CPU 产生一个中断请求,CPU 立即响应中断。在 ISR(中断服务程序)中,固件读取数据,并将数据保存至循环数据缓冲区,随后置相应事件标志位,CPU 继续前台程序,检测事件标志,执行完成相应事件任务。

为了增强固件程序的可移植性,固件利用 C 语言开发,采用结构化的编程思想,将固件程序分成硬件提取层、PDIUSBD12 命令接口、中断服务程序、USB 请求处理和主循环程序五大模块,其结构如图 4 - 2 - 16 所示。在移植过程中开发者只需修改硬件提取层就可以了。

1) 硬件提取层程序设计

硬件提取层是固件中最底层的代码,包括单片机 I/O 输入输出函数 outputb( ) 和 inputb( ) 以及对 PDIUSBD12 端点读写函数 D12_WriteEndpoint( ) 和 D12_ReadEndpoint( )。这些代码和用户的硬件平台息息相关,移植固件代码时,这部分代码需要修改或增加。

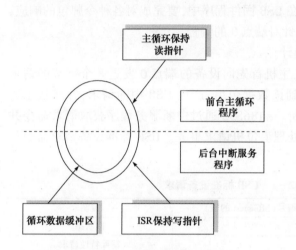

图 4 - 2 - 15　前后台程序架构原理图　　　图 4 - 2 - 16　固件模块

2) 命令接口层程序设计

PDIUSBD12 需要实现的命令和函数形式如下:

(1) 设置地址使能命令(0xD0)。

函数形式:void SetAddressEnable(UCHAR Address, UCHAR bEnable)。

(2) 端点使能命令(0xD8)。

函数形式:void SetEndpointEnable(UCHAR bEnable)。

(3) 设置模式命令(0xF3)。

函数形式:void SetMode(UCHAR bConfig, UCHAR bClkDiv)。

(4) 读取中断寄存器(0xF4)。

函数形式:unsigned char Read_InterruptRegister(void)。

(5) 端点选择命令(0x00~0x05)。

函数形式:unsigned char SelectEndpoint(UCHAR bEndp)。

(6) 读取端点最后处理状态寄存器(0x40~0x50)。

函数形式:unsigned char Read_LastTransactionStatue(UCHAR bEndp)。

(7) 设置端点状态(0x40~0x45)。

函数形式:void SetEndpointStatue( UCHAR bEndp,UCHAR bStalled)。

(8) 发送复位命令(0xF6)。

函数形式:void SendResume( void)。

3) 中断服务程序设计

根据 USB 协议,任何传输都是由主机( HOST)发起,单片机前台工作,等待中断。主机首先发送令牌包给 PDIUSBD12,D12 接收到令牌包后就给单片机发出中断。单片机进入中断服务程序,首先读 PDIUSBD12 的中断寄存器,判断 USB 令牌包的类型,然后执行相应操作。在 USB 固件程序中,要完成对各种令牌包的响应,其中比较难处理的是 SETUP 包,针对端点 0 的编程。

(1) 端点 0 控制传输程序设计。

控制传输由 USB 主机发起,主机首先向设备的端点 0 发送 8 个字节的请求命令数据。PDIUSBD12 在接收到该数据包后,产生 USB 中断请求,并在状态寄存器中指示发生了端点 0 的中断。AT86S52 通过中断服务程序获取请求命令并进行解析,然后进入相应状态,处理上位机请求事务。USB 标准设备请求命令如表 4 - 2 - 1所示。

**表 4 - 2 - 1　USB 标准设备请求**

| 请求命令名称 | 编号( bRequest 的值) | 说明 |
| --- | --- | --- |
| GET_STATUS | 0 | 取状态 |
| CLEAR_FEATURE | 1 | 清除特性请求 |
| SET_FEATURE | 3 | 设置特性请求 |
| SET_ADDRESS | 5 | 设置地址 |
| GET_DESCRIPTOR | 6 | 获取设备描述符 |
| SET_DESCRIPTOR | 7 | 设置设备描述符 |
| GET_CONFIGURATION | 8 | 获取配置描述符 |
| SET_CONFIGURATION | 9 | 设置配置描述符 |
| GET_INTERFACE | 10 | 获取接口描述符 |
| SET_INTERFACE | 11 | 设置接口描述符 |
| SYNCH_FRAME | 12 | 同步帧请求 |

处理端点 0 中断的函数如下:

void ep0_rxdone( void):端点 0 输出中断处理函数;

void ep0_txdone( void):端点 0 输入中断处理函数。

(2) 端点 2 批量传输中断程序设计。

端点 2 批量中断服务程序只是设定相应标志位,具体功能在前台实现,中断实现函数如下:

void ep2_txdone( void):设备传输数据至主机;

void ep2_rxdone(void):主机传输数据至设备。

4) USB 协议层程序设计

USB 协议层实现标准的设备请求(如表 4 - 2 - 1)。控制传输结构体 ControlData 记录了 setup 包请求数据,当前台主循环程序检测到 USBFlag. bits. setup_packet ＝＝ 1(控制传输中断设定)时,主循环就调用协议控制子程序 Protocol_Control()实现相应的协议请求。

(1) 协议控制程序的实现。

协议控制程序采用函数指针的方法处理 USB 请求的散转。首先制定一张 USB 请求子函数入口地址表,在协议控制程序中通过这张表中的函数地址实现程序的散转。采用这种方法编制的程序具有很大的灵活性。

(2) USB 描述符的获取。

当 USB 设备第一次连接到主机上时,要接收主机的枚举(enumeration)和配置 (configuration),目的就是让主机知道该设备具有的功能,是哪一类的 USB 设备? 以及需要占用多少 USB 的资源,是用了哪些传输方式以及传输的数据量有多大等。只有主机完全确认这些信息之后,示波器硬件设备才能真正开始工作。这些信息是通过存储在设备中的 USB 描述符来实现的。因此,USB 描述符可以看成 USB 设备的身份证明。各描述符之间具有一定的关系,如图 4 - 2 - 17 所示。

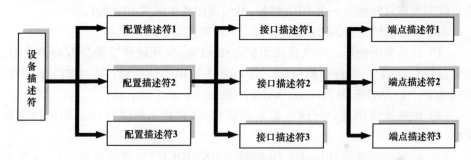

图 4 - 2 - 17　描述符之间的关系

设计的描述符获取函数如下所示:

void Get_descriptor(void):获取描述符函数,通过描述符类型发送不同描述符;

void Set_configuration(void):指示设备采用的配置。

### 4.2.4　示波器软件系统设计

示波器软件系统部分包括驱动程序和应用软件两部分,设备驱动程序必须采用 WDM 驱动模型,应用软件部分基于 LabScene 虚拟仪器开发平台。和 PCI 设备板卡一样,示波器设备采用动态链接库的方式连入软件开发平台。

### 1. USB 设备驱动程序开发

USB 设备驱动程序开发和 PCI 设备驱动程序开发过程相类似。首先采用 DriverWorks 生成驱动程序框架,然后根据设备需求更改添加一部分和设备功能相关的代码就可以完成驱动程序开发,使得驱动开发变得相对容易、便捷。

USB 设备驱动程序开发相关术语如下:

(1) 设备:这里的设备仅指在编写驱动程序时将设备看成一个整体,同一个设备可以有几种不同的配置。

(2) 配置:对设备的若干种配置方法中的一种。在驱动程序中,配置用一些结构来表示。从一个配置结构中,我们可以知道设备有多少接口。

(3) 接口:设备中功能相近的一组端点的组合。在编写驱动程序时,可以从接口描述符中获取相关信息。

(4) 端点:从用户的角度看,可以直接进行 I/O 数据流操作的设备基本单位。端点是单向的,如果要对设备进行双向 I/O,必须至少有两个端点。

(5) 管道:一个端点与客户程序进行 I/O 操作时使用的中介。管道与端点是一一对应的,端点侧重于静态的概念,管道侧重于动态的概念。

(6) URB( USB request block):URB 请求块。对 USB 进行操作的请求都应调用系统例程将其转化为一个 URB 结构,然后使用系统级的 IRP 将其提交。

在示波器系统中,USB 设备驱动程序主要完成以下四大例程事务:

(1) 即插即用例程。完成自动识别 USB 设备,实现硬件资源分配和再分配,主要包括 I/O 端口、硬件中断号等。其功能号为 IRP_MN_START_DEVICE,函数形式如下:NTSTATUS D12_DriverDevice::OnStartDevice( KIrp I){...}。

(2) 电源管理例程。完成电源策略管理,决定什么时候应该采用何种电源策略。

(3) 设备控制例程(IRP_MJ_DEVICE_CONTROL)。负责设备的控制,主要是指对设备的一些操作命令的发送或者一些标志的读取。该例程中用户自定义子功能码,上层应用软件子功能码必须和驱动程序保持一致。函数形式为 NTSTATUS D12_DriverDevice::DeviceControl( KIrp I){...}。

(4) 数据读写例程。主要完成上层应用软件 API 函数所对应的打开设备、关闭设备、读设备和写设备等例程函数。

### 2. 设备卡动态链接库开发

动态链接库(DLL)是用作共享函数库的可执行文件。一般情况下,DLL 是一个库中所有函数的集合,通过包含在可执行文件中的信息进行检索使用。DLL 中的代码在运行时动态加载。

　　MFC 以 3 种方式支持 DLL 的开发。即静态链接 MFC 的 Regular DLL、动态链接 MFC 的 Regular DLL 及动态链接 MFC 的 Extention DLL。设计采用静态链接 MFC 的 Regular DLL，即 DLL 在建立时使用的是 MFC 的静态链接库。这种 DLL 的导出函数可以被 MFC 和非 MFC 可执行程序调用。

　　示波器设备卡动态链接库封装了设备卡的写程序和读程序。其中，写程序实现上层应用软件往底层写数据功能，其函数形式如下所示：

```
unsigned char WINAPI command_usb(
        char * pipe_name,                    //端点名称
        unsigned char * buffer,              //发送数据缓存区
        int length)                          //发送数据长度
```

读程序实现底层数据的获取，其函数形式如下所示：

```
unsigned char WINAPI read_usb(
        char * pipe_name,                    //端点名称
        char flag,                           //标志位
        unsigned char * databuffer)          //接收数据缓存区
```

　　USB 设备上层应用软件的编写和 I/O 接口软件编写的方式有所不同。在访问串口之类设备的过程中，设备名是已知的，通过这个设备名可以获取串口句柄。而 USB 设备路径是未知的，所以查找设备并获取该设备的路径名是首要任务。

　　如图 4-2-18 所示，查找设备分三步骤：获取设备信息集、识别接口信息和获取设备路径名。通过设备的独特标识符（GUID），调用 SetupDiGetClassDevs() 函数来获取设备的信息集。通过 SetupDiEnumDeviceInterface() 函数返回设备信息集的一个设备接口元素的环境结构体。最后，通过调用 SetupDiGetDeviceInterfaceDetail() 函数来获取设备接口的名称。经过上面这些步骤之后，访问 USB 设备的编程和串口编程就一样了，可以采用五个 Win32 API 函数和驱动程序通信，实现应用程序对底层设备的操作。

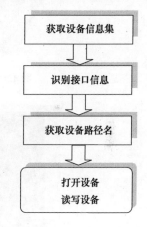

图 4-2-18　USB 设备访问开发步骤

　　开发动态链接库很重要的一步是需要从 DLL 中导出函数，以便应用程序调用。设计使用如下方式导出读写函数，关键代码如下：

```
#define DLLEXPORT _declspec(dllexport)
```

```
extern "C" DLLEXPORT WINAPI unsigned char command_usb(
                char * pipe_name,
                int * buffer,
                int length);
extern "C" DLLEXPORT WINAPI unsigned char read_usb(
                char * pipe_name,
                char flag,
                unsigned char * databuffer);
```

### 4.2.5　示波器测试效果

图 4 - 2 - 19 所示为基于 USB 总线的虚拟示波器板卡实物图。在 LabVIEW 和 LabScene 开发平台下设计虚拟示波器软件。图 4 - 2 - 20 是在 LabVIEW 环境下对板卡的测试效果。实践论证系统达到了普通示波器的各项指标要求。

图 4 - 2 - 19　示波器板卡实物图

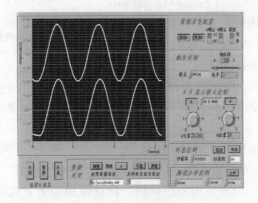

图 4 - 2 - 20　基于 LabVIEW 的虚拟示波器

## 4.3　基于 USB 总线的 LCR 测试仪开发

LCR 阻抗测量方法主要有电桥法、谐振法和伏安法三种。电桥法具有较高的测量精度,是常用的高精度测量方法,其缺点在于需要进行反复电桥平衡调节,测量时间长,很难实现快速自动测量。谐振法要求有较高频率的激励信号,一般不容易满足高精度测量的要求,由于测试频率不固定,测试速度也很难提高。伏安法是最经典的阻抗测量方法,测量原理基于欧姆定律,即阻抗 $Z_x$ 可以表述为

$$Z_x = \frac{\dot{U}_x}{\dot{I}_x} = \frac{\sqrt{2}U_x \mathrm{e}^{\mathrm{j}\phi}}{\sqrt{2}I_x \mathrm{e}^{\mathrm{j}\gamma}} = \frac{U_x}{I_x} \mathrm{e}^{\mathrm{j}\theta} \qquad (4-3-1)$$

式中,$U_x$ 为阻抗 $Z_x$ 两端压降 $\dot{U}_x$ 的有效值,$I_x$ 为流过阻抗 $Z_x$ 电流 $\dot{I}$ 有效值,$\phi$ 为压降 $\dot{U}_x$ 的初始相位角,$\gamma$ 为电流 $\dot{I}$ 的初始相位角,$\theta$ 为电压与电流的相位差。

根据式(4-3-1)可以得到

$$Z_x = \| Z_x \| \mathrm{e}^{\mathrm{j}\theta} = \| Z_x \| \cos\theta + \mathrm{j} \| Z_x \| \sin\theta \qquad (4-3-2)$$

式中,$\| Z_x \| = \dfrac{U_x}{I_x} = \dfrac{U_x}{U_R}R$,$U_R$ 为伏安法测量系统中的标准阻抗电压。

显然要实现伏安法,仪器必须能进行矢量测量及除法运算,正因为这一点伏安测试法才难以实现。传统设计方案有固定轴法和自由轴法之分,固定轴法的缺点在于为了固定坐标轴,确保参考信号与被测信号之间的精确相位关系,硬件电路要付出相当大的代价。自由轴法无须固定坐标轴,相敏检波器的相位参考基准可以任意选择,是近年来智能阻抗测试仪大多选用的设计方案。如图 4-3-1 所示,自由轴法关键在于产生精确 90°相位差的相敏检波器基准信号,以得到待

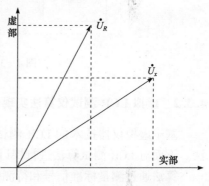

图 4-3-1　伏安法矢量图

测阻抗电压 $\dot{U}_x$ 和标准阻抗电压 $\dot{U}_R$ 在直角坐标轴上的两个投影分量。其缺点在于硬件相敏检波器直接影响测量精度。为了避免此缺点,设计采用虚拟仪器技术改进传统自由轴法,简化硬件电路,以软件相关算法准确测量 $\dot{U}_x$ 和 $\dot{U}_R$ 矢量,提高测量精度。由式(4-3-2),通过相关算法检测有效值 $U_x$、$U_R$ 及相位差 $\theta$ 就可以测量被测阻抗的虚实分量,这是研制基于虚拟仪器技术 LCR 阻抗测试仪的最基本思想。

### 4.3.1　基于 USB 总线 LCR 测试仪的总体设计方案

基于虚拟仪器技术的阻抗测试仪硬件系统原理框图如图 4-3-2 所示,由前端测量电路、双通道同时采样电路、激励信号发生电路、控制存储电路和 USB 通信模块组成。前端测量电路在恒流正弦激励信号的作用下在标准阻抗和待测阻抗上产生具有一定相位差的电压信号,双通道同时采样模块获取这两路信号并通过 USB 通信模块传输给 PC,PC 在虚拟仪器软件开发平台 LabVIEW/LabScene 下采用相关算法测量两路信号相位差及电压有效值,再根据伏安测量原理求得待测参量。

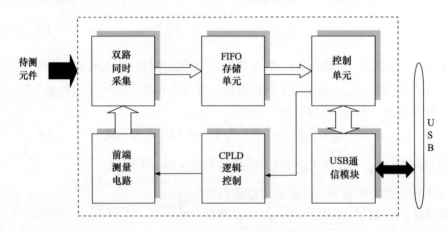

图 4-3-2　系统原理框图

### 4.3.2　虚拟 LCR 测试仪算法实现

基于虚拟仪器技术的 LCR 测试仪特点在于软件替代硬件,改进传统测试方法。下面对 LCR 测试算法进行探讨。

算法通过测量标准信号和待测信号之间的相位差和这两个信号的有效值来准确估计待测元件参量。

1) 相关法估计相位差及有效值算法原理

现假设被测阻抗信号和同频标准阻抗参考信号分别为 $X(t)$,$R(t)$,相位差 $\varphi$,周期 $T$。它们的互相关函数为

$$\hat{R}_{xR}(\tau)\mid_{\tau=0} = \frac{1}{T}\int_0^T X(t)R(t+\tau)\,\mathrm{d}t\mid_{\tau=0} = \frac{1}{T}\int_0^T A\sin(\omega t)B\sin[\omega(t+\tau)+\varphi]\,\mathrm{d}t\mid_{\tau=0}$$

由此可以得到

$$\hat{R}_{xR}(0) = \frac{AB}{2}\cos\varphi \quad 即 \quad \varphi = \arccos\frac{2}{AB}\hat{R}_{xR}(0)$$

式中,$A$、$B$ 分别为两路同频信号的幅度最大值。

又根据信号 $X(t)$、$R(t)$ 的自相关函数定义可以测量幅值 $A$、$B$。

信号 $X(t)$ 的自相关函数定义如下：

$$\hat{R}_x(\tau) = \frac{1}{T}\int_0^T X(t)X(t+\tau)\,\mathrm{d}t, \qquad \hat{R}_x(0) = \frac{1}{T}\int_0^T A^2\sin^2(\omega t)\,\mathrm{d}t$$

推得
$$A = \sqrt{2\,\hat{R}_x(0)}$$

同理可以得到
$$B = \sqrt{2\,\hat{R}_R(0)}$$

因此，两信号相位差 $\varphi$ 为

$$\varphi = \arccos\frac{2\,\hat{R}_{xR}(0)}{2\sqrt{\hat{R}_x(0)\,\hat{R}_R(0)}} \tag{4-3-3}$$

两信号的有效值为

$$U_x = \frac{A}{\sqrt{2}} = \sqrt{\hat{R}_x(0)} \tag{4-3-4}$$

$$U_R = \frac{B}{\sqrt{2}} = \sqrt{\hat{R}_R(0)} \tag{4-3-5}$$

式(4-3-3)、式(4-3-4)和式(4-3-5)是在没有考虑随机噪声影响的情况下采用相关算法得到的相位差和信号有效值表达式。实际工程环境中，存在随机噪声的干扰，数据采集获取的数据含有噪声。因此，采用上式的算法会引起较大误差。如图 4-3-3 所示，互相关测量具有很强的噪声抑制能力，不会产生误差。但是，如图 4-3-4 所示，带噪信号自相关函数在主峰处误差极大，造成测量误差。

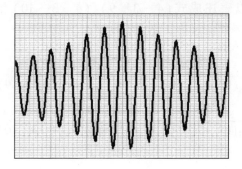 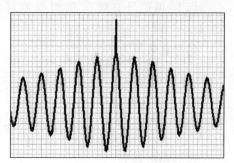

图 4-3-3　同频带噪正弦信号互相关结果　　图 4-3-4　带噪正弦信号自相关结果

对此，实际工程中有必要对自相关幅度测量进行改进。考虑到测试信号的频率是已知的，所以，可以拟合产生标准正弦信号和余弦信号，待测信号分别和两路标准信号作互相关，准确检测幅度 $A$、$B$，避开自相关运算，大大增强了噪声抑制能力。图 4-3-5 所示即为如上所述正交法幅度测量算法原理框图。

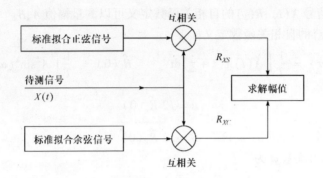

图 4 - 3 - 5　正交法幅度测量算法原理框图

设待测信号和正弦信号的互相关结果 $R_{XS}(0)$ 为

$$R_{XS}(0) = \frac{AC}{2}\cos\theta \qquad (4-3-6)$$

待测信号和余弦信号的互相关结果 $R_{XC}(0)$ 为

$$R_{XC}(0) = \frac{AC}{2}\sin\theta \qquad (4-3-7)$$

式中, $A$ 为待测幅值, $C$ 为正弦信号和余弦信号幅值, $\theta$ 为待测信号和正弦信号相位差。

因此,可以由式(4 - 3 - 6)、式(4 - 3 - 7)得出幅值 $A$ 为

$$A = \frac{2}{C}\sqrt{R_{XS}^2(0) + R_{XC}^2(0)} \qquad (4-3-8)$$

综上,两信号有效值和相位差可以表述成式(4 - 3 - 9)、(4 - 3 - 10)和式(4 - 3 - 11)。

信号有效值为

$$U_x = \frac{\sqrt{2}}{C}\sqrt{R_{XS}^2(0) + R_{XC}^2(0)} \qquad (4-3-9)$$

$$U_R = \frac{\sqrt{2}}{C}\sqrt{R_{RS}^2(0) + R_{RC}^2(0)} \qquad (4-3-10)$$

信号相位差为

$$\varphi = \arccos\frac{2\hat{R}_{xR}(0)}{2U_x U_R} \qquad (4-3-11)$$

式中, $C$ 为拟合信号幅值, $U_x$、$U_R$ 为待测信号和标准信号的有效值。

采用正交法实现幅度测量增加了计算量,但是解决了自相关噪声误差,增强了噪声抑制能力,大大提高了测量精度。另外,由于阻抗测试的测试频率已知,拟合

光滑正弦信号和余弦信号方便可行,突出体现了虚拟仪器技术的计算机优势。

2) LCR 参量测试算法原理

由伏安法测试原理可以得到如下表达式:

$$Z_x = \frac{U_x}{U_R} R e^{j\varphi} \qquad (4-3-12)$$

式中,$U_x$、$U_R$ 为测试信号的有效值,$R$ 为标准电阻,$\varphi$ 为两信号的相位差。

由式(4-3-12)可以得到虚、实部分量为

$$Z_R = \frac{U_x}{U_R} R \cos\varphi \qquad (4-3-13)$$

$$Z_V = \frac{U_x}{U_R} R \sin\varphi \qquad (4-3-14)$$

式中,$Z_R$、$Z_V$ 分别为待测阻抗的虚、实部分量。

从理论上分析,待测阻抗的实部反映了测试元件的电阻性,虚部反映了测试元件的电容或者电感性。虚部为负,表明电压滞后电流,测试元件呈容性;虚部为正,表明电压超前电流,测试元件呈感性;虚部为零,测试元件呈纯电阻性。通过虚部和实部之间的关系可以确定待测元件的类型,实现自动识别、自动测量。对于不同的待测元件,$L$、$C$ 和 $R$ 参数计算方法不同,现分类讨论。

（1）当被测单元为电容时,可以得到如下表达式:

$$\frac{1}{\omega C} = \|Z\| \sin\varphi = \frac{U_x}{U_R} R \sin\varphi$$

因此推得

$$C = \frac{1}{\omega \|Z\| \sin\varphi} = \frac{U_R}{\omega U_x R \sin\varphi}$$

（2）当被测单元为电感时,可以得到如下表达式:

$$\omega L = \|Z\| \sin\varphi = \frac{U_x}{U_R} R \sin\varphi$$

因此推得

$$L = \frac{\|Z\| \sin\varphi}{\omega} = \frac{U_x R \sin\varphi}{\omega U_R}$$

（3）当被测单元为电阻时,可以得到如下表达式:

$$R = \|Z\| \cos\varphi = \frac{U_x R}{U_R} \cos\varphi$$

上述式中,$U_x$、$U_R$ 为待测信号和标准信号的有效值,采用正交法准确估计,$R$ 为标准精密电阻,$\varphi$ 为待测信号和标准信号之间的相位差,采用互相关法估计。

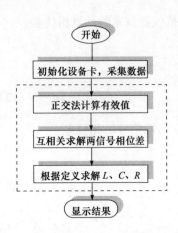

初始化设备卡，采集数据

正交法计算有效值

互相关求解两信号相位差

根据定义求解 $L$、$C$、$R$

图 4 - 3 - 6　算法流程框架

3) 算法编制流程框架

通过上述检测 $L$、$C$ 和 $R$ 参数的方法，上层应用软件的流程如图 4 - 3 - 6 所示。利用同时采样系统获取两路带噪信号，通过正交法估计两路同频信号幅度有效值，获取幅度有效值后，采用互相关手段求解两路信号的相位差，最后根据 $L$、$C$ 和 $R$ 计算公式求解待测参数。

### 4.3.3　LCR 测试仪硬件系统设计

LCR 测试仪硬件系统分为前端测量电路、双通道同时采样存储电路、激励信号发生电路和 USB 通信模块四大模块。前端测试电路产生两路同频信号，一路为待测元件上产生的信号，另一路为标准电阻上产生的信号。双通道同时采样电路对这两路信号同时采集，转化成数字信号。激励信号发生电路产生频率可变的激励信号。控制存储电路模块为系统的核心，控制各单元电路协调工作。USB 通信模块实现数据传输功能，将底层数据高速传输至上层 PC，这一部分电路具有一定的通用性，和示波器 USB 通信模块大致一样。整个系统采用 USB 电源供电，实现无源、微型和智能化，代表了测试测量仪器的发展方向。

由于 USB 模块设计和示波器部分一致，驱动程序和动态链接库开发也相差无几，下面对系统其他部分电路设计做简要介绍。

#### 1. 前端测量电路设计

前端测量电路的作用是分别测出流经被测元件的电压 $U_x$、代表恒定电流大小的基准电压 $U_R$。典型 LCR 测试仪的前端测量电路由差分放大器、$I/V$ 转换器和输入放大器三部分组成，如图 4 - 3 - 7 所示。

$U_x$ 和 $U_R$ 信号通过差分放大器放大之后，分别送入程控放大器放大。放大器的增益通过微控制单元控制，程控放大器的输出送入同时采集系统进行采集量化。

#### 2. 激励信号产生电路设计

考虑到激励信号源对频率精度、频谱纯度和稳定度的要求，系统采用数字频率合成技术(DDS)产生激励正弦信号。实现 DDS 有两种方案：一种是基于 DDS 原理采用 FPGA 可编程器件实现，其灵活性大，系统构成复杂，功耗较大，不宜在 LCR 系统中采用；另一种直接使用专用 DDS 芯片实现。设计选用了后者方案，采用 AD 公司提供的 AD9850 配合微控制器实现信号发生。

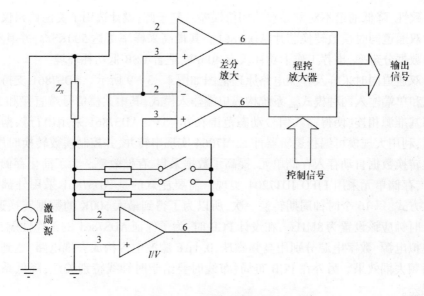

图 4-3-7 典型前端电路

DDS 芯片 AD9850 内部包括可编程 DDS 系统、高性能 DAC 及高速比较器,能产生频谱纯净、频率和相位都可编程的模拟正弦信号。在 25MHz 时钟下,输出频率分辨率达 0.029Hz,并且在 3.3V 供电时功耗仅为 155mW。AD9850 接口简单,采用 8 位并行口或串行口直接输入频率、相位等控制数据。实现电路原理图如图 4-3-8 所示。

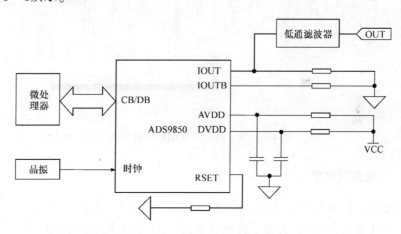

图 4-3-8 DDS 信号产生原理图

### 3. 双通道同时采样及存储电路设计

双通道同时采样是系统设计关键,为了降低测量误差,必须保证信号通道特性的一致性,降低通道不对称导致的相位误差。基于此,设计选用了美国德州仪器提供的双通道同时模数转换芯片 ADS7861。其最高采样率可达 500KS/s,并具有 12 位的数据分辨率,推荐工作下功耗仅有 40mW,适合 USB 低功耗环境。

　　双通道同时采样及存储电路原理框图如图 4 - 3 - 9 所示。ADS7861 支持差分输入和单端输入两种模式。系统构成单端输入模式,其中共模信号端直接和 2.5V 内部基准源相连,使得输入信号动态范围在 0 ~ 5V。ADS7861 采用串行数据总线接口,利用大规模可编程逻辑器件 EPM7064 实现串转并,并控制模数转换时序,将每次转换数据自动存入存储单元,提高了数据采集、存储效率。为了简化存储系统设计,存储单元采用 FIFO IDT7204 实现。需要注意的是 ADS7861 采用外部时钟输入方式,每 16 个时钟周期转换一次,所以为了得到最大 500K 的数据转换速率,输入时钟应该设置为 8MHz。在设计 PCB 时,为了保证 ADS7861 的工作性能,系统对模拟电源、数字电源分别用高频磁珠、0.1μF 滤波电容构成去耦电路,达到良好的高频去耦效果。另外在 PCB 布局、布线时要给予时钟线特别关注,降低系统采样误差。

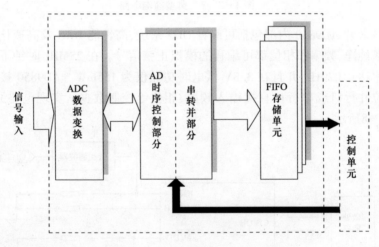

图 4 - 3 - 9　同时采样电路原理框图

### 4.3.4　系统测试结果

　　系统基于 LabVIEW 和 LabScene 开发上层应用软件。软件实现基于互相关原理的 L、C 和 R 参数检测,达到了比较满意的效果,和传统仪器相比有着更高的测量精度。实现了仪器的软件化、智能化和微型化,是虚拟仪器技术在测试测量领域的一次有益探索。图 4 - 3 - 10 和图 4 - 3 - 11 分别为 LCR 测试模块的实物图和基于 LabVIEW 平台的测试界面。

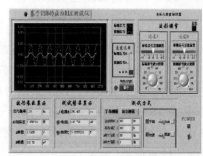

图 4 - 3 - 10　LCR 测试模块实物图　　　图 4 - 3 - 11　基于 LabVIEW 平台的测试界面

# 4.4　基于 USB 总线任意波形发生卡的设计

为了构建虚拟测试系统,作为实验教学的一部分,吉林大学虚拟仪器实验室开发了基于 USB 总线的微型虚拟任意波形发生器。本节对任意波形发生器的研制作简要介绍。

### 4.4.1　USB 总线任意波形发生器基本原理

该任意波形发生器采用 DDS 和 AWG 技术相结合的方式。其中,DDS 技术根据奈奎斯特采样定律将一个正弦信号取样、量化和编码,形成一个正弦函数表存储于 EPROM 中,通过改变相位累加器的频率控制字来改变相位增量,变化相位所对应的幅值通过 D/A 转换器及低通滤波器输出,即可得到合成的模拟信号。图 4 - 4 - 1 为 DDS 数字频率合成原理框图。AWG 技术是利用计算机产生所需信号的波形数据,存入波形数据存储器,然后在电路的控制下将数据循环读出送给 D/A,产生具有一定幅度、频率和相位的模拟波形。

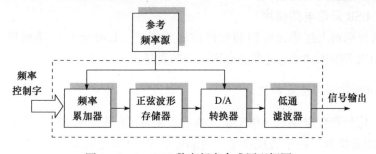

图 4 - 4 - 1　DDS 数字频率合成原理框图

### 4.4.2　USB 任意波形发生器总体设计方案

基于 USB 总线虚拟任意波形发生器系统原理框图如图 4 - 4 - 2 所示。其中 DDS 模式只能产生宽频带正弦波和方波, AWG 模式能产生任意波形, 但频带较窄。工作在 DDS 模式时, 直接控制数字频率合成芯片 AD9850, 使其按所设定的频率值产生频率精确的正弦信号, 该正弦信号经内部比较电路可产生方波。工作在 AWG 模式时, 由 DDS 提供的脉冲信号作为 CPLD 的时钟, 自动完成 SRAM 中数据的读取和 D/A 转换。转换后的信号通过放大驱动和滤波电路, 滤掉高次谐波, 得到频谱较纯的任意波形。

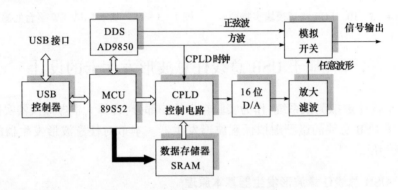

图 4 - 4 - 2　任意波形发生器原理框图

### 4.4.3　任意波形发生器硬件系统开发

由原理框图 4 - 4 - 2 可知, 任意波形发生器由如下四大模块组成:

(1) DDS 信号产生电路模块;

(2) CPLD 控制电路模块;

(3) 模拟通道输出模块;

(4) USB 通信电路模块。

下面分别对上述单元电路的设计作简要阐述。USB 通信电路模块和虚拟示波器及 LCR 测试仪相似, 请参照前面章节的讲述。

1. DDS 信号产生电路设计

DDS 信号产生电路以 AD9850 为核心。AD9850 是美国 AD 公司提供的 DDS 芯片, 采用直接数字频率合成技术。内部包括 32 位相位累加器、正弦查询表、高性能 DAC、高速比较器和滤波器, 能实现全数字编程控制的频率合成器和时钟发生器, 其最高时钟源可达 125MHz。根据奈奎斯特采样定律, 其输出最高频率为时钟信号的 1/2。

　　AD9850 具有 40 位长度寄存器,32 位用于频率控制,5 位用于相位控制,1 位为电源休眠功能,2 位厂家保留用于芯片测试。可以通过并行或串行方式将数据装入。图 4 - 4 - 3 是并行装入方式的时序图,其时序逻辑由 CPLD 内部产生。数据总线 DATA 在 W_CLK 上升沿将数据装入寄存器,40 位长度需要装载 5 次。最后在 FQ_UD 上升沿把 40 位数据从输入寄存器装入到频率、相位及控制数据寄存器,从而达到更新 DDS 输出频率和相位的目的,产生精确的正弦信号。AD9850 内部有高速比较器,与 DAC 滤波输出端相连,可以直接输出一个抖动很小的脉冲序列。此脉冲一方面直接作为输出信号,另一方面可以给 CPLD 提供频率可设的时基信号。

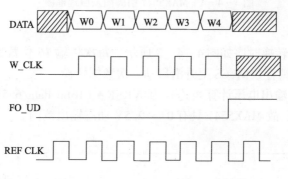

图 4 - 4 - 3　AD9850 并行装入时序图

**2. CPLD 控制逻辑设计**

　　可编程逻辑器件 CPLD 选择 ALTERA 公司提供的 EPM7128。在 MAXPLUS-II 环境下采用图形语言和 VHDL 语言混合编程的方式实现控制逻辑。

　　1）D/A 转换控制逻辑实现

　　D/A 转换器是整个系统的核心器件。输出波形的质量取决于 D/A 的分辨率和转换率。当用 D/A 转换器产生一个连续波形时,信号由若干个阶梯构成,D/A 的分辨率越高则高次谐波分量越小,信号越平滑。另外,获得连续平滑的输出信号,应采用尽可能多的数据点来描述一个周期的波形,即提高波形存储容量。综合任意波形发生器的各项技术指标,设计采用了 MAXIM 公司提供的 MAX5541。它是一种 16 位 D/A 转换器,属于电压输出型 DAC,采用 SPI 串行总线接口,具有 1μs 的信号建立时间。图 4 - 4 - 4 所示为 MAX5541 的封装引脚图和内部原理框图。

　　由于 DAC 采用 SPI 串行接口,因此,需要实现串/并转换逻辑。16 位 DAC 会占用 16 个时钟周期,这就要求对时基信号作进一步分频,从而限制了数据输出速率,降低了信号最高频率。但是其接口线少,只要改变一下 CPLD 内部电路,就可

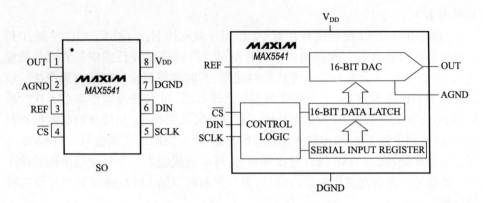

图 4 - 4 - 4　MAX5541 引脚图及原理框图

扩展多通道 AWG。

　　MAX5541 的转换时序如图 4 - 4 - 5 所示。每次传输 16 位数据,CS 低电平有效,SCLK 上升沿锁存数据,CS 上升沿启动一次数据转换。

　　MAX5541 的输出电压计算表达式为: VREF * (16bit data/65536)。设计选用 2.5V 电压基准源,故 MAX5541 具有 0 ~ 2.5V 动态输出范围。

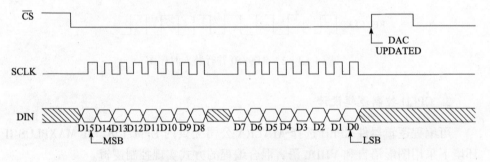

图 4 - 4 - 5　MAX5541 转换时序图

### 2) 数据存取控制模块的设计

　　该模块实现波形数据的存储与读出,其关键部分是地址发生器的设计。原理框图如图 4 - 4 - 6 所示。

　　地址发生器由 15 位计数器实现。当需要改变输出任意波形时,通过 USB 总线传输需要写入的数据点数和波形数据,根据数据点数确定 SRAM 的地址范围,并由写信号经译码作地址发生器的时钟,实时地将波形数据写入。当需要输出信号时,则可以根据地址范围循环读出数据,然后将 SRAM 中读出的数据通过 D/A 转换和低通滤波变为连续的模拟信号。

　　图 4 - 4 - 7 为存取控制电路的时序仿真图,其中 clk 是 DDS 提供的时基信号,frame_start 为转换控制门信号。整个控制逻辑由状态机完成,其中 start 为预备态,

r0h,r0l 状态从 SRAM 读出数据,wait_da 状态进行 D/A 转换。在前三个状态,
SRAM 读信号 da_ram_nrd 有效,在 r0h、r0l 状态,m_addr_frame 信号各有一个上升
沿,作为地址发生器读数据阶段的时钟信号,使 SRAM 地址自增,完成数据的自动
读取。在 D/A 转换状态,CPLD 自动将读出的两个 8 位数据合并为 16 位,并进行
并/串转换。

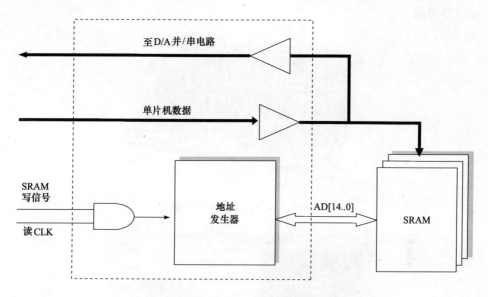

图 4-4-6 SRAM 存取控制逻辑

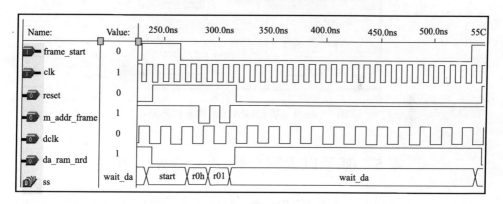

图 4-4-7 存取控制电路时序仿真图

### 3. 模拟通道输出电路设计

模拟通道输出部分选用高精度、低噪声的运算放大器 AD712,实现输出缓冲和
放大,提高 DAC 的负载能力。适当调节放大倍数,达到 0~2.5V 精确输出。另外,

为了切换 DDS 和 AWG 模式,选用了模拟开关 CD4052。

### 4.4.4　系统测试结果

系统基于 LabVIEW 和 LabScene 虚拟仪器开发平台作了测试,各项指标达到了预期目标。图 4 - 4 - 8 为波形发生器实物图,图 4 - 4 - 9 为基于 LabVIEW 的虚拟仪器界面。

图 4 - 4 - 8　波形发生卡实物图

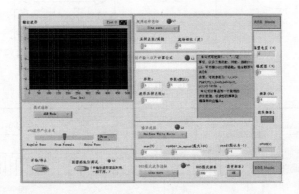

图 4 - 4 - 9　基于 LabVIEW 的软件界面

## 4.5　基于以太网总线嵌入式 Web 开发

Internet 的飞速发展和广泛应用给测试测量领域带来了新的机会,诞生了基于 Internet 的网络化仪器。特别在现场总线"天下混乱、江山未定"之时,以太网总线以其优良的性能和广泛的用户群受到了人们的普遍重视,并有着一统现场总线于一体的趋势。以太网总线应用的关键技术在于嵌入式 TCP/IP 模块的开发。吉林大学虚拟仪器实验室紧跟测试测量领域的发展方向,成功研制了嵌入式 Web 模块(如图 4 - 5 - 1 所示),应用于网络化分布式测控领域中。并且和实验室自主研发的图形化虚拟仪器开发平台 LabScene 一起构建网络化虚拟测控系统。本节内容重点阐述嵌入式 Web 服务器的开发。

图 4 - 5 - 1    嵌入式 Web 服务器实物图

### 4.5.1    TCP/IP 协议栈简介

国际标准化组织(ISO)于 1978 年制定了一套标准的网络架构——OSI 模型。OSI 模型常被引用说明数据通信协议的结构及功能,已经被通信界广泛使用且一致认可。OSI 模型分为七个层级,相互之间各司其职、相互依存。在实际应用过程中,OSI 七层参考模型中的某些层级常常被整合在一起,TCP/IP 模型就是人们常用和默认的一套四层整合模型。其分为应用层、传输层、互联网层和网络接入层。

应用层使得用户应用程序通过网络发送数据成为可能,它只提供对底层的访问,或者为 TCP/IP 模型提供一个上层应用的窗口,不向其他层提供服务。应用层支持 SMTP 协议、HTTP 协议、Telent 协议和 FTP 协议等。传输层的主要目的是向应用层提供点对点通信,控制数据流量,也提供一种可靠传输以确保数据能够正确抵达目的地。传输层有面向连接的控制传输协议(TCP)和面向无连接的用户数据报协议(UDP)。前者的特点在于高可靠性,但协议复杂;后者的特点在于快速性、协议简单,但可靠性差。网络层提供分配信源和宿源的逻辑地址功能,并且为网络间的数据流动选择最佳路径。网络层通常包含地址解析协议(ARP/RAP)、诊断和控制协议(ICMP)以及路由选择协议(RIP/IGRP)。最下方的网络联入层遵守以太网协议,如 IEEE802.3 等。

TCP/IP 模型的每一层提供头和控制信息,远程主机上的对等层去掉这些头和控制信息,并且明白对该数据报文作哪些处理。TCP/IP 模型中数据报文逐层传递,逐层加头模型如图 4-5-2 所示。

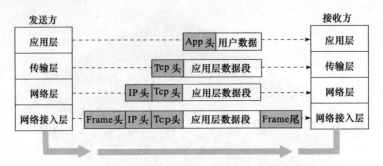

图 4-5-2　TCP/IP 模型数据包传递、加头示意图

### 4.5.2　基于以太网总线嵌入式 Web 总体设计方案

嵌入式 Web 服务器系统有以下两种实现方案:

(1) 采用专用 TCP/IP 协议集成芯片,该方案将 MCU 应用系统和内部固化了 TCP/IP 协议的芯片相结合。MCU 应用系统借助 TCP/IP 专用芯片,通过直接拨号或者以太网相连的方式接入 Internet,硬件电路相对简单。但是,由于 TCP/IP 协议复杂,没有一个专用芯片会实现所有协议组,并不一定符合用户的具体要求。协议集成芯片主要有 Scenix Semiconductor 公司的 SX-stack,Seiko 公司的 S7600A 和 Rabbit 公司的 Rabbit2000 芯片等。

(2) 采用一片 MCU 实现 TCP/IP 协议,作为接入 Internet 的专用通信控制器,该方案是要自行实现复杂的 TCP/IP 协议,研发周期增长。但是,由于自己实现通信协议,就可以针对不同的系统采用不同的协议,灵活性大大增强。另外,对于研究系统接入 Internet 的核心技术来说,这是理想的选择。基于上述考虑,设计选用了这种方案。

系统原理框图如图 4-5-3 所示。网络控制器选用台湾 RealTek 公司制造的 10M 以太网卡主芯片 RTL8019AS,此芯片与 NE2000 兼容,允许主机选择 16 位或者 8 位总线方式操作。该芯片采用 ISA 总线接口,容易实现与微控制器相连,因此广泛应用于嵌入式领域。系统的主控制器选择 52 内核单片机 W78E58,其与 ATMEL 公司的 AT89 系列单片机相比提高了时钟频率,扩大了程序存储容量。其内部集成了 32K 电可擦写 EEPROM,256B 静态 RAM。为了实现复杂的 TCP/IP 协议栈,采用 IS61C256 扩展 32K 静态 RAM 数据存储区。考虑到协议调试的复杂性和困难性,扩展一个串口,作为调试接口。通过这个接口,采用自己编写的调试软件显示分析微控制器发送的调试数据,以此来监控嵌入式 TCP/IP 的运行状态。

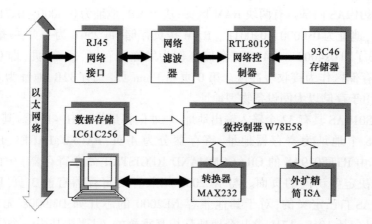

图 4-5-3　嵌入式 Web 系统原理框图

### 4.5.3　以太网络控制器 RTL8019AS 介绍

RTL8019AS 具有如下主要性能：

（1）符合 EthernetII 与 IEEE802.3(10Base5、10Base2 和 10BaseT)标准；

（2）全双工，收发可同时达到 10Mb/s 的传输速率；

（3）内置 16KB 的 RAM,用于收发缓冲,降低对主处理器的速度要求；

（4）支持 8/16 位数据总线、8 个中断申请线以及 16 个 I/O 基地址选择；

（5）支持 UTP、AUI 和 BNC 自动检测,并且支持对 10BaseT 拓扑结构的自动极性修正；

（6）支持 JUMPER 和 JUMPERLESS 选项,兼容即插即用功能；

（7）允许 4 个诊断 LED 引脚可编程输出；

（8）100 脚的 PQFP 封装,缩小了 PCB 尺寸。

以太网络控制器 RTL8019AS 内部可分为远程 DMA 接口、本地 DMA 接口、MAC(介质访问控制)逻辑、数据编码解码逻辑和其他端口。

远程 DMA 接口是指单片机对 RTL8019AS 内部 RAM 进行读写的总线,即 ISA 总线接口部分。单片机发送数据只需对远程 DMA 操作。本地 DMA 接口是指 RTL8019AS 与网络的连接通道,完成控制器与网络的数据交换。

MAC(介质访问控制)逻辑完成以下功能:当单片机向网上发送数据时,先将一帧数据通过远程 DMA 通道发送到 RTL8019AS 中的发送缓存区,然后发出数据传送命令。当 RTL8019AS 完成上一帧数据发送后,再开始此帧数据的发送。RTL8019AS 接收到的数据通过 MAC 比较、CRC 校验后,由 FIFO 存到接收数据缓存区,收满一帧后,以中断或寄存器标志的方式通知主处理器。FIFO 逻辑对收发数据作 16B 的缓冲,以减少对本地 DMA 请求的频率。

RTL8019AS 内部具有两块 RAM 区,一块 16KB,地址为 0x4000 ~ 0x7FFF,另外一块 32B,地址为 0x0000 ~ 0x001F。RAM 按页存储,每 256B 为一页,一般将 RAM 的前 12 页(即 0x4000 ~ 0x4BFF)存储区作为发送缓存区,后 52 页(即 0x4C00 ~ 0x7FFF)存储区作为接收缓冲区。第 0 页叫 Prom 页,只有 32B,地址为 0x0000 ~ 0x001F,用于存储以太网设备物理地址。

RTL8019AS 具有 32 个输入输出地址,地址偏移量为 00H ~ 1FH。其中 00H ~ 1FH 共 16 个地址为寄存器地址,寄存器分为 4 页:PAGE0、PAGE1、PAGE2 和 PAGE3。由 RTL8019AS 的 CR(COMMAND REGISTER 命令寄存器)中的 PS1 和 PS0 位来决定要访问的页面。与 NE2000 相兼容的寄存器有前 3 页,PAGE3 是 RTL8019AS 自己定义的,对于其他兼容 NE2000 的芯片如 DM9008 无效。远程 DMA 地址包括 10H ~ 17H,这几个地址是相互重叠的,只要用其中一个就可以了。复位端口地址包括 18H ~ 1FH,一共有 8 个,功能一样,用于 RTL8019AS 芯片的复位。

RTL8019AS 寄存器分为 4 页,页与页之间的切换通过命令寄存器 CR(COMMAND REGISTER)来完成。掌握这些寄存器的操作是控制 RTL8019AS 的根本之所在。概括起来,RTL8019AS 主要寄存器如表 4 - 5 - 1 所示。

**表 4 - 5 - 1　RTL8019AS 主要寄存器**

| 页号 | 地址 | 寄存器名 | 用途说明 |
| --- | --- | --- | --- |
| 0 | 01H | PSTART | 设定接收缓冲区的地址 |
| | 02H | PSTOP | 设定接收缓冲区的结束地址 |
| | 03H | BNRY | 读当前指针 |
| | 04H | TPSR | 设定传输缓冲区起始地址 |
| | 07H | ISR | 中断状态寄存器 |
| | 08H | RSAR0 | 远程 DMA 起始地址寄存器 0 |
| | 09H | RSAR1 | 远程 DMA 起始地址寄存器 1 |
| | 0AH | RBCR0 | 远程 DMA 长度寄存器 0 |
| | 0BH | RBCR1 | 远程 DMA 长度寄存器 1 |
| | 0CH | RCR | 接收控制寄存器 |
| | 0DH | TCR | 传输控制寄存器 |
| | 0EH | DCR | 数据配置寄存器 |
| | 0FH | IMR | 中断屏蔽寄存器 |
| 1 | 01H ~ 06H | PAR0 ~ PAR5 | 网卡物理地址寄存器 |
| | 07H | CURR | 当前写指针 |

#### 4.5.4　嵌入式 Web 硬件系统设计

嵌入式 Web 服务器的构建基于单片机平台,以 W78E58 为核心控制单元,扩展数据存储单元,以总线方式寻址以太网络控制器 RTL8019AS。下面简要介绍各单元电路的实现思想。

1. W78E58 最小系统构建

如图 4 - 5 - 4 所示为 W78E58 单片机最小系统电路原理图。主干芯片为 W78E58 和锁存器 74LS373,外扩数据总线、地址总线和 I/O 总线。数据总线用于访问外部 32K 数据存储器和以太网络控制器 RTL8019AS,并且通过系统的精简 ISA 总线向外预留了 16K 数据空间,使得系统板能够作为一个网络适配器嵌入到其他系统中。扩展 I/O 总线也作为精简 ISA 总线输出。

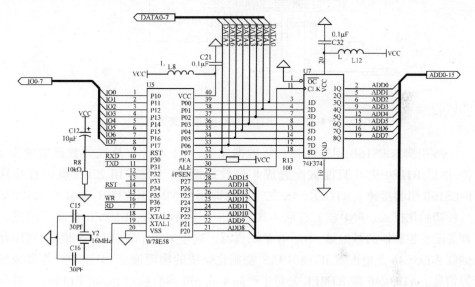

图 4 - 5 - 4　W78E58 最小系统

2. RTL8019AS 外围电路设计

RTL8019AS 具有标准 ISA 总线接口,容易和微控制器连接,接口形式简单,在嵌入式领域得到了广泛应用。单片机对 RTL8019AS 的操作可以理解成对外部 RAM 的类似操作。其外围参考电路如图 4 - 5 - 5 所示。

芯片复位引脚由单片机的 I/O 引脚控制,RSTDRV 为高电平时有效,并且至少需要 800ns 的复位宽度。在单片机中可以采用长延时操作确保 RTL8019AS 准确复位。

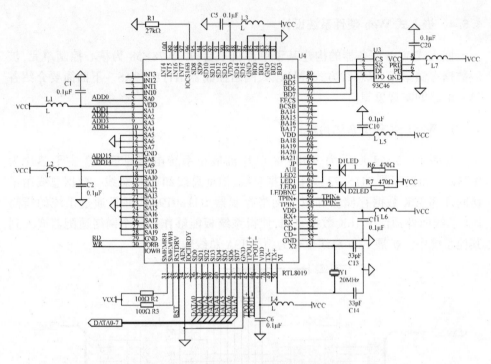

图 4 - 5 - 5　RTL8019AS 外围电路原理图

96 引脚 IOCS16B 用来选择总线数据宽度,由于单片机总线的数据宽度为 8 位,所以 RTL8019AS 只能被配置成 8 位数据模式,于是采用 27kΩ 电阻直接将 IOCS16B 引脚接地。RTL8019AS 支持即插即用(PNP)、JUMPER 和 JUMPERLESS 三种初始化模式。PNP 模式在嵌入式系统中一般不常用,JUMPER 模式采用拨码开关配置控制器的基地址、中断等系统资源。这里采用 JMPERLESS 模式,利用存储器 AT93C46 上电配置 RTL8019AS,初始化系统的物理地址、中断和操作基地址等信息。AT93C46 是 ATMEL 公司生产的 4 线 SPI 串行接口 Serial EEPROM,容量为 1Kbit(64 × 16bit),常用于配置信息的存储。在该器件中,00H ~ 03H 的地址空间用于存储 RTL8019AS 内配置寄存器 CONFIG1 ~ 4 的上电初始化值。地址 04H ~ 11H 用于存储网络节点地址,即物理地址(MAC)。RTL8019AS 通过引脚 EECS、EESK、EEDI 控制 93C46 的 CS、SK、DI 引脚,并且通过 EEDO 接收 AT93C46 的 DO 引脚数据。RTL8019AS 复位后读取 AT93C46 的内容并设置内部寄存器的值。如果 AT93C46 中的内容设置不正确,RTL8019AS 就无法正常工作。我们可以通过 RF1800 之类的编程器来读取并且修改 AT93C46 内部的内容。

嵌入式 Web 系统对 AT93C46 进行了如下配置:数据 00H 写入 AT93C46 的地址 00 ~03H 单元内,地址 04H ~09H 单元中存放符合物理地址规范的任意 6 字节数据,这六个字节数据就是本 Web 服务器的物理地址。这样,RTL8019AS 复位后读取 AT93C46 中存储的配置内容,并设置相应的配置寄存器。例如,CONFIG1 的配置值为 00H,该配置寄存器的低 4 位 IOS3-0 用于选择 I/O 基地址,当 IOS3-0 为 0 时,RTL8019AS 选择的端口 I/O 基地址为 300H。

RTL8019AS 的地址总线为 20 位,于是访问 RTL8019AS 的地址空间为 00300H ~ 0031FH,当用二进制表示 00300H ~ 0031FH 时可以发现第 19 位到第 5 位是固定的:000000000011000。所以 RTL8019AS 的 20 根地址线采用如图 4-5-5 所示的连接,SA19 ~ SA10 直接接地,SA8 和 ADD15 相连接,SA9 和 ADD14 相连接,SA0 ~ SA4 和地址总线 ADD0 ~ ADD4 对应连接。这样只有当 ADD14 和 ADD15 都为高电平的时候才能访问 RTL8019AS 的地址空间,所以对 W78E58 单片机而言,RTL8019AS 的地址范围为 C000H ~ C01FH。因此,在 Keil C51 环境下采用宏定义对寄存器端口地址作了如下定义:

```
#define reg00    XBYTE[0xC000]     /* 00300H */
#define reg01    XBYTE[0xC001]
#define reg02    XBYTE[0xC002]
...
#define reg10    XBYTE[0xC010]     /* 00310H */
```

### 3. 网络接口电路设计

由于 RTL8019AS 内置了 10BASE-T 收发器,所以网络接口电路的设计比较简单。通过 TPOUT ± 和 TPIN ± 外接一个隔离滤波器 20F-01 即可,电路连接如图 4-5-6 所示。

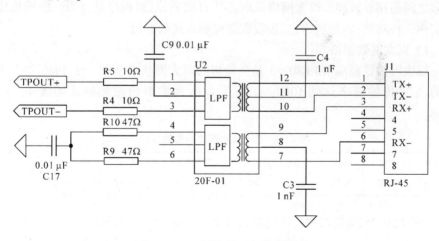

图 4-5-6　网络接口电路原理图

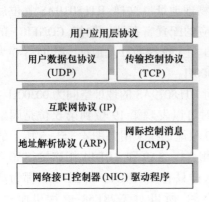

图 4 - 5 - 7　各层协议体系框架

### 4.5.5　嵌入式 Web 软件系统设计

软件是嵌入式 Web 系统开发的关键和难点,软件系统的主要工作集中在嵌入式 TCP/IP 协议栈的开发。为了增强程序的可移植性和调试的方便性,程序设计采用了模块化的编程思想,各部分程序都相互独立成一个文件,其体系结构如图 4 - 5 - 7 所示。最底层为网络接口控制器的驱动程序,也就是 RTL8019AS 的驱动程序。往上分别实现了 ARP 协议、IP 协议、TCP 协议和 HTTP 协议。由于嵌入式系统硬件资源的有限性和实现功能的单一性,所以没有必要将一个完整的协议栈全部嵌入到系统中去,必须经过有效的裁剪。下面对各层协议的实现及程序设计思想作简要介绍。

#### 1. RTL8019AS 驱动程序开发

在软件体系结构的最底层是 RTL8019AS 驱动程序,所谓驱动程序是指一组子程序,它们屏蔽了底层硬件处理的细节,同时向上层软件提供与硬件无关的接口。驱动程序将要发送的数据报文按指定格式写入芯片并启动发送命令,RTL8019AS 就会自动把数据报文转换成物理帧格式在物理信道上传输。反之,RTL8019AS 收到物理信号后将其还原成数据,按指定格式存放在芯片 RAM 中,并设定相应标志位或者产生中断通知主机程序取用。形象描述一下,RTL8019AS 完成数据包和电信号之间的相互转换。以太网协议由芯片自动完成,对程序员透明。驱动程序主要实现三种功能:芯片初始化、接收数据包和发送数据包。

1) 以太网数据格式

以太网协议标准 IEEE802.3 是在最初的以太网技术基础上于 1980 年开发成功的,它的传输速率达到 10Mb/s。标准以太网数据传输帧格式如表 4 - 5 - 2 所示。

表 4 - 5 - 2　以太网数据传输帧格式

| 名字 | PR | SD | DA | SA | TYPE | DATA | PAD | FCS |
|---|---|---|---|---|---|---|---|---|
| 长度 | 56 位 | 8 位 | 48 位 | 48 位 | 16 位 | 不超过 1500 字节 | 可选 | 32 位 |

RTL8019AS 接收帧和发送帧格式分别如表 4 - 5 - 3 和表 4 - 5 - 4 所示。

表 4 - 5 - 3　RTL8019AS 接收帧格式

| 接收状态 | 下一页指针 | 以太网帧长度 | 目的 IP 地址 | 源 IP 地址 | 类型 TYPE/长度 LEN |
|---|---|---|---|---|---|
| 8 位 | 8 位 | 16 位 | 48 位 | 48 位 | 16 位 |

| 数据与 DATA | 填充 PAD | 校验 FCS |
|---|---|---|
| 〈 =1500 字节 | 可选 | 32 位 |

表 4 - 5 - 4　RTL8019AS 发送帧格式

| 目的 IP 地址 DA | 源 IP 地址 SA | 类型 TYPE/长度 LEN | 数据域 DATA | 填充 PAD |
|---|---|---|---|---|
| 48 位 | 48 位 | 16 位 | 〈 =1500 字节 | 可选 |

从上面的表格可以看出，RTL8019AS 的传输帧是在以太网的传输帧上扩展的，特别是接收帧的前四个字节，方便了用户的编程。

2）驱动程序函数设计

RTL8019AS 驱动程序主要包含如下三个函数：

（1）8019AS_initiate( )：RTL8019AS 网络控制器初始化函数，完成网卡工作模式的设置、物理地址分配等任务。初始化过程的一个很重要的操作就是配置控制器的物理地址，可以调用封装好的 Read_Hawd( )函数从 Prom 页中读取物理地址，采用 Write_Hawd( )函数将物理地址写入寄存器 PAR0 ~ PAR5 中。一切设置完毕后将网卡配置成正常工作模式。当网络存在数据传输时，正常工作灯就会闪烁。

（2）send_frame( )：帧发送函数。通过远程 DMA 将数据发送至 RTL8019AS 内部寄存器，并给出发送缓冲区首地址和数据包长度（操作 TPSR、TBCR0,1 寄存器），然后启动发送命令，实现数据发送功能。

（3）receive_frame( )：帧接收函数，从接收缓存区中获取数据。

2. 地址解析协议 ARP 的实现

ARP 协议实现 IP 地址到硬件物理地址之间的动态映射。当主机要找出另一个主机的物理地址时，它就发送一个 ARP 查询。查询采用局域网广播方式，目的主机的 ARP 层收到这份广播后，返回一个带有解析地址的 ARP 应答包。

嵌入式 Web 服务器在内存中维护了一个动态学习到的地址信息表格，这个表格称为本地 ARP 地址信息表格。由于硬件系统提供了 32K 内存，资源有限，所以这张表格不可能做得很大，嵌入式 Web 服务器动态保存了 10 个地址信息。为了使地址信息表不断更新，嵌入式 Web 服务器每隔 60s 动态刷新 ARP 缓存，将超时的地址信息扔掉。另外，在 ARP 接收函数中，不断采用新的 IP 地址来更新老的地址信息。

（1）ARP 发送的实现。

嵌入式 Web 服务器在两种情况下需要调用 ARP 发送函数：①主机接收到一个 ARP 请求需要调用 ARP 发送程序完成 ARP 应答；②发送 IP 数据包时，目的 IP 地址信息在 ARP 缓存中不存在，需要调用 ARP 发送程序实现 ARP 请求。实现 ARP 发送功能的函数为 arp_send( )。其函数形式如下：

```
void arp_send( unsigned char *  hwaddr,
               unsigned long ipaddr,
               unsigned char message){ … }
```

（2）ARP 接收的实现。

以太网接收函数 eth_receive( )接收到数据后通过协议类型字段调用高层协议处理函数，当字段内容为 0x0806 时调用 ARP 接收函数 arp_receive( )。ARP 接收函数通过操作码判断是 ARP 地址解析请求包还是一个 ARP 地址解析应答包。其函数形式如下：

```
void arp_receive(unsigned char xdata *  in_buf){ … }
```

（3）ARP 定时重传。

TCP/IP 协议为了解决数据包丢失问题，采用了定时重传技术，当数据被发送以后，在一定的时间段内如果没有接收到对方应答，发送主机就会启动定时重传功能，将上一帧数据重新传输。ARP 数据报文和 TCP 数据报文发送时都采用了定时传输机制。

ARP 定时重传函数形式为

```
void arp_resend( void){ … }
```

**3. 网际互联协议 IP 的实现**

网际互联协议（IP）提供了一种不可靠、无连接的点到点数据报文传输服务。嵌入式 Web 服务器的 IP 协议处理程序包括 IP 数据报文发送程序和 IP 数据报文接收程序。实现对 IP 协议头的填写和字段的检测，提供 IP 路由等信息。由于嵌入式资源的有限性，设计的 IP 协议处理程序不支持数据报文的分段。实际上也没有必要支持分段处理，嵌入式 Web 服务器往往应用于传输数据量很小的场合，例如，智能传感器等领域。

（1）IP 发送函数的实现。

IP 发送函数在相应的 IP 协议头字段中填入必要的信息用于以太网路由和数据传输。但是它不保证数据能够成功到达对方，不提供数据校验功能，只对 IP 协议头采用了校验和纠错方法。在嵌入式 Web 服务器系统中，设计将 IP 协议头长度限定在 20B，不采用可选项，不支持分段功能，这些处理都简化了嵌入式 IP 发送函数的实现。

在发送数据报文时,IP 发送程序需要判断目的 IP 地址和发送主机是否处于同一逻辑网段上,如果处于同一逻辑网段,可以直接发送数据包,如果处于不同的逻辑网段,那么需要网关对数据报文进行路由转发,IP 发送函数需要将数据报文直接发送给本地网关。这时,发送的物理地址也将是本地网关的物理地址。

发送函数通过两个逻辑地址和子网掩码来判断两个主机是否属于同一网段。首先,将两个主机的逻辑地址进行异或运算,然后,将运算结果和子网掩码作逻辑与,运算结果非零,则说明这两个主机不处于同一网段;运算结果为零,则说明处于同一网段。

IP 发送函数通过调用物理链路层的以太网发送函数 eth_send( ) 实现数据的发送,其函数形式如下:

```
void ip_send(UCHAR xdata * outbuf, ULONG ipaddr, UCHAR proto_id,
UINT len){…}
```

(2) IP 接收函数的实现。

以太网接收函数 eth_receive( ) 判断帧类型字段为 IP_PACKET(0x0800)时调用 IP 接收函数。IP 接收函数对协议头中的各字段进行检查,若目的 IP 地址、协议头校验和 IP 版本号错误,那么放弃这个数据包直接返回,不进行任何处理。

IP 协议头长度通常为 20B,但是,如果协议头采用了可选项,长度会超过 20B,且是可变的。这给后继高层协议数据段的定位带来了很大的不便,特别在微控制器这样的硬件平台上。考虑到协议头可选项对嵌入式 Web 服务器协议的处理和数据的传输没有影响,所以在 IP 接收函数中直接将可选项去除,将协议头长度调整为 20B,简化了后继协议的处理。

IP 接收函数形式如下:

```
void ip_receive(unsigned char xdata * inbuf){ … }
```

4. 传输控制协议 TCP 的程序设计

TCP 是一种面向连接的协议,任何两台计算机的应用程序通过网络可靠通信之前,都必须建立一个套接字连接(connection)。端口号和 IP 地址构成了一个套接字,套接字、序列号、窗口尺寸等信息结合起来构成一个连接,连接有严格的建立、复位和关闭步骤。网络连接的建立确保了网络数据传输的高度可靠性。

TCP 协议的主要功能包括:

① 连接的建立和清除;

② 连续字节流的传送;

③ 错误控制(数据的丢失、重复和顺序错等);

④ 基于字节序号的流控制;

⑤ 支持多路复用功能,多个应用程序同时使用 TCP 协议模块。

TCP 协议是整个协议栈的核心,是设计的重点。对于嵌入式系统而言,TCP 协议需要精简,本设计对 TCP 协议进行了有效精简。

(1) TCP 状态机的实现。

结合嵌入式服务器实际情况,构建嵌入式 TCP 有限状态机模型,如图 4-5-8 所示。在一些对于嵌入式服务器不必要的地方做了修改、简化,但仍保持与标准 TCP 协议的一致。

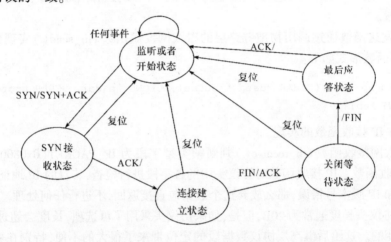

图 4-5-8　嵌入式服务器 TCP 有限状态机模型

在设计嵌入式 Web 服务器时,TCP 协议的上层只支持 HTTP 协议,嵌入式服务器将数据采集、运行参数等当前实时数据存入存储器中网页的相关位置。对于任何 TCP 连接,每次只是支持 HTTP 协议发送网页服务。并把每次发送的网页数据大小限制在一个数据报文内,不会出现 IP 包的分拆。作为嵌入式 Web 服务器,TCP 连接时只处于被动服务状态,所以可以将标准 TCP 有限状态机的主动创建连接的 SYN-SENT 状态、主动关闭连接的 FIN-WAIT1、FIN-WAIT2、CLOSING 和 TIME-WAIT 状态省去。在设计中,还去掉了 CLOSED 状态,让状态机一开始就处于 LISTEN 状态,来监听客户端的连接请求,避免了主动或被动打开的操作,对嵌入式场合更为有效。

在三次握手建立连接的过程中,嵌入式 Web 作为监听状态的服务器,始终为被动方,相当于被动打开后的 LISTEN 状态,等待对方发起连接。当接收到 SYN 数据后,发出 SYN + ACK 数据包,确认已经接收到对方的 SYN,随后进入 SYN RECEIVED 状态。当再接收到对方返回的一个仅含 ACK 的空数据包,则三次握手完成,进入 ESTABLISHED 状态。处于 ESTABLISHED 状态时,连接可以进行正常的 TCP 数据通信。TCP 建立连接三次握手的示意图如图 4 - 5 - 9 所示。

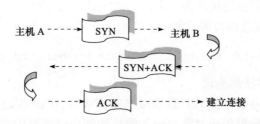

图 4 - 5 - 9　建立连接过程示意图

图 4 - 5 - 10 所示为通过 IP 截获工具 ComVIEW 软件捕获的建立连接过程数据包。图 4 - 5 - 10(a)、(b) 和(c) 依次为连接建立过程中的三个状态。

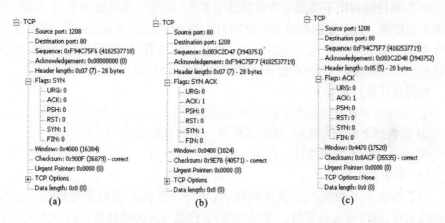

图 4 - 5 - 10　ComVIEW 软件捕获建立过程数据包

（2）TCP 发送函数的实现。

由于嵌入式 Web 服务器功能单一，所以，设计的 TCP 发送函数只发送 TCP 的控制标记，不发送数据段。数据段的发送由 HTTP 处理程序实现。设计的 TCP 发送函数形参包括控制标记 flags、协议头长度 hdr_len、连接号 nr 和连接标志 connect。其主要完成 TCP 协议头的填写。函数形式如下：

```
void tcp_send(UINT flags, UINT hdr_len, UCHAR nr,UCHAR connect){ … }
```

（3）TCP 接收函数设计。

TCP 接收函数完成 TCP 状态机。在每次接收到数据报文之后，TCP 接收函数需要对 TCP 协议头校验、校验和进行验证，然后判断数据包发往的连接。如果连接存在，那么判断是否是期望接收到的数据包，并将数据包交给 TCP 有限状态机处理。如果连接不存在，那么判断是否为建立连接请求，如果不是，那么放弃数据包,反之,与服务器建立连接。由于嵌入式 Web 上层协议只支持 HTTP,也就是 80 端口,其他的一切服务将被认为无效。

设计的 TCP 接收函数形式如下:

```
void tcp_receive(unsigned char xdata * inbuf, unsigned int len) { … }
```

(4) 校验和算法的实现。

为了确保 IP 协议头和 TCP 数据报文的准确性,IPV4 引进了校验和算法。校验和由软件计算,数据传送时将校验和值添加到协议字段中去。接收方接收到数据后,协议处理软件重新计算校验和,并与接收得到的校验和进行比较,从而达到数据查错的目的。TCP/IP 协议中校验和分为 IP 头部校验与 TCP 数据校验两部分。

IP 头部校验和用于确保头部数据的完整性,该校验和只适用于 IP 头部,而不适用于数据段。TCP 数据校验和的计算方法和 IP 头校验和算法一致,需要注意的是计算 TCP 校验和需要加上伪协议头。伪协议头违背了协议的分层原则,但这种违背是出于实际需要考虑的,也正体现了 TCP/IP 协议设计的灵活性。

校验和计算过程如下:

① 将校验和数据区每个字进行相加运算;

② 当数据个数为奇数时,别忘了最后一个数据单元;

③ 将进位位累加到累计和中去。

(5) TCP 定时重传。

为了解决 TCP 数据报文丢失问题,TCP 协议提供了定时重传机制。在发送 TCP 报文时,对传输进行定时。定时时间到,检查对方的确认号是否和发送主机的发送顺序号一致,当确认号小于发送顺序号时表明出现丢包现象,必须重发数据包。为了避免无限次重发循环,发送次数是受限的。当重发次数超过受限次数以后,嵌入式 Web 主动发送连接复位信号,结束本次连接。另外,TCP 状态机不处于建立状态时,所有丢包现象一律复位连接,这样的处理简化了程序设计,对嵌入式系统很有必要。

处理数据重传一个比较简单的办法是备份最近发送的数据报文。在嵌入式系统中,这种办法浪费硬件资源,一种比较经济但是会影响传输速度的办法是保存这个数据报文中的关键信息,使得传输的报文能够被重新生成出来。设计采用了这种方法。

定时重传的函数形式为

```
void tcp_resend(void) { … }
```

#### 5. 主循环程序设计

主循环程序采用了前后台程序设计思想。前台程序通过标志位实现程序跳转,后台程序通过定时器和查询方式改变标志位。基于这种架构,程序设计清晰明了,但在实时性方面不尽如人意。可以采用嵌入实时操作系统的办法提高程序的运行效率、实时性以及系统可靠性。考虑到单片机本身资源和性能的局限性,移植实时操作系统效果并不一定理想,所以在工程实际和高性能应用中,应该选择其他高速处理器(如 ARM 或 DSP 等)真正地在硬件性能和程序框架上有一个质的飞跃。

### 4.5.6　嵌入式 Web 调试及测试结果

嵌入式 Web 采用串口通信的方式监控嵌入式 TCP/IP 运行情况,在用户调试机上开发了调试软件,分析嵌入式 Web 接收到的数据报文,监视程序运行情况。图 4 - 5 - 11 为调试软件界面。嵌入式 Web 通过 Hub 接入局域网之后,局域网中任何一台主机都可以访问嵌入式 Web,图 4 - 5 - 12 演示了服务器的运行效果。

图 4 - 5 - 11　调试软件界面　　　　图 4 - 5 - 12　服务器运行效果

## 4.6　基于以太网总线网络化虚拟信号发生器的设计

基于以太网总线的网络化虚拟信号发生器基于直接数字频率合成技术(DDS),具有很高的频率稳定度和分辨率,能够作为通用的虚拟信号发生器使用,亦可以作为科学研究和工业测试的信号源使用。研制的网络化虚拟信号发生器具有如下特点:

(1) 具有以太网接口和串行接口两种接口方式,总线接口自动识别;

（2）　+9V/1A 桌面电源供电；

（3）　嵌入式 TCP/IP 协议栈,包括 TCP、IP、ARP、ICMP、UDP 等协议,具有远程控制的能力；

（4）　标准波形产生:包括正弦波、方波和三角波；

（5）　任意波形产生:通过以太网接口或者串行接口产生任意波形；

（6）　Chirp 信号等特殊波形产生；

（7）　输出频率范围: 0.01Hz~5MHz；

（8）　输出电压峰峰值: ±5V；

（9）　偏置调节范围: ±10V；

（10）　内嵌动态网页,可以通过浏览器对设备进行远程操作；

（11）　应用软件通过 Socket 接口对设备操作。

### 4.6.1　DDS 技术介绍

直接数字频率合成技术是一种新型的数字频率合成技术,它根据奈奎斯特采样定理,从连续信号的相位出发,将信号在一个周期内取样、量化和编码,形成一个相位和幅度对应的函数表,存放在波形存储器中。频率合成时,通过一个地址发生器对检索表中的波形数据周而复始地寻址读出,经过 D/A 变换和滤波后,获得所需要的信号波形。其基本原理如图 4-6-1 所示。

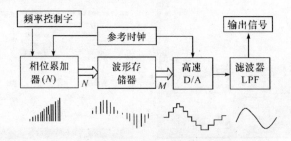

图 4-6-1　DDS 原理框图

DDS 系统的核心是相位累加器,在参考时钟 $f_{CLK}$ 的控制下,相位累加器对频率控制字 $K$ 进行线性累加,得到的相位码作为地址去寻址波形存储器,当相位累加器计满时就会产生一次溢出,从而完成一个周期性的动作。这个周期即是 DDS 合成信号的一个频率周期。当 $K$ 取不同值时,影响相位累加器的溢出时间,从而改变信号的输出频率。DDS 的相位累加器原理如图 4-6-2 所示。

当 DDS 的时钟频率为 $f_{CLK}$,相位累加器的位数为 $N$,频率控制字为 $K$ 时,可获得 DDS 输出频率为

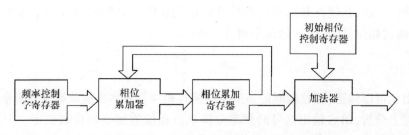

图 4-6-2　DDS 相位累加器原理框图

$$f_{\text{OUT}} = \frac{f_{\text{CLK}}}{2^N} \times K$$

由 Nyquist 采样定理可知,所产生信号的频率应不高于采样时钟频率 $f_{\text{CLK}}$ 的二分之一,因此 DDS 在理论上输出的最大频率为

$$f_{\text{MAX}} = \frac{f_{\text{CLK}}}{2}$$

在 DDS 输出频率表达式中,取 $K=1$,即为 DDS 的频率分辨率:

$$\Delta f_{\text{min}} = \frac{1}{2^N} \times f_{\text{CLK}}$$

DDS 的最小相位分辨率为

$$\Delta \theta_{\text{min}} = \frac{2\pi}{2^N}$$

相位与幅度成一定对应关系的数字波形数据输入至 DAC 进行数模转换。DAC 的量化位数又决定了波形的幅值分辨率。

通过上面的计算与分析,可以看出 DDS 技术可以实现很高的频率分辨率和相位分辨率,且输出相位控制精确,这是 DDS 技术的显著特点。

实际应用中,$N$ 值往往取得很大,例如,$N$ 取 32,这样可以得到 mHz 甚至 μHz 数量级的频率分辨率,但是这又引入了另外一个问题。根据 DDS 原理,相应的波形数据存储器容量也要做成 $2^N$,在实际工程中,由于受到成本、功耗等诸多因素限制,不可能采用这么大的容量。为了解决这一问题,引入相位截断的概念,即只用相位累加器 $N$ 位中的高 $M$ 位来寻址波形表。如 $N=32$,取 $M=12$,将剩余的 $B$ 位($B=N-M$)截断不用,这样存储器容量只需要 $2^M$,与 $2^N$ 相比,大大减少了存储容量。此时,DDS 的输出频率表达式仍然不变,可以表述为

$$f_{\text{OUT}} = \frac{f_{\text{CLK}}}{2^N} \times K = \frac{\dfrac{f_{\text{CLK}}}{2^B}}{2^M} \times K$$

相位截断相当于对参考时钟 $f_{\text{CLK}}$ 先进行 $2^B$ 分频,然后再对 $2^M$ 容量的波形存

储器进行寻址,其优点是以小容量的存储单元获得了高频率分辨率的输出波形。但是,通过相位截断,DDS 的最小相位分辨率为

$$\Delta\theta_{\min} = \frac{2\pi}{2^M}$$

由此可以知道:相位截断的实质是以牺牲相位分辨率来换取频率分辨率。

综上分析,DDS 输出信号的频率分辨率由相位累加器的位数决定;相位分辨率由 RAM 的寻址位数决定;而幅值分辨率则由波形数据的量化位数,即 DAC 的位数决定,这为 DDS 信号发生器的设计提供了理论依据。

### 4.6.2　网络化虚拟信号发生器总体设计方案

1. 方案比较论证

基于 DDS 技术实现信号发生器大体有如下两种解决方案:

(1) 采用高性能 DDS 专用芯片。

随着微电子技术的飞速发展,各大 DDS 制造商纷纷推出了许多性能优良的 DDS 产品,如 Qualcomm 公司推出的 Q2220、Q2230、Q2334、Q2240 和 Q2368 系列,美国 AD 公司推出的 AD9850、AD9851 和 AD9852 系列等。这些 DDS 专用芯片利用先进的制造工艺,将波形查询表、高速 D/A 等全部集成在一起,使得信号发生系统高度集成,输出信号频谱质量高,系统功耗也大大降低。

(2) 自行设计 DDS IP 核。

DDS 系统主要由数字电路组成,所以完全可以利用可编程逻辑器件(CPLD)来实现。可编程逻辑器件以其速度高、规模大和可编程,以及强大 EDA 软件支持等特点,十分适合 DDS 技术的实现。因此,可以根据 DDS 的基本原理实现 DDS IP 核,这种方案灵活性比较大。

设计采用了第二种方案,基于 DDS 原理,自行设计 IP 核,然后在 CPLD 上实现 DDS。方案具有很强的设计灵活性,完成了信号发生器的所有功能。

2. 设计方案原理

根据模块化设计思想,将整个系统分成以下四大模块:

(1) 数据通信接口模块:包括 RS232 串口和以太网接口两类,与上位机进行通信;

(2) 单片机与 CPLD 控制逻辑:包括命令接收与处理,产生各种控制信号;

(3) DDS 信号发生模块:包括相位累加器、波形数据存储器和高速 DAC;

(4) 信号调理模块:实现信号放大、幅度调节和直流偏置调节等功能。

系统设计原理框图如图 4 - 6 - 3 所示。系统的工作流程描述如下:信号发生

器首先通过网络接口或者 RS232 串口与 PC 机进行数据通信,单片机根据 PC 机发送的控制命令需要做两方面工作:一方面计算波形数据并存储于波形表中,另一方面对 DDS 信号发生模块和信号调理模块进行配置,设置输出波形的频率、幅度和相位等参数。最终,在上位机指令的控制下,存储在波形表中的数字信号经过数模转换和信号调理后,输出得到用户所期望的波形。

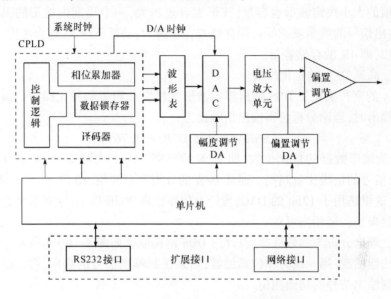

图 4-6-3 虚拟信号发生器系统原理框图

### 4.6.3 网络化虚拟信号发生器硬件电路设计

网络化虚拟信号发生器硬件单元包括 DDS 信号发生模块、信号调理模块、控制器模块、扩展接口模块以及电源模块五大部分。下面对这些硬件模块的设计进行介绍。

1. DDS 信号发生模块设计

DDS 的理论分析为设计提供了依据,因此,DDS 的设计主要考虑四个参数的选取:

(1) 参考频率 $f_{CLK}$ 的选取。

将数字信号还原为模拟信号,根据采样定理,理论上采样频率只要大于被采样信号带宽的两倍即可。但考虑到实际信号不可能是理想的限带信号,因此要进行多点采样。设计中,选取最低采样点数为 8,若正弦信号最高输出频率为 5MHz,则需要采样时钟频率至少为 40MHz,实际选取 50MHz。

（2）相位累加器长度 $N$。

理论上 $N$ 值越大，频率分辨率越高。而且 $N$ 值的大小与寄存器的个数成正比，考虑到 CPLD 的容量，设计选取 $N=30$。在 50MHz 参考时钟下，频率分辨率达到 0.046Hz。

（3）波形存储容量。

$M$ 值的大小决定波形表容量，波形表容量越大，一个周期内波形的采样点数越多，输出信号的质量就越好。但存储器容量越大，功耗就越大，综合考虑，设计选取 $M=12$，即 4K 的存储容量。

（4）高速 D/A 的量化位数。

D/A 的字长决定了 DDS 输出模拟波形的幅度分辨率和量化噪声。满量程正弦信号输出时，理论分析可得输出信噪比为

$$(SNR)dB = 6.02B + 1.76$$

式中，$B$ 为波形数据的量化位数，即 D/A 的字宽。由上式可知，D/A 的分辨率越高，输出信号的信噪比就越高。通常 D/A 的分辨率有 8 位、10 位、12 位以及 14 位等几种，这里选用了 12bit 的 DAC，理论上信噪比在 70dB 以上，这对数字合成式信号发生器来说已经相当可观。

综上理论分析与参数选择，设计的 DDS 结构原理如图 4-6-4 所示。系统由两级加法器构成，第一级为相位累加器，用来控制输出信号的频率，第二级加法器用来控制输出信号的初始相位。

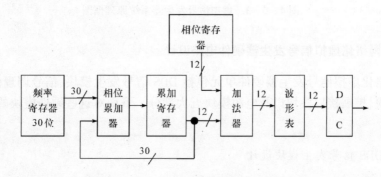

图 4-6-4　DDS 信号发生模块框图

## 2. 信号调理单元设计

### 1）放大器选择

放大器的选择和设计至关重要，其性能指标直接影响到输出信号质量，诸如信噪比、方波上升沿时间及信号源的输出频带。

对于放大器的噪声，主要来源于元器件本身、电路的高频自激噪声和供电电

源。来自元器件本身的噪声极为微小,可以不予考虑,而高频自激噪声和来自电源的交流噪声往往是主要的。要消除或降低这类噪声,首先必须在电路中防止高频自激,其次保证供电电源的质量,尽量降低稳压电源的输出纹波。

放大器的时间响应取决于元器件的开关速度。如果采用三极管等分立元件,则主要取决于三极管的频响特性和电路设计;若采用集成运放,则主要取决于运算放大器的转换速率 $S_R$ 和增益带宽积 $BW_G$。

网络化虚拟信号发生器的最高正弦信号输出频率为 5MHz,当电压放大倍数为 5 时,则 $BW_G$ 不低于 25MHz 才能使输出信号不会因带宽不足而产生失真。

转换速率是输入为大信号(如为阶跃信号)时涉及的参数,为了使输出电压不因 $S_R$ 的限制而产生失真,应使 $S_R$ 满足

$$S_R \geqslant 2\pi f V_{om}$$

在本系统中,方波信号的最高输出频率为 5MHz,最大幅度为 5V,则根据上式计算可知,$S_R$ 应不低于 156V/μs 才能保证方波信号的上升沿时间。

为了简化设计,同时考虑到输出信号幅度调节、直流偏置调节的实现,信号调理单元全部采用模拟集成电路来实现,由于需要多片运放,故采用 ADI 公司生产的单片集成四通道高速运放 OP467。该芯片具有 170V/μs 的转换速率、28MHz 增益带宽积。

2) 幅度调节

幅度调节的实现采用数字化控制的方法,有两种方案可以选择:

(1) DAC 的参考电压不变,改变数字输入量。通常数字波形按归一化值存储在表中,按照一定的比例改变波形数据值,就可在一定范围内改变 DAC 输出电压的幅值,这样做无须附加电路,实现起来简单方便,但是在小信号时增大了量化噪声。

(2) 幅度调节采用级联 D/A 的方式,第一级 DAC 用于控制信号的幅值,其输出作为第二级 DAC 的参考电压,原理框图如图 4-6-5 所示。

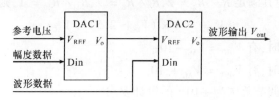

图 4-6-5　幅度调节原理框图

该方案具有两个优点:第一,要使输出信号的幅度较小时,参考电压随之降低,即参考电压与输出信号的幅度保持一致,这样使得输出信号的分辨率在全量程范围内都将保持为 $2^B$($B$ 为 DA 的字宽);第二,方便了系统的操作,当不改变波形类型,仅仅改变信号的幅度时,只需要改写第一级 DA 转换器的幅值控制字即可,波

形数据无须改写。

### 3）直流偏置的调节

直流偏置调节较为简便,由运算放大器构成的加法器来实现,通过交流输出信号和可变直流电平的加法运算,即可改变输出信号的直流偏置。可变直流电平采用 DAC 来实现,参考电路图如图 4 - 6 - 6 所示。

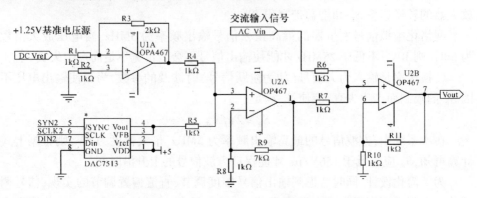

图 4 - 6 - 6　直流偏置调节电路图

设 DAC 的模拟输出为 $V_{DC}$,交流输入信号为 $V_{AC}$,则有运算放大器 U2A 的输出 $V_{OUT1}$ 为

$$V_{OUT1} = \frac{1}{2} \times \left( 1.25 \times \left( - \frac{R_3}{R_1} \right) + V_{DC} \right) \times \left( 1 + \frac{R_9}{R_8} \right)$$

运放 U2B 的输出 $V_{OUT}$ 为

$$V_{OUT} = \frac{1}{2} \times ( V_{OUT1} + V_{AC} ) \times \left( 1 + \frac{R_{11}}{R_{10}} \right)$$

选择器件参数,使其满足 $R_3 / R_2 = 2, R_9 / R_8 = 7, R_{11} / R_{10} = 1$,则存在如下结果:

$$V_{OUT} = 4 \times ( V_{DC} - 2.5 ) + V_{AC}$$

当 $V_{DC} = 0V$ 时,有 $V_{OUT} = V_{AC} - 10$;

当 $V_{DC} = 5V$ 时,有 $V_{OUT} = V_{AC} + 10$。

满足了直流偏置调节范围为 ±10V 的设计要求。

### 3. 微控制器的选择与设计

网络化虚拟信号发生器采用 51 内核单片机作为系统微控制器。单片机主要完成的任务有:

(1) 负责接收上位机发送的控制命令;

(2) 计算波形数据并将其写入 RAM;

（3）控制 DDS 信号发生模块,设置信号的频率和相位;

（4）控制信号调理模块,设置信号的幅值和直流偏置值;

（5）控制信号发生器的输出启动、停止及其他。

设计中单片机选择 AT89S52,它是低功耗、高性能的 8 位单片机,属于 MCS-51 系列,和工业标准 80C51 的指令系统及引脚均兼容。其片内有 8KB 的 Flash 存储器,可在系统重复编程(ISP),时钟频率最高可达 33MHz,保证足够的执行速度。

AT89S52 与 EPM7160 接口原理如图 4 – 6 – 7 所示,其采用总线方式访问 CPLD,相应的地址如表 4 – 6 – 1 所示。在单片机的控制下,实现了标准信号、扫频信号以及任意波形发生。

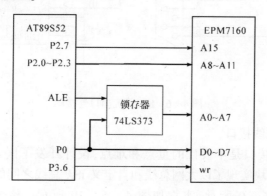

图 4 – 6 – 7　单片机与 CPLD 接口电路

**表 4 – 6 – 1　CPLD 内部寄存器地址分配**

| 片选地址 | CPLD 内部寄存器名称 |
| --- | --- |
| 8000H ~ 8001H | 相位控制器 |
| 8002H ~ 8005H | 频率控制器 |
| 8006H | 启动/停止控制寄存器 |
| 8007H | RAM 数据锁存器 1 |
| 8008H | RAM 数据锁存器 2 |
| 8009H | 复位命令寄存器 |
| 800AH | 总线切换寄存器 |
| 800BH | 时钟切换寄存器 |
| 800CH ~ 800FH | 备用 |

**4. 接口单元实现**

**1）RS232 接口**

RS232 目前仍然是计算机广泛使用的通信接口之一。在虚拟信号发生器中,串口主要用来实现本地控制。由于单片机串口为 TTL 电平,为实现和计算机的正常通信,需要电平转换芯片将 TTL 电平转换为 RS232 电平。电平转换芯片选用 MAXIM 公司提供的 MAX232。该芯片连接简单,只需几个外置电容即可。转换电路及系统连接如图 4 – 6 – 8 所示。

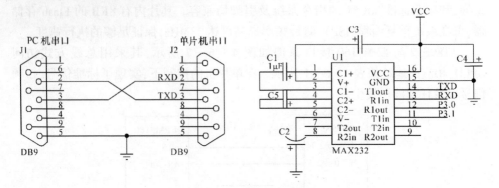

图 4 – 6 – 8　　系统串口连接图

### 2) 以太网总线接口

以太网总线接口是本设计的重点和难点,设计开发了嵌入式网络控制模块 JLUWEBV1,该模块实现了以太网总线和自定义 ISA 总线之间的转换,该模块的原理框图如图 4 – 6 – 9 所示,实物如图 4 – 6 – 10 所示。整个系统以微控制器 W78E58 为核心,并采用 RealTek 公司制造的 10M 以太网卡主芯片 RTL8019AS 实现 TCP/IP 协议。系统外扩 32K 静态 RAM 数据存储区,用于嵌入精简 TCP/IP 协议栈,包括 TCP 协议、IP 协议、UDP 协议、ICMP 协议以及 ARP 协议;扩展的 RS232

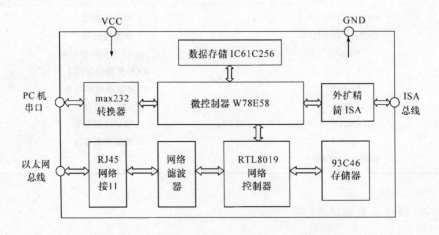

图 4 – 6 – 9　　嵌入式 WEB 服务器内部原理框图

接口用于系统调试和配置;输出接口采用自定义精简 ISA 总线,可以非常方便地嵌入到各种应用系统中。

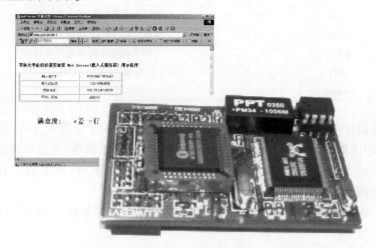

图 4 - 6 - 10　嵌入式以太网控制器 JLUWEBV1

嵌入式 Web 服务器 JLUWEBV1 的特点:

(1) +5V 供电电源,多种供电方式;

(2) 支持 802.3 以太网协议标准;

(3) 应用层实现 HTTP 协议,支持套接字编程接口以及 SMTP 协议;

(4) 通过以太网接口或者串行口可以对物理地址等信息进行配置;

(5) 扩展自定义精简 ISA 总线接口,便于嵌入式应用。

AT89S52 单片机与嵌入式 Web 服务器的硬件连接如图 4 - 6 - 11 所示。单片机作为主机,嵌入式 Web 服务器作为从机。表 4 - 6 - 2 列出了嵌入式 Web 服务器相关引脚的说明。

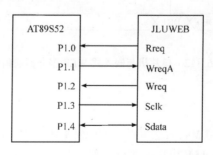

图 4 - 6 - 11　单片机与嵌入式 WEB 服务器接口框图

表 4 - 6 - 2　嵌入式 Web 服务器有关引脚说明

| 管脚名称 | 功能描述 |
| --- | --- |
| Rreq | 读操作请求信号,低电平有效 |
| Wreq | 写操作请求信号,低电平有效 |
| WreqA | 写请求响应信号,低电平有效 |
| Sclk | 数据通信的串行时钟信号 |
| Sdata | 数据通信的数据信号 |

　　系统设计中,单片机和嵌入式 Web 服务器以模拟 SPI 总线的方式进行数据传输,通信时序如图 4 - 6 - 12 所示。为了正确有效地接收数据,通信双方规定:

　　(1) 在 Sclk 的下降沿,嵌入式 Web 服务器发送数据,在 Sclk 的上升沿,单片机接收数据;

　　(2) 嵌入式 Web 服务器按照低位到高位的顺序传输数据,一次传输至少 8bit,即一个字节;

　　(3) 传输数据的第一个字节,为本次传输有效数据的字节数;最后一个字节为有效数据的校验和,具体格式定义如下:

Byte 0　　　　　　　　　　　　　　　　　　　　　　　　　　　　　　　　　　　Byte *n*

| Size | Param1 | Param2 | ... | Param*N* | Checksum |
| --- | --- | --- | --- | --- | --- |

式中,Size = $N + 1$, Checksum = Param1 $+ \cdots +$ Param*N*。

　　(4) 另外需要注意,单片机在初始化时,确保 Sclk 为高电平。

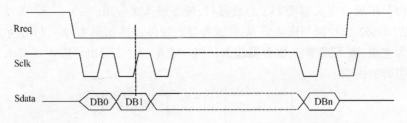

图 4 - 6 - 12　单片机与嵌入式 WEB 服务器通信时序图

### 5. 电源模块设计

　　DC-DC 转换器采用 Maxim 公司生产的 MAX743。MAX743 可将 4.5 ~ 5.5V 的电压转换成 ±12V 或 ±15V 电压,并可提供 ±125mA 或 ±100mA 的输出电流,其转换效率达到 82%。MAX743 具有内部晶体管和单片式结构,具有很高的可靠性。MAX743 的热停机功能可防止芯片过热,电流检测功能可保护功率晶体管。MAX743 还有欠压锁定和可编程启动功能。其典型接口电路如图 4 - 6 - 13 所示。

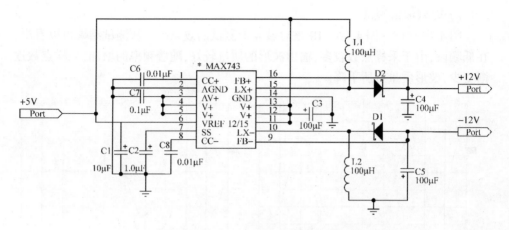

图 4-6-13 MAX743 外围接口电路

电路设计时需要注意二极管和电感的选择,其性能直接影响器件的负载能力。二极管选择肖特基二极管 1N5817,电感的质量要好,否则会降低芯片的负载能力。

### 4.6.4 测试结果及误差分析

1. 测试结果

如图 4-6-14 所示为网络化虚拟信号发生器的实物图和通过客户端浏览器获取的嵌入式操作网页。

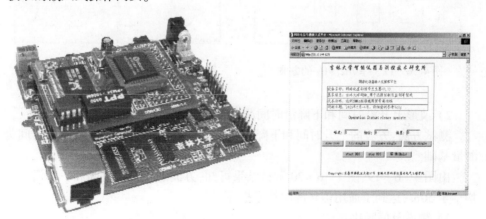

图 4-6-14 网络化虚拟信号发生器实物及嵌入式操作网页

在实验室局域网络环境及泰克示波器 TDS1012 测试条件下,对网络化虚拟信号发生器进行了测试,测试结果很好地说明了网络化虚拟信号发生器达到了通用标准信号发生器的指标要求。

1）时域波形测试

图 4 - 6 - 15 ~ 图 4 - 6 - 18 是时域波形测试的效果图。从测试结果可以看出，在低频段，由于采样点数较多，输出波形的质量较好，随着频率的增加，采样点数逐渐变少，波形质量有所下降。

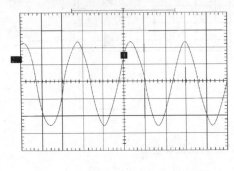

图 4 - 6 - 15　$f$ = 762.9Hz 的正弦波　　　　图 4 - 6 - 16　$f$ = 6249999.9Hz 的正弦波

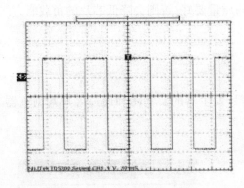
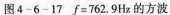
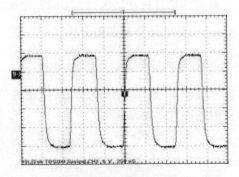

图 4 - 6 - 17　$f$ = 762.9Hz 的方波　　　　图 4 - 6 - 18　$f$ = 1562499.9Hz 的方波

2）波形上升沿时间和下降沿时间测试

测试方法：方波的上升时间和下降时间是以方波幅度的 10% ~ 90% 的时间为测量基础。

由图 4 - 6 - 19、图 4 - 6 - 20 测试结果可知，方波的上升沿时间和下降沿时间均小于 50ns，达到了通用信号源的技术指标。

3）频谱及信噪比测试

通过图 4 - 6 - 21 ~ 图 4 - 6 - 24 中对正弦波频域分析可以看出，由于 DDS 进行了相位截断，产生了较大的频谱杂散，但在无相位杂散的频点信噪比可以达到 50dB 以上，如果再加上滤波环节，滤除采样频率的干扰，信噪比可以做得更高。

4）系统技术指标

网络化虚拟信号发生器的技术指标如表 4 - 6 - 3 所示。

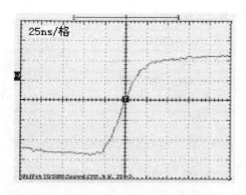

图 4 - 6 - 19　$f = 3124999.9$Hz 方波上升沿

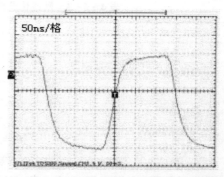

图 4 - 6 - 20　$f = 3124999.9$Hz 方波上升沿

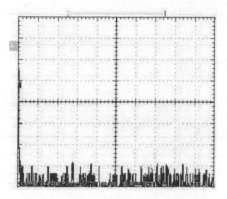

图 4 - 6 - 21　$f = 23.8$Hz 正弦波频谱

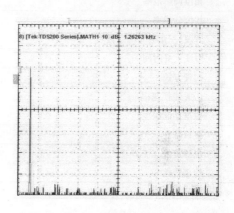

图 4 - 6 - 22　$f = 762.9$Hz 正弦波频谱

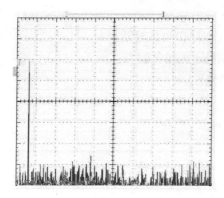

图 4 - 6 - 23　$f = 1562499.9$Hz 正弦波频谱

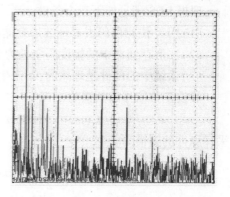

图 4 - 6 - 24　$f = 6249999.9$Hz 正弦波频谱

### 表 4 - 6 - 3　网络化虚拟任意波形发生器技术指标

| | |
|---|---|
| 输出频率 | 0. 1Hz ~ 6MHz |
| 输出通道 | 单通道 |
| 输出波形 | 正弦波、三角波、方波 |
| 频率分辨率 | 0. 0467Hz |
| 输出幅度 | 5V$_{\text{P-P}}$ |
| 幅度动态范围 | 53dB |
| 幅度分辨率 | 2. 4mV |
| DC 偏置电压范围 | − 10 ~ + 10V |
| DC 偏置电压分辨率 | 4. 9mV |
| 相位调解范围 | 0 ~ 360° |
| 相位分辨率 | 0. 088° |
| 方波、三角波对称系数 | 1% ~ 99% |
| 方波上升时间 | ≤50ns |
| 扫频方式 | 线性 |
| D/A 转换速率 | 165MSPS |
| 数据存储深度 | 12K × 12bit |
| 接口特性 | RS232 串口/网络接口 |
| 电源需求 | 9V/1A |
| 物理特性 | 95mm × 83mm × 20mm |

### 2. 误差分析

理想 DDS 满足如下三个条件：

(1)用 $N$ 位相位码去寻址波形存储器,不存在相位截断;

(2)波形存储器中的幅度码字长为无限长,无量化误差;

(3)系统中的部件是理想的,不产生非线性。

假设正弦信号的频谱为

$$f_0(\omega) = \pi[\delta(\omega + \omega_0) + \delta(\omega - \omega_0)]$$

采样脉冲的频谱为

$$s(\omega) = 2\pi \times sa\left(\frac{\omega T_{\text{clk}}}{2}\right) \times \exp\left(\frac{- j\omega T_{\text{clk}}}{2}\right) \times \sum_{n = -\infty}^{+\infty} \delta(\omega - n\omega_{\text{clk}})$$

DDS 的输出信号是采样脉冲函数和正弦信号的乘积运算,时域的乘积相当于频域的卷积,因此,通过卷积运算得到 DDS 信号的频谱函数为

$$f(\omega) = \pi \times sa\left(\frac{\omega T_{\text{clk}}}{2}\right) \times \exp\left(\frac{- j\omega T_{\text{clk}}}{2}\right) \times \sum [\delta(\omega - n\omega_{\text{clk}} + \omega_0) + \delta(\omega - n\omega_{\text{clk}} - \omega_0)]$$

通过该函数的分析,可以得到在 $\omega = n\omega_{clk} + \omega_0$ 和 $\omega = n\omega_{clk} - \omega_0$ 频点上存在频谱杂散。但是在 $[0, f_{clk}/2]$ 频带内不存在频谱杂散点,其中,$f_{clk}$ 为系统采样频率。因此,可以得到:理想 DDS 在输出频带范围内不存在频谱杂散。

在实际工程中,为了提高 DDS 频率分辨率,相位累加器的位数往往取很大,例如,$N = 32$,但由于存储器的容量和成本的限制,需要进行相位截断,将相位码的低 $B$ 位舍去,只留下高 $M$ 位去寻址,这样就会引起相位截断误差。相位截断误差会导致频谱杂散。

具有相位噪声的 DDS 输出函数为

$$f'(n) = \sin\left(\frac{2\pi}{2^N}(Fn - \varepsilon(n))\right)$$

式中,相位误差项表述为

$$\varepsilon(n) = [Kn]2^B = Kn - \mathrm{int}(Kn/2^B) \times 2^B$$

该函数是一个周期函数,对 DDS 输出函数进行展开,得到更加精炼的表达式,如下

$$f'(n) = \sin\left(2\pi\frac{Kn}{2^N}\right) - 2\pi\frac{\varepsilon(n)}{2^N}\cos\left(2\pi\frac{Kn}{2^N}\right)$$

式中,第一项为理想 DDS 的输出,第二项是误差项。因此,通过傅里叶变换将第二项展开分析可以得到在 $\omega = \pm m\omega_T \pm n\omega_{clk} \pm k\omega_0$ 频点处存在杂散。其中,$\omega_T = \frac{1}{T} = \frac{K \bmod 2^B}{2^B}$ 为误差函数的周期,当 $K \bmod 2^B = 0$ 时,误差函数的周期为 0,那么在输出频带内不存在频谱杂散误差。另外,可以看到,相位舍位引起频谱杂散的根本原因在于相位噪声项是一个周期序列,那么可以通过破坏相位误差项的周期性来减小相位舍位对频谱杂散带来的影响。

## 4.7　基于 IEEE 1451.2 网络化智能变送器节点设计

网络化智能变送器节点是构建远程分布式测控系统的基础。因此,虚拟仪器实验室研究了基于以太网络的网络化智能变送器节点。目前,变送器领域一个很重要的话题是网络化变送器接口标准化,实现不同厂商变送器之间的互换性和互操作性。但是,纵观各大变送器厂商,为了保持自己的市场份额,各自为阵,变送器总线在短期内无法统一,这就给系统集成和系统维护带来了巨大的困难。针对上述问题,国际电子电气工程师协会 IEEE 审时度势,建立专家组制定了 IEEE 1451 协议族,使得基于各类现场总线的网络化智能变送器能够相互兼容,最终实现各大厂商变送器之间的互换性和互操作性。作者研究并且开发了基于 IEEE 1451.2 标准的网络化智能变送器,其中包括 $CH_4$、$CO_2$、$CO$ 网络化智能变送器和温湿度网络

化智能变送器,这些变送器结合 LabScene 开发平台可以广泛应用于环境监测、智能建筑等分布式测控领域。本节内容将主要介绍符合 IEEE 1451.2 标准的网络化智能变送器节点的设计。

### 4.7.1　IEEE 1451 协议族体系架构

IEEE 1451 标准可以分为面向软件接口与面向硬件接口两大部分。软件接口部分借助面向对象模型来描述网络化智能变送器的行为,定义了一套使智能变送器顺利接入不同测控网络的软件接口规范;同时通过定义一个通用的通信协议和电子数据表格,加强 IEEE 1451 协议族系列标准之间的互操作性。软件接口部分主要由 IEEE 1451.1 和 IEEE 1451.0 组成,硬件接口部分由 IEEE 1451.2、IEEE 1451.3、IEEE 1451.4 和 IEEE P1451.5 组成,主要是针对智能变送器的具体应用提出来的。图 4-7-1 描述了 IEEE 1451 协议族的整体框架和各成员之间的关系。值得注意的是,IEEE 1451.X 不仅可以相互协同工作,而且也可以彼此独立发挥作用。1451.1 可以不需要任何 1451.X 硬件接口而使用,1451.X 硬件接口也可以不需要 1451.X 软件接口而独立工作。

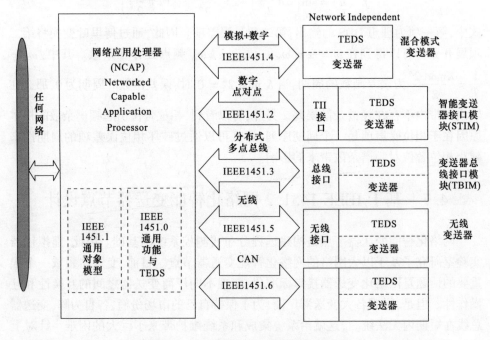

图 4-7-1　IEEE 1451 协议族体系结构

IEEE 1451.2 是 IEEE 1451 协议族中数字点对点传输的一种协议,其定义的变送器模型如图 4-7-2 所示,可以分成网络应用处理器 NCAP 和智能变送器接口模块 STIM 两部分。NCAP 用以运行网络协议,实现网络通信,STIM 可以包含 255 个通道,实现变送器功能。NCAP 和 STIM 之间通过变送器智能接口 TII 实现,该接口是一种点对点、同步时钟的短距离接口。在 STIM 模块中包含标准的变送器电子数据表格 TEDS,在 TEDS 中存储有传感器的极限参数、通道组信息以及每个通道的物理单位、数据模型、校正模型和测量上下限等参数。

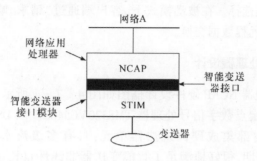

图 4 - 7 - 2　IEEE 1451.2 变送器模型

## 4.7.2　IEEE 1451.2 网络化智能变送器模型

　　IEEE 1451 网络化智能变送器符合 IEEE 1451.2 模型,其模型结构如图 4 - 7 - 3 所示。变送器节点分为两大模块:以太网络应用处理器模块 NCAP 和智能变送器接口模块 STIM。NCAP 运行精简的 TCP/IP 协议栈、嵌入式 Web 服务器、数据校正补偿引擎、TII 总线操作软件、用户特定的网络应用服务程序以及用来管理软硬件

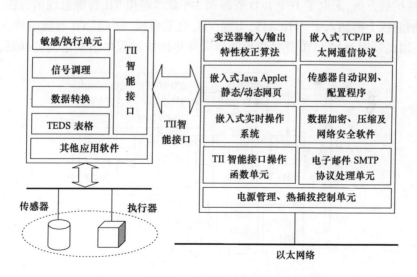

图 4 - 7 - 3　IEEE 1451.2 网络化智能变送器模型

资源的嵌入式操作系统。STIM 包括实现功能的变送器、数字化处理单元、TEDS 以及 TII 总线操作软件。

IEEE 1451 网络化智能传感器节点拥有两种工作模式：主动模式和被动模式。在主动模式下 NCAP 和远程的服务器主动建立 TCP 连接，通过电子邮件传输方式将变送器检测到的数据发送到服务器的数据库内，对于故障监测类变送器而言，该类工作模式是最佳选择。在被动模式下，客户端通过"请求-响应"的方式获取数据，实现变送器的远程数据交换。

### 4.7.3　网络应用处理器设计

网络应用处理器 NCAP 硬件设计框图如图 4-7-4 所示。其核心部分是 TI 公司提供的 16 位定点数字信号处理器 TMS320VC5402。该 DSP 具有很强的数字信号处理能力，内部集成硬件乘法器单元，具有多级流水线，最高能够达到 100MIPS 的指令周期，很好地满足了智能变送器非线性自校正、自补偿算法的要求。DSP 外扩了 256KW Flash 程序存储器，该存储器不仅可以存储用户程序，而且可以存储用户静态网页和 Java Applet 等数据。由于 NCAP 上需要运行 RTOS 以及嵌入式 TCP/IP 协议栈，这些实现都需要较大内存空间，因此需外扩 32KW 静态 RAM 作为系统的数据存储单元。以太网的实现基于 RTL8019AS 网络控制器，该芯片实现物理层，其他层次由软件实现。NCAP 的配置需要通过串口或者以太网实现，设计选用了 MAXIM 公司提供的 MAX3111 实现 NCAP 的串口通信，该芯片实现了 SPI 和 UART 之间的相互转换，很好地完成了 DSP 的串口通信。在 TII 智能总线扩展方面，采取了 DSP I/O 资源和 SPI 总线模拟 TII 智能总线的方法，并且在扩展总线上都加入了 74HC245，实现 TTL 电平转换。由于 TII 智能总线允许热插拔，因此采用 MAX4370 热插拔控制器实现热插拔过程中浪涌电流的抑制，达到

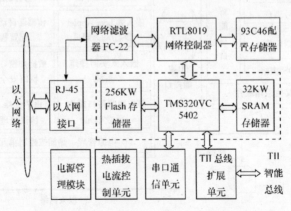

图 4-7-4　网络应用处理器设计原理框图

了满意效果。

NCAP 的软件功能主要包括 IEEE 1451 协议处理、以太网络通信以及变送器数据校正三方面。为了简化编程,提高程序运行的实时性,在 NCAP 平台上精简移植了嵌入式实时操作系统 μC/OS。μC/OS 是一种可剥夺型的多任务操作系统内核,它实现了任务的调度、任务之间通信的管理以及内存的管理等,并且许多功能都可以精简自定义。

### 1. 以太网总线技术实现

以太网总线是网络化智能变送器实现的关键和难点,是网络应用处理器 NCAP 开发的重点。以太网总线的实现方法有三种:第一,采用 FPGA 实现物理层、网络接入层和传输层等各层的描述,该方法难度较大;第二,采用专用的物理层控制器以及协议处理芯片实现以太网数据传输,该方法灵活性较差;第三,基于物理层网络控制器和微处理器实现网络传输,该方法灵活性大,难度适中,可以实现协议的精简。设计选用了第三种方案,这种方案和上述的嵌入式 Web 服务器实现方案在原理上是相同的。

#### 1) 物理接口的实现

物理层接口的实现基于台湾 Realtec 公司生产的 RTL8019AS 网络控制器。该芯片支持 IEEE802.3 协议;支持 8/16 位数据总线;内置 16KB 收发缓存 SRAM;全双工,最高传输速率 10Mb/s;采用 ISA 总线接口方式;支持 10 Base5、10 Base2、10 Base T,并能自动检测所连接的介质,在嵌入式系统中得到广泛应用。

网络控制器 RTL8019AS 与 TMS320VC5402 相连,其接口原理如图 4-7-5 所示。在接口设计的过程中需要注意 TTL 电平和 3.3V CMOS 电平之间的转换,这里采用了 74ALVC164245 电平转换芯片。网络控制器和 DSP 之间采用 16 位总线工

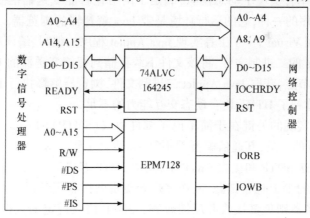

图 4-7-5　DSP 与 RTL8019 之间的接口原理图

作方式,因此需要将 RTL8019AS 的 # IOCS16 引脚上拉。需要注意的一点是 DSP 与网络控制器之间的速度匹配问题,为了实现速度匹配,可以将 IOCHRDY 信号作为 DSP 的等待控制信号。

2)通信协议的实现

以太网总线的开发难点在于嵌入式 TCP/IP 协议栈的实现,TCP/IP 协议是 ISO(International Standard Organization)组织提出的开放系统互联模型 OSI(Open System Interconnect)的一种四层精简。该协议的实现和 4.5 节中的嵌入式 Web 服务器实现相差不多,此处不重复阐述。

3)应用层协议的实现

传统的网络化智能变送器应用层往往采用客户机/服务器(C/S)模式。在这种模式下,客户机请求一次,传感器发送一次数据,对于很多应用是可行的,但对于一些数据量小、无须实时传输或者定时传输的应用,C/S 模式不是最佳方案。因此,在研究了 C/S 模式的基础上,设计还实现了浏览器/服务器(B/S)模式和电子邮件等传输模式。

对于以太网而言,C/S 模式的实现关键在于 Socket 套接字技术的实现。套接字技术是网络编程基础,在 VC + + 开发环境下采用 Connect( )、Send( )和 Recv( )等 API 函数实现套接字编程。C/S 模式的应用层协议可以自定义,也可以采用开放的现场总线应用层协议标准。

B/S 模式实现的关键在于超文本传输协议(HTTP)的实现。客户端通过浏览器访问变送器节点就可以获取该变送器的嵌入式网页,通过该网页实现节点的操作,符合"瘦客户端"发展方向。由于嵌入式系统资源的限制,Web 服务器不可能做得很大,基于 CGI 技术的动态网页较难实现。因此,设计采用 Java Applet 技术和 Socket 技术结合实现了动态网页,满足了网络化智能变送器的要求。Java Applet 是 Java 程序的一种,它的运行环境是带 Java 解释器的浏览器。Java 开发工具较多,可以采用 Visual J + + 工具实现 Java Applet 程序的编写、编译和调试,最后生成后缀为 . class 的二进制文件,将该文件下载存储到智能变送器的 Flash 中。客户端浏览变送器节点,获取 Java Applet 二进制文件,浏览器解释执行 Java 小程序,实现动态网页,弥补了 HTML 语言动态交互能力的不足。

电子邮件实现的关键在于简单电子邮件协议(SMTP)的实现。SMTP 协议是 TCP/IP 协议族的一员,其通信模型并不复杂,适合工作于嵌入式环境。它的主要工作集中在发送 SMTP 和接收 SMTP 上,发送 SMTP 客户机首先建立一条连接到电子邮件服务器的 TCP 通信链路,发送客户端负责向接收服务器发送 SMTP 标准命令,而接收服务器则负责接收并反馈应答。SMTP 协议规定的数据传输基于字符串流。

**2. 智能变送器校正引擎的实现**

智能变送器普遍存在输入输出之间的非线性,通过电路、材料和工艺的改进无法完全达到输入和输出之间的线性化。另外,温度、电源漂移等交叉敏感参量影响智能变送器的零位电压以及灵敏度,因此,往往需要通过硬件或者软件手段对变送器进行校准,消除交叉敏感参数的影响。设计的 IEEE 1451 网络化智能变送器采用校正引擎实现变送器的校准,充分体现了变送器"智能"的特点。

**1）校正引擎原理**

校正引擎（correction engine）是指应用特定的数学函数将来自一个或多个 STIM 的数据或来自其他途径的数据融合起来,应用数学公式或存储的多项式系数为校准通道校正出一个精确的数据,其模型如图 4 - 7 - 6 所示。校正引擎同时执行校正和转换,包括将传感器获得的数据转换成物理量和将物理量转换成执行器所需的数据。协议规定,校正模型存储在 STIM 的 Calibration TEDS 中,NCAP 通过数字接口 TII 从 STIM 中获取模型等数据

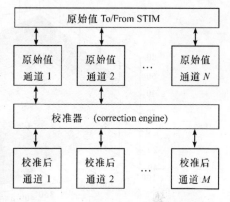

图 4 - 7 - 6　多通道校正引擎模型

提供给校正引擎。校正引擎根据读入的通道校正模型、被测物理量单位、校准系数和变送器的实际输出等数据,将其转换为实际的输入物理量或输出数据。IEEE 1451.2 协议规定的校正数学模型采用多项式函数来表示,如式 4 - 7 - 1 所示:

$$\sum_{i=0}^{D(1)}\sum_{j=0}^{D(2)}\cdots\sum_{p=0}^{D(n)}C_{i,j,\cdots,p}[X_1-H_1]^i[X_2-H_2]^j\cdots[X_n-H_n]^p \quad (4-7-1)$$

式中,$X_n$ 为从变送器输出或向执行器输入的变量值,$H_n$ 表示输入变量的偏移量,$D(k)$ 表示输入变量的阶数,$C_{i,j,\cdots,p}$ 为多项式每一项的系数,后面的三个量都存储在 STIM 的 Calibration TEDS 中。IEEE 1451.2 协议虽然定义了校正数学模型,但是模型的系数获取方法并未定义,对于不同的回归方法,校正模型的精度各不相同,因此,校正引擎的实现关键在于校正方法的研究。

**2）校正方法**

针对不同变送器以及误差要求分别研究了插值法、最小二乘融合法和神经网络法得到多项式模型系数。

插值法要求标定数据为精确数据,拟合曲线通过这些标定数据。在整个标定区间可以采用高阶多项式拟合,但是多项式拟合阶数过高会导致累积误差增大,多项式系数矩阵高度病态,计算不稳定,因此可以采用分段插值的方法。由于样条函

数具有很好的极值性、收敛性和逼近性,可以采用样条函数进行插值。

最小二乘拟合适用于输入输出线性度较好的场合,在传感器存在交叉敏感参数的情况下,通过最小二乘实现多维方程的回归,对交叉敏感参数进行补偿。为了降低拟合多项式的阶数,往往采用分段拟合的办法,为了保证较好的光滑性,可以采用样条函数进行拟合。如图4-7-7所示为研制的湿度智能变送器的二维最小二乘拟合结果。

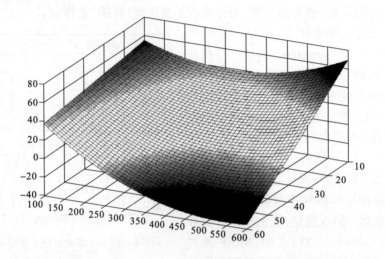

图4-7-7　湿度智能传感器二维最小二乘结果

人工神经网络(artificial neural network)是对人类大脑系统一阶特性的简单描述,是由大量神经元组成的非线性大规模自适应系统,能够应用于智能变送器的校正、补偿领域。神经网络模型多种多样,为了得到校正多项式的回归系数,可以采用函数链神经网络模型(FLNN)。通过该模型的学习、自动调整权值系数,直至估计误差的均方值足够小时得到回归系数。DSP 可以运行 FLNN 模型算法,实现智能变送器的非线性自校准。

### 3. 即插即用、热插拔的实现

即插即用是 IEEE 1451 网络化智能变送器的一大特点,其实现的关键在于协议定义了标准的电子数据表格 TEDS。协议规定每个传感器/执行器通道所对应的物理量单位、数据模型、访问模式以及智能变送器的厂商 ID、产品 ID 等信息都存储在标准的 TEDS 中,因此,变送器的所有特征参数都可以从这些表格中获取。在使用过程中,NCAP 只需读取电子数据表格,解析所有参数,就能够识别智能变送器节点,完成 STIM 的即插即用和自动配置。用户可以做到完全不理会 STIM 的接口,可以根据自己的需要随意选择不同厂家生产的 STIM 而不用考虑会受到控制网络的影响,从而实现了真正意义上的即插即用。

IEEE 1451.2 标准规定了 8 种不同的数据表格,其中 Meta TEDS 和 Channel TEDS 是必备的,其他的可以选择使用,包括 Calibration TEDS、Channel Identification TEDS 等。在协议程序实现时可以将 TEDS 表格定义成各种结构体,便于操作和数据解析。

热插拔是智能变送器接口模块 STIM 必须具备的能力,实现智能变送器的热插拔便于测控系统的维护。电子设备在热插拔的过程中,由于输入电容的充放电会形成较大的瞬态浪涌电流,这个浪涌电流会使得正常工作的主机系统死机或者导致系统瘫痪及损坏。因此,热插拔设计的重点在于瞬态浪涌电流的抑制,可以采用 Maxim 公司提供的热插拔控制器 MAX4370 配合 $N$ 沟道低导通电阻 MOSFET 实现瞬态电流的控制,解决了 STIM 的热插拔问题。

### 4.7.4　智能变送器接口模块设计

对于不同的智能变送器,STIM 的设计各不相同。但是,除了前端传感器功能部分,其他部分大致相同,这里给出了温湿度 STIM 的原理框图,如图 4-7-8 所示。该模块的核心单元是 AD 公司提供的片上系统 ADμC812,该芯片集成了多通道 ADC、多通道 DAC、Flash 存储器、52 单片机内核以及 SPI、UART 等接口控制器,是 STIM 模块设计的理想选择。

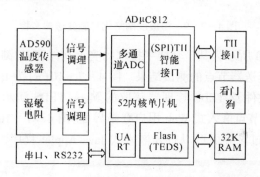

图 4-7-8　温湿度智能变送器接口模块原理框图

湿度传感器采用湿敏电阻,温度传感器选择 AD590,通过信号调理之后送入 ADμC812 内部的多通道 ADC,经过采样、量化之后得到温度值和湿度值。由于温度是湿敏电阻的交叉敏感参量,因此,通过检测到的温度值对湿度进行补偿,提高湿度检测的准确性。值得注意的是,所有补偿算法都在 DSP 中实现,在 STIM 中只需将补偿校正模型存储在标准的 Calibration-TEDS 中。

由于 ADμC812 含有 SPI 总线接口,因此可以基于该 SPI 总线和其他 I/O 资源扩展 TII 智能接口,实现与 NCAP 的通信。ADuC812 内部含有 640 字节的 Flash 存储器,可以作为电子数据表格 TEDS 的存储空间,无须外扩 Flash 存储单元。

### 4.7.5　实验及结果

如图 4-7-9 所示为研制的温湿度网络化智能变送器实物。图 4-7-9(a)为基于 DSP 的网络应用处理器 NCAP,图 4-7-9(b)为智能变送器接口模块 STIM。在实验室网络条件下,分别对 $CH_4$、$CO_2$ 以及温湿度网络化智能变送器进行了测试实验。实验内容包括网络速度测试、套接字通信测试、嵌入式 Web 测试、Java Applet 动态网页测试、电子邮件发送测试、变送器即插即用、热插拔测试以及变送器自动识别等测试。

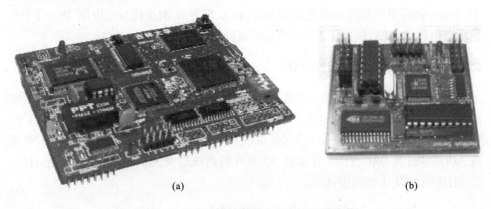

(a)　　　　　　　　　　　　　　　　(b)

图 4-7-9　温湿度网络化智能变送器实物

如图 4-7-10 所示为基于套接字技术的演示软件和 IE 浏览器通过以太网络访问温湿度智能变送器节点的测试结果。图 4-7-10(a)为 IEEE 1451.2 网络化智能变送器演示软件及 TEDS 管理器获取的 Meta_TEDS 演示数据;图 4-7-10(b)为智能变送器节点嵌入式 Web 用户登录界面;图 4-7-10(c)为节点嵌入式 Web 操作界面,通过该界面可以打开嵌入式 Java Applet 程序,实现数据的动态监

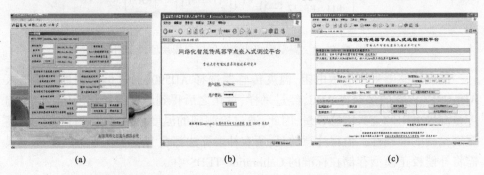

(a)　　　　　　　　　　　(b)　　　　　　　　　　　(c)

图 4-7-10　IEEE 1451.2 网络化智能传感器演示结果

测。所有的测试结果都充分说明了研制的 IEEE 1451.2 网络化智能变送器完全符合 IEEE 1451.2 协议标准并且能够很好地实现以太网络的各种传输及控制。

## 4.8　基于 RS 232 总线虚拟冲击功测试仪的设计

液动射流式冲击器是我国独创的一种冲击器,广泛应用于深井石油钻井等领域。在液动射流式冲击器理论模型建立、性能评价、设计研究和结构改进过程中,需要对冲击器的各项性能参数正确测量。所要测量的参数包括冲击功、冲击频率以及活塞上下腔压力–时间变化关系曲线。其中,冲击功和冲击频率是冲击器的两个最主要参数,是衡量冲击器优劣的关键指标。

目前,国际上尚没有一种标准的液动冲击器冲击功测量方法,常用的测量方法由于种种缺陷无法直接应用于液动射流式冲击器的冲击功测量中。基于此,吉林大学智能仪器与测控技术研究所与吉林大学建设工程学院合作展开了虚拟冲击功测试仪的研制。并且提出了一种新型测量方法,通过线性霍尔传感器的微小霍尔电压变化间接非接触测量冲锤末速度,然后根据动能定理计算冲锤冲击功,统计得到冲击频率,实现了多参数测量。本节内容将着重介绍虚拟冲击功测试仪的研制。

### 4.8.1　冲击功测量原理

通过测量冲锤末速度来计算冲击功是方法的基本思想,因此,冲锤的末速度测量是方法的关键。冲击功和末速度之间的关系可以由动能定理表示($W_H$ 为冲击功,$M_H$ 为冲锤质量,$V$ 为末速度)

$$W_H = \frac{1}{2} M_H V^2 \qquad (4-8-1)$$

为了准确测量冲锤运动的末速度,作者提出了“霍尔电压法”,利用线性霍尔传感器霍尔电压微小变化非接触测量冲锤末速度。该方法的实现装置原理如图 4-8-1 所示。

将磁场梯度较大的环形磁铁固定在冲锤上,冲锤在水动力介质的作用下带动磁铁在腔体内作冲击运动,固定于磁铁旁的霍尔传感器周围磁场发生周期性变化,霍尔电压随着周期性变化。由于方法不关注霍尔电压与时间之间的函数关系,因此每次冲击过程霍尔电压的变化可以近似为图 4-8-2 所示线性曲线。

霍尔传感器可以沿着冲锤轴方向上下调整位置。在参数测量前冲锤停留于图 4-8-1 虚线位置,调节传感器选择 A、B 测量点,两点之间的行程距离 $\Delta l$ 可以灵活设置,一般为 1mm。分别测量两点的霍尔电压 $u_1$ 和 $u_2$,称为阈值电压。这两个电压相当于触点法中的两个高矮不同的触头。在参数测量时,固定霍尔传感器略低于 B 点,原理上,$u_1$ 和 $u_2$ 可以直接作为两个比较器的门限电压,冲击过程中

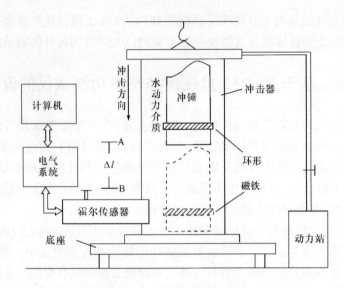

图 4 - 8 - 1　测量装置示意图

产生的霍尔电压和这两个门限电压比较生成两路触发信号(如图 4 - 8 - 2 所示),
这两路触发信号可以控制定时器的启动与停止,对冲锤在 $\Delta l$ 行程定时,得到 $\Delta t$,
因此,容易得到冲锤在 $\Delta l$ 行程的平均速度,表示为 $\bar{U} = \Delta l / \Delta t$。又因为 $\Delta l$ 是冲锤
冲击过程的最后一段行程,所以,平均速度 $\bar{U}$ 可以近似为冲击过程的末速度,通过
这个末速度计算得到冲击功。实践中,为了提高时间测量精度,需要对 $u_1$、$u_2$ 作信
号调理,生成比较器门限电压。

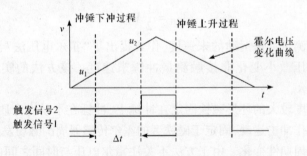

图 4 - 8 - 2　霍尔电压变化及触发信号关系

A、B 之间的行程距离 $\Delta l$ 越小,平均速度越接近于末速度,测量精度越高。由
于 $\Delta l$ 的高精度调节以及触发信号产生容易实现,因此通过该方法实现冲锤冲击功
的测量在原理上是可行的。

该方法能够实现多参数测量,通过计算机统计冲锤每秒的冲击次数得到冲击
频率。由于霍尔电压的大小和冲锤位置有关,所以通过虚拟仪器技术实时检测霍

尔电压大小就可以形象描述冲锤的运动轨迹。

## 4.8.2　系统总体设计方案

　　系统的研制基于虚拟仪器技术。如图 4 - 8 - 3 所示,整个系统由传感器模块、信号调理模块、数据采集模块、计数器模块、数据传输模块以及上层测控软件六大部分组成。传感器信号经过无源低通滤波、前置放大、增量放大之后由触发产生电路生成两路触发信号,增量放大和触发产生模块在单片机的控制下工作。两路触发信号和单片机 AT89S52 外部中断引脚相连,控制内部 16 位定时器的启动和停止,实现对 $\Delta l$ 行程时间的测量,可以精确到微秒量级。高精度数据采集电路可以获取滤波、放大之后的传感器信号,在参数测量前,用来检测阈值电压 $u_1$ 和 $u_2$,在系统工作时,可以实时获取传感器信号,得到冲锤的运动轨迹示意图。由于冲击器的工作现场震动剧烈,因此,通过 RS232 串行总线进行远距离的数据传输。在测控软件控制下,PC 获取测量数据并对数据进行分析处理,计算冲锤冲击功和冲击频率,并实时反映冲锤的运动轨迹。

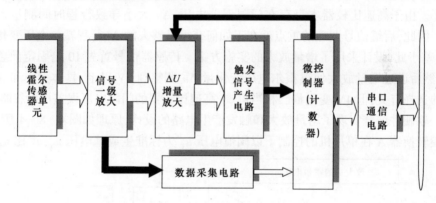

图 4 - 8 - 3　冲击功测量系统原理框图

## 4.8.3　虚拟冲击功测试仪硬件系统设计

### 1. 传感器模块设计

　　线性霍尔传感器须选择灵敏度高、体积小的霍尔元件,日本 AsahiKasei 公司提供的 HW-300B 满足系统要求,其采用 ±1V 电源供电。由于 HW-300B 输出霍尔电压较小,可以采用低噪声固定增益放大器 OPA4253 将传感器信号放大,20 倍放大之后霍尔电压能够在 200mV 以上,噪声电压小于 5mV,满足检测要求。霍尔传感器需要沿着冲锤轴方向灵活调整位置,因此设计由螺旋测微器构成的机械装置实现霍尔传感器的精确移动,移动机械装置的精度直接影响测量精度,因此,在设计和测量过程中需要足够注意。

在磁铁的选择上应该考虑磁场梯度较大的磁铁。由于冲锤轴在冲击过程中会随机转动,因此选择环形磁铁,避免了冲锤轴转动对霍尔传感器的周围磁场带来影响。另外环形磁铁便于固定,可以直接将磁铁套在冲锤轴上加固。

由于传感器的工作环境为液态水,所以需要密封措施将传感器密封固定,设计采用 AB 胶密封传感器及其调理电路。为了保证信号不受外界干扰,传感器的输出通过屏蔽电缆将信号送入电气系统。为了确保接口经受得住冲击过程的剧烈震动,所有接口采用坚固的航空插头,并采用 AB 胶密封固定。

### 2. 信号调理模块设计

信号调理的关键在于增量放大和触发信号产生。由于霍尔传感器在梯度磁场中移动 1mm 所产生的霍尔电压变化量十分微小,20 倍放大调理后,阈值电压 $u_1$ 一般为 200mV, $u_2$ 为 220mV。如果直接对 $u_1$、$u_2$ 放大,然后通过触发产生单元生成触发信号,那么,为了防止饱和,放大倍数 $K$ 不能太大,导致变化量 $\Delta u = K(u_2 - u_1)$ 很小。由于高速比较器本身存在门限误差电压,$\Delta u$ 太小导致行程时间测量不准确。因此,后继信号调理的重点就在于如何获得足够大的 $\Delta l$ 行程霍尔电压变化量 $\Delta u$,基于此,设计采用了增量放大的实施方案。传感器信号首先 10 倍固定前置放大,然后通过增量放大使得霍尔电压变化量 $\Delta u$ 调整到 4V 以上,具体大小和 A、B 点的选择有关,但 4V 变化量已相当可观,高速比较器的门限电压误差可以忽略。

软硬件结合实现了增量放大和触发产生电路的设计,原理如图 4-8-4 所示。数模转换器 A 在单片机的控制下以阈值电压 $u_1$ 为标准生成基电压 $u_3$,$u_3$ 比 $u_1$ 小

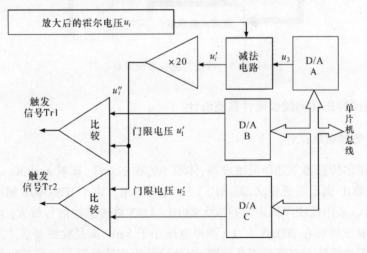

图 4-8-4　增量放大和触发产生电路原理

25mV。滤波放大后的霍尔电压通过减法电路减去基电压 $u_3$,得到增量电压 $u'_i$,20 倍固定增益放大得到 $u''_i$。同理,门限电压 $u'_1$、$u'_2$ 通过单片机数值处理的方法将阈值电压减去 $u_3$,乘以放大倍数 20,然后数模转换得到。$u'_1$、$u'_2$ 分别与 $u''_i$ 高速比较产生触发信号 Tr1、Tr2。事实上,$u'_1$ 固定为 0.5V,而 $u'_2$ 由 B 点位置决定,一般可以调整在 4.5V 左右。调理后的 $\Delta l$ 行程霍尔电压变化量 $\Delta u = u'_2 - u'_1$ 足够大,满足检测要求。综上所述,不管是传感器信号,还是参考门限电压都经过了式(4-6-1)所示的信号调理放大过程,即增量放大

$$u''_i = (u_i - u_3) \times 20 \qquad\qquad (4-8-2)$$

在电路设计过程中,数模转换器选用 TI 公司的 TLC5615,具有 10 位垂直数据分辨率,SPI 总线接口。高速比较器采用 MAXIM 公司的 MAX913,具有 10ns 的工作速率。

### 3. 数据采集模块的设计

数据采集模块没有特殊要求,U1 和 U2 电压检测是在静态工作时候采集得到,所以对于采样率等指标没有苛刻要求。另外,虚拟冲击功测试仪扩展了低频示波器的功能,这个功能的扩展也基于数据采集模块。

为了降低成本,设计选用了 SPI 总线接口的串行模数转换器 TLC2543,该芯片由 TI 公司提供,具有 12 位的垂直分辨率,11 个输入通道,10μs 的转换时间,采样时钟片上集成,具备转换结束状态输出信号。其引脚定义如图 4-8-5 所示。

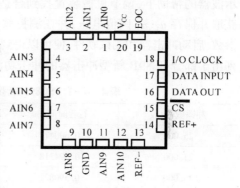

图 4-8-5　TLC2543 引脚定义

### 4. 定时及控制模块设计

为了简化系统设计,采用单片机内部定时器作为系统定时器,设计采用的微控制器为 AT89S52,12MHz 工作晶振,因此,定时器能够精确到 1μs,完全满足了系统设计要求。触发信号和单片机的两个外部中断相连,采用沿触发工作模式。单片机程序设计采用互锁机制防止时钟抖动等因素导致的误触发。

微控制器除了管理内部定时器外,还负责基准信号 U11 和 U22 的调理以及传感器输出信号的采集等事务,其所有工作由上位机以发送命令的方式控制。例如,0x01 命令采集 U1 信号,0x02 命令采集 U2 信号,0x03 命令扩展低频虚拟示波器,0x04 命令设置 U1 和 U2,0x68 命令读取定时器定时值。

5. 数据传输模块设计

数据传输采用 RS232 串行总线。由于单片机串口为 TTL 电平，所以需要电平转换芯片将 TTL 电平转换成 RS232 电平，实现和计算机的正常通信。设计采用 MAXIM 公司推出的串口通信芯片 MAX232。该芯片外围电路简单，只需几个外置电容就可以了。

### 4.8.4　冲击功测量结果

测量系统在吉林大学建设工程学院冲击回转实验室对 SC89B 新型冲击器进行了现场测试。将传感器及相应的机械装置加固安装于冲击器上，采用屏蔽电缆将传感器模块和电气系统相连，通过串口将计算机和电气系统远程连接。在虚拟示波器的帮助下，调节机械装置找到合适的传感器位置及 A、B 阈值电压测量点，获取并保存 $u_1$、$u_2$ 阈值电压，并在测控软件中输入冲锤质量、实际测试行程 $\Delta l$ 等参数，启动冲击器和测试软件，便可以得到冲击功和冲击频率测量结果。表 4-8-1 列出了部分 SC89B 新型冲击器的冲击功测试数据。

表 4-8-1　SC89B 新型冲击器冲击功测量结果

| 冲锤质量/kg | 行程时间/ms | 末速度/(m/s) | 冲击功/J |
|---|---|---|---|
| 25.000 | 0.600477 | 1.66534 | 34.6669 |
| 25.000 | 0.594318 | 1.68260 | 35.3892 |
| 25.000 | 0.590821 | 1.69256 | 35.8094 |
| 25.000 | 0.594852 | 1.68109 | 35.3257 |
| 25.000 | 0.587709 | 1.70152 | 36.1896 |
| 25.000 | 0.595156 | 1.68023 | 35.2896 |

从表 4-8-1 可以看出，25kg 冲锤在 $\Delta l = 1$mm 的行程距离下测得冲击功在 35 焦耳左右，和该型号的理论仿真计算值 36.1J 相吻合。通过软件统计计算的冲击频率为 6~9Hz，和传统的声波测试法结果一致。很好地说明了该测量方法和仪器研制的可行性。

采用线性霍尔传感器在梯度磁场中产生的霍尔电压变化来检测通过微小位移（0.5mm/1mm）的速度，从而得到液动射流式冲击器的冲击功，这是一次尝试。通过多次试验，充分论证方法的可行性，能够非接触测量冲击功，这是一种创新。

**思考与练习**

(1) PCI 局部总线的主要特点有哪些？采用 PCI 总线作数据采集有哪些优点？

（2）归纳总结基于 PCI 总线数据采集卡的设计方案、设计流程及主要工作。

（3）WDM 设备驱动在 PCI 数据采集系统中担当了何种角色？WDM 设备驱动程序有哪些特点？通常如何开发 WDM 设备驱动程序？

（4）USB 总线有哪几种速度模式，列举说明各自适用于哪些应用场合？

（5）当用户往计算机插入一个 USB 设备（U 盘）时，设备是如何被计算机枚举的？说明 USB 即插即用的枚举过程。

（6）USB 总线和串口的应用软件开发有所不同，它们之间的区别在哪里？简述 USB 总线应用软件开发流程。

（7）在 EWB 环境下设计一个输入阻抗为 $1M\Omega$ 的 $RC$ 无源衰减网络，使其能对 40MHz 以内的输入信号进行 10 倍衰减。

（8）虚拟 LCR 测试仪的特点是什么？简述 LCR 的测试方法原理、推导计算公式并在虚拟仪器开发平台上仿真测试方法。

（9）直接数字频率合成（DDS）技术的原理是什么？DDS 信号的输出质量与哪些因素有关（请列举总结）？如何计算 DDS 的输出信号频率？

（10）DDS 相位截断有什么优点？又会产生怎样的负面效应？如何去克服负面效应？

（11）设计嵌入式 TCP/IP 协议栈需要注意哪些问题？

（12）在 TCP/IP 协议栈中，ARP/RARP、IP、TCP 和 UDP 协议各自有哪些特点？在协议栈的分层体系结构中，各自承担了何种职责？

（13）简述 IEEE 1451 网络化智能变送器接口标准提出的意义，它解决了变送器领域的什么问题？试阐述该协议标准的发展趋势。

（14）校正引擎在智能变送器的设计中显得至关重要，总结智能变送器的非线性校正及多参数补偿方法。

# 第 5 章　LabScene 开发平台的应用

## 5.1　LabScene 在虚拟仪器教学实验系统中的应用

LabScene 图形化语言的直观性特征使学生们可以将注意力集中在被授予的理论知识，而不是基于文本的工程软件应用开发的编程细节上。这样一来，学生便能用比使用传统文本编程环境少得多的时间，来开发出复杂的应用程序。

LabScene 虚拟仪器软件开发平台针对教育教学目标，以使学生能够更好地学习知识和掌握知识为最终目的，开发了基于 PCI 总线的数据采集卡、基于 USB 总线的任意波形发生器等硬件板卡，构建了虚拟仪器教学实验系统，并在吉林大学虚拟仪器课程中得到了应用。掌握了以 LabScene 平台来构建虚拟仪器的学生将在学术和专业两方面均有所提高。

### 5.1.1　信号叠加与信号分析

#### 1. 信号叠加

利用 LabScene 的信号发生节点，分别产生一个正弦信号与一个白噪声信号，通过将两路信号进行叠加来产生一个带有噪声的正弦信号，并且可以随时修改噪声和正弦信号的幅度，其前后面板程序如图 5-1-1、图 5-1-2 所示。

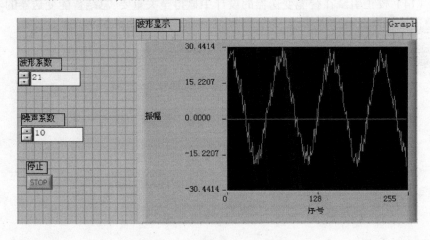

图 5-1-1　信号叠加的前面板程序

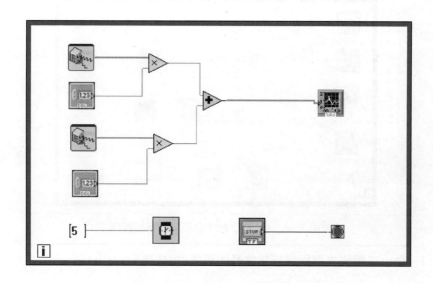

图 5 - 1 - 2　信号叠加的后面板程序

## 2. 信号的 FFT 变换

利用 LabScene 中的 FFT 变换节点 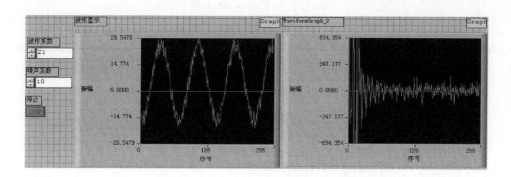，可以很方便地对波形信号进行傅里叶变换和傅里叶逆变换。对 5.1.1 节中合成的波形进行 FFT 分析，其前后面板程序如图 5 - 1 - 3、图 5 - 1 - 4 所示。

图 5 - 1 - 3　信号 FFT 分析的前面板程序

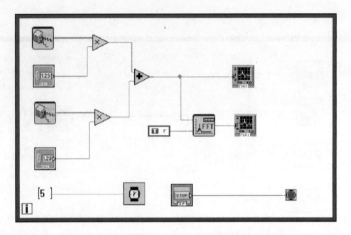

图 5 - 1 - 4　信号 FFT 分析的后面板程序

### 5.1.2　最小二乘法求取同频正弦信号的幅值、相位差

LabScene 中提供了用于求取两路同频信号幅值和相位差的节点 ，利用该节点可以很方便地对两路同频信号进行分析。

**1. 最小二乘法原理**

假设两正弦信号 $v_1(t)$ 和 $v_2(t)$ 以频率 $f_s$ 进行采样，得到两组、每组 $M$ 个采样值。$M = \mathrm{INT}(Kf_s/f) = \mathrm{INT}(KN)$。$K$ 为周期数，INT 表示取整。假设待处理的信号形式如下：

$$\begin{cases} v_1(t) = V_1\sin(\omega t + \varphi_1) \\ v_2(t) = V_2\sin(\omega t + \varphi_2) \end{cases} \tag{5-1-1}$$

式中，$V_1$、$V_2$、$\varphi_1$、$\varphi_2$ 分别代表两正弦信号的未知振幅和相位。$\omega = 2\pi f$ 是已知的角频率。式（5 - 1 - 1）可以展开为

$$\begin{cases} v_1(t) = V_1\cos\varphi_1\sin\omega t + V_1\sin\varphi_1\cos\omega t = C_0\sin\omega t + C_1\cos\omega t。 \\ v_2(t) = V_2\cos\varphi_2\sin\omega t + V_2\sin\varphi_2\cos\omega t = D_0\sin\omega t + D_1\cos\omega t \end{cases} \tag{5-1-2}$$

式中，$C_0 = V_1\cos\varphi_1$，$C_1 = V_1\sin\varphi_1$，$D_0 = V_2\cos\varphi_2$，$D_1 = V_2\sin\varphi_2$。则有

$$\begin{cases} V_1 = \sqrt{C_0^2 + C_1^2}，\ \varphi_1 = \mathrm{arctg}\left[\dfrac{C_0}{C_1}\right] + [1 - \mathrm{sgn}(C_0)]\dfrac{\pi}{2} \\ V_2 = \sqrt{D_0^2 + D_1^2}，\ \varphi_2 = \mathrm{arctg}\left[\dfrac{D_0}{D_1}\right] + [1 - \mathrm{sgn}(D_0)]\dfrac{\pi}{2} \end{cases} \tag{5-1-3}$$

为了解方程（5 - 1 - 3），需要确定参数 $C_j, D_j (j = 0, 1)$。

对连续的正弦信号 $v_1(t)$ 进行采样，得到各点的采样值 $v_1(t_0), v_1(t_1), \cdots,$

$v_1(t_{M-1})$。可以得到 $v_1(t)$ 的各点测量残差为：$v_i = C_0\sin\omega t_i + C_1\cos\omega t_i - v_1(t_i)$，$i = 0,1,\cdots,M-1$。其残差平方和为 $[v_1^2] = \sum\limits_{r=0}^{M-1} [C_0\sin\omega t_r + C_1\sin\omega t_r - v_1(t_r)]^2$，其中 $t_r$ 表示第 $r$ 个采样点。

令 $\phi_0(t) = \sin\omega t$，$\phi_1(t) = \cos\omega t$，则有

$$[v_1^2] = \sum_{r=0}^{M-1} \left[ C_0\phi_0(t_r) + C_1\phi_1(t_r) - v_1(t_r) \right]^2$$

同理得到 $v_2(t)$ 的测量残差平方和为

$$[v_2^2] = \sum_{r=0}^{M-1} [D_0\phi_0(t_r) + D_1\phi_1(t_r) - v_2(t_r)]^2$$

在最小二乘法中，参数 $C_j, D_j (j=0,1)$ 可以通过对总平方误差相对于 $C_j, D_j (j=0,1)$ 求函数的最小值得到。即

$$\frac{\partial}{\partial C_j}\left\{ \sum_{r=0}^{M-1} \left[ \sum_{s=0}^{1} C_s\phi_s(t_r) - v_1(t_r) \right]^2 \right\} = 0$$

$$\frac{\partial}{\partial D_j}\left\{ \sum_{r=0}^{M-1} \left[ \sum_{s=0}^{1} D_s\phi_s(t_r) - v_2(t_r) \right]^2 \right\} = 0 \qquad (5-1-4)$$

则有

$$\sum_{r=0}^{M-1} \left[ \phi_i(t_r) \sum_{s=0}^{1} C_s\phi_s(t_r) \right] = \sum_{r=0}^{M-1} \phi_i(t_r)v_1(t_r)$$

$$\sum_{r=0}^{M-1} \left[ \phi_i(t_r) \sum_{s=0}^{1} D_s\phi_s(t_r) \right] = \sum_{r=0}^{M-1} \phi_i(t_r)v_2(t_r), \quad i = 0,1 \quad (5-1-5)$$

通过解方程式 $(5-1-5)$ 可以求出参数 $C_j, D_j (j=0,1)$。

将 $\phi_0(t) = \sin\omega t$，$\phi_1(t) = \cos\omega t$ 代回，把式 $(5-1-5)$ 写成矩阵形式为

$$A^{\mathrm{T}}AC = A^{\mathrm{T}}b$$
$$A^{\mathrm{T}}AD = A^{\mathrm{T}}g \qquad (5-1-6)$$

式中

$$A = \begin{bmatrix} \sin\omega t_0 & \cos\omega t_0 \\ \sin\omega t_1 & \cos\omega t_1 \\ \vdots & \vdots \\ \sin\omega t_{M-1} & \cos\omega t_{M-1} \end{bmatrix}$$

$$C = \begin{bmatrix} C_0 \\ C_1 \end{bmatrix}, \qquad D = \begin{bmatrix} D_0 \\ D_1 \end{bmatrix}$$

$$b = \begin{bmatrix} v_1(t_0) \\ v_1(t_1) \\ \vdots \\ v_1(t_{M-1}) \end{bmatrix}, \qquad g = \begin{bmatrix} v_2(t_0) \\ v_2(t_1) \\ \vdots \\ v_2(t_{M-1}) \end{bmatrix}$$

$$A^{\mathrm{T}}A = \begin{bmatrix} \displaystyle\sum_{r=0}^{M-1} \sin^2 \omega t_r & \displaystyle\frac{1}{2}\sum_{r=0}^{M-1} \sin 2\omega t_r \\ \displaystyle\frac{1}{2}\sum_{r=0}^{M-1} \sin 2\omega t_r & \displaystyle\sum_{r=0}^{M-1} \cos^2 \omega t_r \end{bmatrix}$$

$$A^{\mathrm{T}}b = \begin{bmatrix} \sin\omega t_0 & \sin\omega t_1 & \cdots & \sin\omega t_{M-1} \\ \cos\omega t_0 & \cos\omega t_1 & \cdots & \cos\omega t_{M-1} \end{bmatrix} \begin{bmatrix} v_1(t_0) \\ v_1(t_1) \\ \vdots \\ v_1(t_{M-1}) \end{bmatrix}$$

$$A^{\mathrm{T}}g = \begin{bmatrix} \sin\omega t_0 & \sin\omega t_1 & \cdots & \sin\omega t_{M-1} \\ \cos\omega t_0 & \cos\omega t_1 & \cdots & \cos\omega t_{M-1} \end{bmatrix} \begin{bmatrix} v_2(t_0) \\ v_2(t_1) \\ \vdots \\ v_2(t_{M-1}) \end{bmatrix}$$

矩阵 $A^{\mathrm{T}}A$ 可预先算出,存储起来。因为它只依赖于采样频率 $f_s$ 和每通道记录采样数 $M$。解方程$(5-1-6)$可以得到 $C_j, D_j(j=0,1)$,从而得到 $v_1(t)$,$v_2(t)$ 的振幅和相位,进而求出相位差 $\theta = \varphi_1 - \varphi_2$。

### 2. 最小二乘法节点的应用

利用 LabScene 中的 For 循环结构体,产生一个正弦信号和一个余弦信号,其每周期的点数为 128,共产生 4 周期 512 个点。将产生的两路信号连接到最小二乘

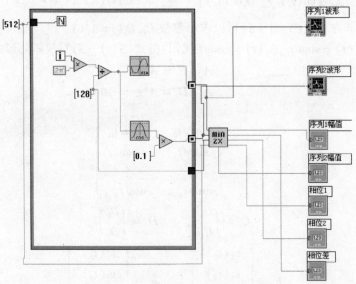

图 5-1-5　最小二乘法节点应用的后面板程序

法节点分别求取两路信号的幅值、相位以及它们之间的相位差。其后面板程序如图 5 - 1 - 5 所示。

其前面板运行结果如图 5 - 1 - 6 所示。

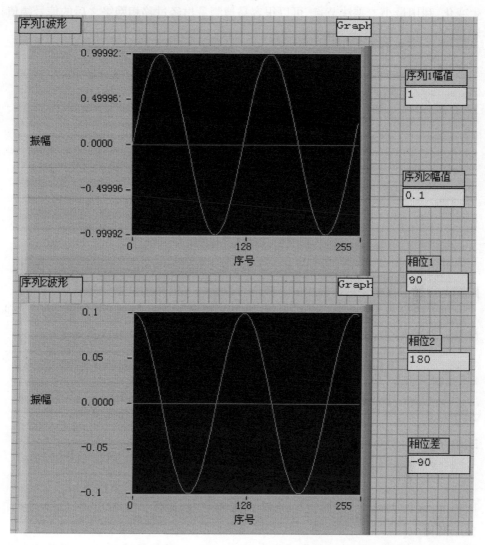

图 5 - 1 - 6　最小二乘法节点应用的后面板程序

从前面板可以看到,两路信号的幅值分别为 1 和 0.1,相位分别为 90°和 180°,其相位差为 -90°。

### 3. 数字式相位测量仪

一个信号经过一个移相网络(图 5 – 1 – 7)之后,信号的幅值和相位肯定会发生变化,利用最小二乘法节点,可以很容易地测量出经过移相网络之后的信号幅值和相位。

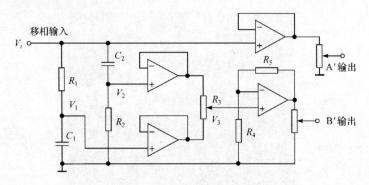

图 5 – 1 – 7　移相网络

从图 5 – 1 – 7 中可以看出,当信号进入移相网络之后,一路直接输出,而另一路则是通过了移相之后才输出的。我们可以做一下简单的电路分析:

输入信号为 $V_i$,$R_1$、$C_1$ 和 $R_2$、$C_2$ 分别抽头输出 $V_1$、$V_2$,分别经电压跟随后加到滑动变阻器 $R_3$ 上,由 $R_3$ 分压出 $V_3$,$V_3$ 放大输出后得到 $V_B{}'$。其关系如下:

$$V_1 = \frac{1}{1 + R_1 \cdot j\omega C_1} \cdot V_i, \qquad V_2 = \frac{R_2 \cdot j\omega C_2}{1 + R_2 \cdot j\omega C_2} \cdot V_i$$

$$V_3 = \frac{R_{3p}}{R_3} \cdot (V_2 - V_1) + V_1 = \left(1 - \frac{R_{3p}}{R_3}\right) \cdot V_1 + \frac{R_{3p}}{R_3} \cdot V_2$$

式中,$R_{3p}$ 为滑动变阻器 $R_3$ 的下部分。

$$V_B{}' = \left(1 + \frac{R_5}{R_4}\right) \cdot V_3 = \left(1 + \frac{R_5}{R_4}\right)\left[\left(1 - \frac{R_{3p}}{R_3}\right) \cdot V_1 + \frac{R_{3p}}{R_3} \cdot V_2\right]$$

因为 $V_A{}' = V_i$,故输出 $V_A{}'$ 与 $V_B{}'$ 的相位差即为 $V_B{}'$ 的复角。调节 $R_3$,$V_A{}'$ 与 $V_B{}'$ 的相位差变化。

利用一块双通道 USB 数据采集卡,将 $V_A{}'$ 与 $V_B{}'$ 的信号采集进来,并将采集来的信号输入到最小二乘法节点,这样就可以很方便地求出这两个信号的幅值与相位,以及相位差。图 5 – 1 – 8 是该数字式相位测量仪的前面板程序,其后面板程序如图 5 – 1 – 9 所示。

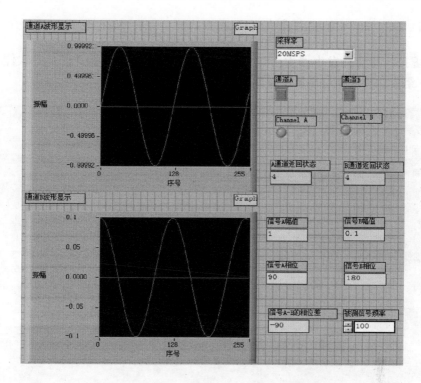

图 5 - 1 - 8　数字式相位测试仪的前面板程序

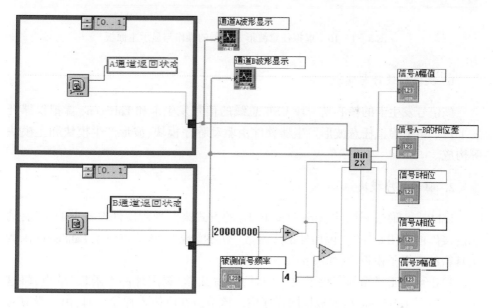

图 5 - 1 - 9　数字式相位测试仪的后面板程序

### 5.1.3　任意波形发生器的设计

虚拟任意波形发生器由一块基于 USB 总线的信号发生卡和上层软件 Lab-Scene 组成。其操作与显示面板如图 5 - 1 - 10 所示。

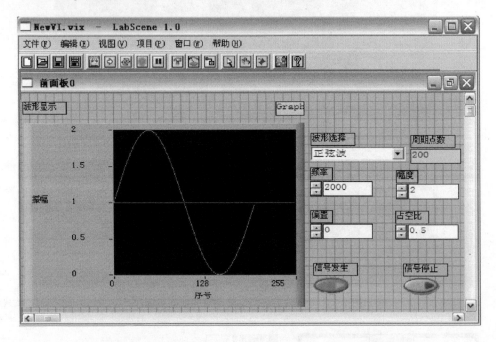

图 5 - 1 - 10　虚拟任意波形发生器的操作与显示主面板

#### 1. 软件的设计与实现

该信号发生卡的核心是一块 USB 总线的信号发生卡和 LabScene 虚拟仪器开发平台。整个虚拟任意波形发生器软件由驱动程序模块、波形产生模块和主模块等构成。

#### 2. 驱动程序模块

LabScene 通过调用动态链接库(DLL)的方式来实现对硬件设备卡的访问,动态链接库的调用是通过"调用外部库函数"节点实现的,该节点位于 LabScene 函数工具箱的高级子模板中,如图 5 - 1 - 11 所示。

单击函数工具箱的高级子模块图标,然后选择"调用外部库函数"节点,将这个节点放至 LabScene 后面板框图程序中。该节点在刚拖入程序中时,由于没有对其进行任何设置,所以该节点暂时还不可用,必须对它进行配置以后才能使用。

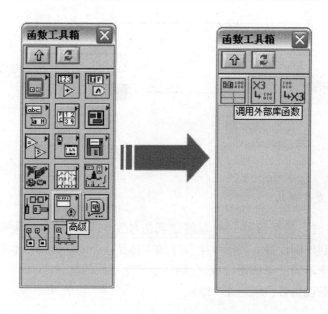

图 5 - 1 - 11  动态链接库调用节点

图 5 - 1 - 12 是该节点设置前后的对比。

图 5 - 1 - 12  动态链接库调用节点设置前后对比

在配置调用节点时,应根据支持任意波形发生卡的动态链接库所提供的接口函数说明。利用接口函数可以很容易地将动态链接库加载到 LabScene 程序中来。图 5 - 1 - 13 是根据接口函数得到的动态库函数声明。

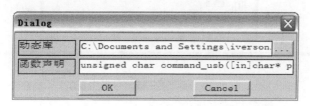

图 5 - 1 - 13  配置完成的动态链接库调用节点

动态链接库节点配置成功之后,在后面板利用该节点编写任意波形发生卡的驱动程序,如图 5 - 1 - 14 所示。

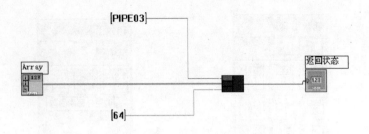

图 5 - 1 - 14　配置硬件卡驱动程序

### 3. 波形发生模块

PC 机将波形数据通过 USB 总线送到信号发生卡中,信号发生卡循环地将波形数据发送到外围设备。波形发生程序的主体是一个 Case 结构,本程序中的 Case 结构共由几个不同的子框架构成,分别用于产生不同的波形:

(1) 正弦波信号(图 5 - 1 - 15)。

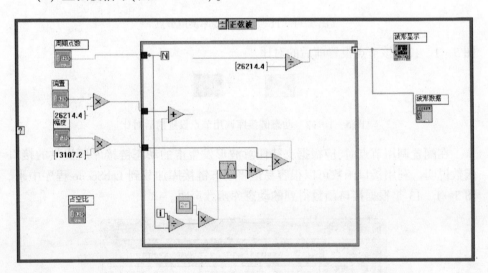

图 5 - 1 - 15　正弦波信号发生程序

(2) 方波信号(图 5 - 1 - 16)。

(3) 直流信号(图 5 - 1 - 17)。

(4) 锯齿波信号(图 5 - 1 - 18)。

(5) 三角波信号(图 5 - 1 - 19)。

(6) 将数据产生模块封装成一个子 VI 供主程序调用,如图 5 - 1 - 20 所示。

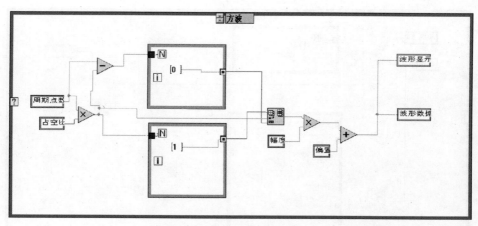

图 5 - 1 - 16 方波发生程序

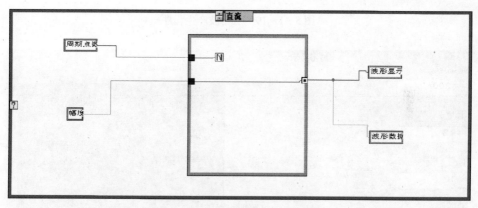

图 5 - 1 - 17 直流信号产生程序

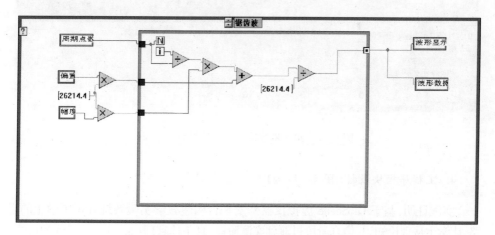

图 5 - 1 - 18 锯齿波信号产生程序

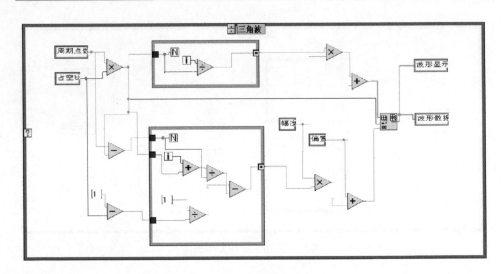

图 5 - 1 - 19　三角波产生程序

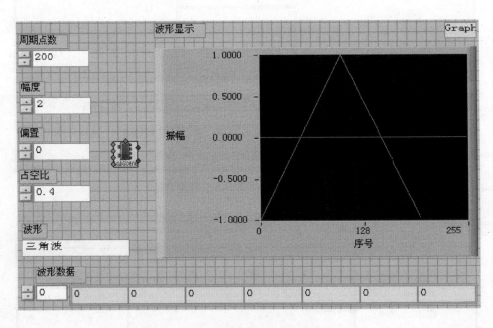

图 5 - 1 - 20　将数据产生模块封装为子 VI

## 4. 主程序模块设计(图 5 - 1 - 21)

实践证明,基于 LabScene 虚拟仪器开发平台构建教学实验系统开拓了学生的思路,让学生从理论知识、仿真阶段过渡到实测阶段,真正达到理论结合工程实际的目的。

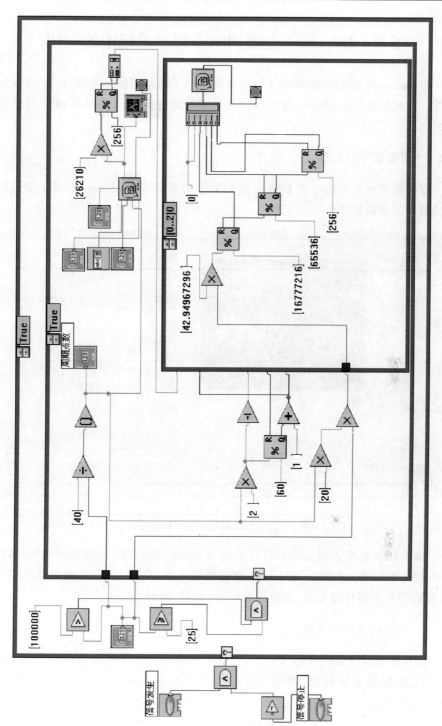

图 5 - 1 - 21　主程序的后面板

## 5.2　LabScene 在虚拟电子测量系统中的应用

与 LabScene 配合的系列电子测量系统包括了微型虚拟示波器、LCR 虚拟测试仪等。下面是基于 LabScene 虚拟仪器开发平台设计虚拟示波器和 LCR 测试仪的介绍。

### 5.2.1　虚拟数字示波器

虚拟数字示波器由一块 USB 总线的数据采集卡和 LabScene 组成。虚拟数字示波器的前面板如图 5－2－1 所示。

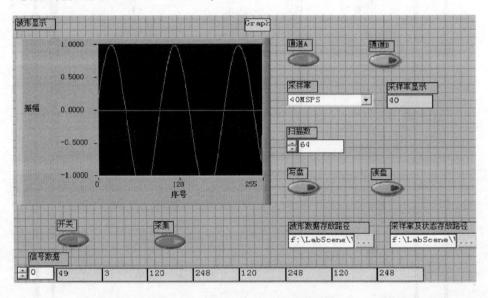

图 5－2－1　虚拟数字示波器前面板

基于 USB 总线数据采集卡具有单通道 80MHz 采样率,双通道 40MHz 采样率和 0～5V 电压输入范围。支持 USB 批量数据传输,高达 12Mb/s 数据吞吐率。板载 32K/64K 数据存储单元,具有即插即测、无源、微型等特点。

1. 软件的设计与实现

虚拟示波器主要完成信号的采集、处理和显示。系统的软件总体上包括驱动程序模块、信号采集模块、数据存储和处理显示模块 4 大模块。其功能结构如图 5－2－2所示。

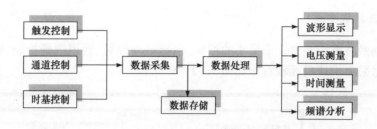

图 5 - 2 - 2 虚拟示波器软件结构框图

## 2. 驱动程序模块

通过 LabScene 下的动态链接库调用节点构建 LabScene 驱动程序,如图 5 - 2 - 3 所示为从设备板卡获取数据的图形驱动程序。

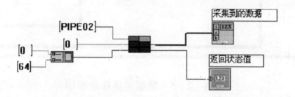

图 5 - 2 - 3 读取设备卡数据节点程序

设备卡正常工作之前需要对设备卡进行配置,例如,设置采样率、设置通道号等参数,该程序如图 5 - 2 - 4 所示。

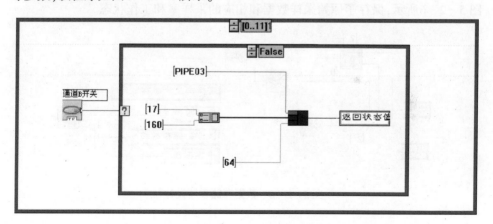

图 5 - 2 - 4 参数配置程序

### 3. 数据采集模块

数据采集模块主要完成采集的控制,包括触发控制、通道选择控制、时基控制等。数据采集模块后面板程序如图 5-2-5 所示。

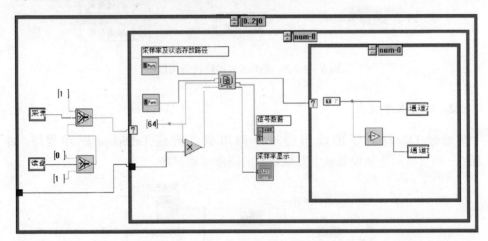

图 5-2-5　数据采集模块程序

### 4. 数据存储模块

采集获取的数据通过文件存储节点 📷 保存。整个程序的数据保存程序如图 5-2-6 所示,保存了原始采样数据和相应的采样率和工作状态。

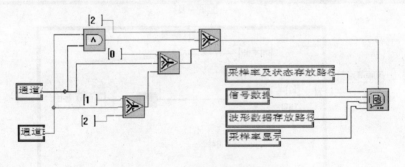

图 5-2-6　数据存储程序设计

### 5. 数据处理及显示模块

软件提供了三种波形显示模式:A、B 和 A&B 模式,通过通道选择可以任意显示某一通道或者两通道信号。该模块后面板程序如图 5-2-7 所示。

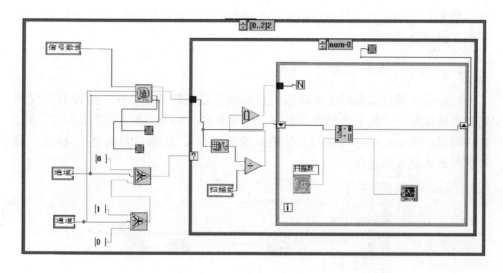

图 5-2-7　处理显示程序

本设计通过高速 USB 数据采集卡,基于 LabScene 平台实现了虚拟示波器功能。LabScene 平台功能强大、应用灵活,充分体现了仪器功能可重构的思想。

### 5.2.2　LCR 虚拟测试仪

1. LCR 虚拟测试仪的结构与组成

LCR 虚拟测试仪是由一块基于 USB 总线的 LCR 测试板卡和 LabScene 组成。LCR 虚拟测试仪的操作与显示主面板如图 5-2-8 所示。

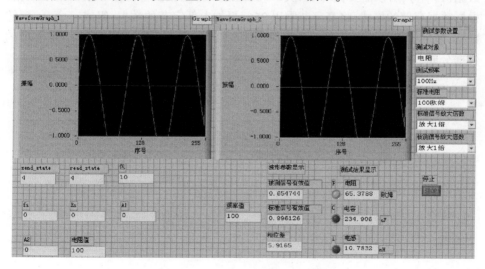

图 5-2-8　LCR 虚拟测试仪前面板

　　整个 LCR 虚拟测试仪软件由驱动程序模块、序列分离模块、电压转换模块和主程序模块组成。

### 2. 驱动程序模块

　　LabScene 通过动态链接库调用实现和硬件设备的通信。LCR 虚拟测试仪调用动态链接库构成两个子节点：usb_send（图 5-2-9）和 usb_read（图 5-2-3）。程序通过调用 usb_send 模块对系统测试参数进行设置，包括测试频率、标准电阻和信号放大倍数的选择。

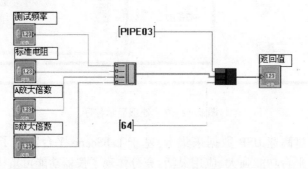

图 5-2-9　usb_send 节点程序

### 3. 序列分离模块

　　将底层同时采集的两路数据进行分离。由于 usb_read 每次读取 60 个采集的数据（15 组），所以需要循环 15 次，每次处理 4 个数据。每次循环索引 4 个数据，根据数据存储的格式，将高字节乘以 256，再加上低字节的数据，组成一个 int 型的数据，最后输出给输出序列。这样，每执行一次序列分离模块就将 60 个字节型的数据分成 2 组，每组包含 15 个 int 型的数据。程序框图如图 5-2-10 所示。

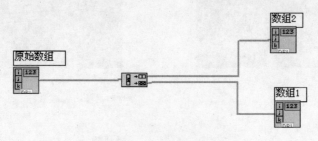

图 5-2-10　序列分离模块程序

### 4. 码值-电压转换模块

该模块将 A/D 采集的数据转换成电压量。由于 A/D 量化的结果是 12 位的数据,所以要根据量化的关系将码值转化成电压量。该模块是一个 For 循环,循环 15 次,将"序列分离"输出的 15 个数据进行电压变换,最后输出 15 个电压量数据。程序框图如图 5 - 2 - 11 所示。

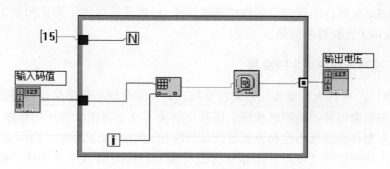

图 5 - 2 - 11　码值-电压转换模块程序

### 5. 主程序模块

该模块实现一个周期数据的存储,usb_read 每通道每次读入 15 个数据,根据包标志控制循环的次数(图 5 - 2 - 12)。由于要读入 150 个数据(一个周期),所以包标志要从 0 ~ 14 循环 15 次,当包标志为 15 时结束循环,循环产生两个数组:标准信号和被测信号。

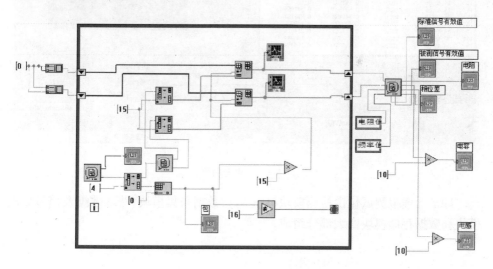

图 5 - 2 - 12　主循环模块程序

　　本设计基于 LabScene 平台,实现了虚拟 LCR 测试仪,可作为通用灵活的电子测量仪器。通过测试表明,基于 LabScene 的 LCR 虚拟测试仪具有很高的精度,有很强的实用性。

# 5.3　LabScene 在工程实际中的应用

　　LabScene 软件不仅可以用作实验教学平台,而且可以用于测试测量工程实际中,并取得了比较好的效果。

### 5.3.1　在冲击功测试中的应用

　　2004 年,吉林大学虚拟仪器实验室和吉林大学建设工程学院合作开发了射流液动冲击器虚拟冲击功测试系统。该系统解决了液动冲击功测试的难题,论证了采用霍尔器件测试微小位移及速度的可行性,给冲击功测试带来了新的方法。

　　冲击功虚拟测试仪由冲击功硬件设备和 LabScene 软件平台构成。硬件系统通过串口和 PC 机通信,LabScene 通过串口通信节点和硬件设备进行数据交换。冲击功虚拟测试仪的操作与显示主面板如图 5 - 3 - 1 所示。

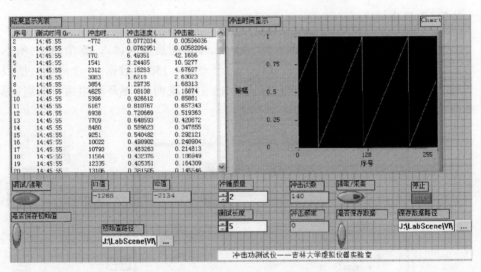

图 5 - 3 - 1　冲击功测试仪

　　冲击功虚拟测试仪由检测模块($U_1$、$U_2$)、数据采集模块、获取数据及信号处理模块和数据存储模块四大部分组成。

### 1. U1、U2 检测模块

根据冲击功测试原理(见第 4 章),需要检测 U1、U2 两个阈值电压,通过发送 0x01 命令和 0x02 命令获取这两个电压。其框图程序如图 5-3-2 所示。

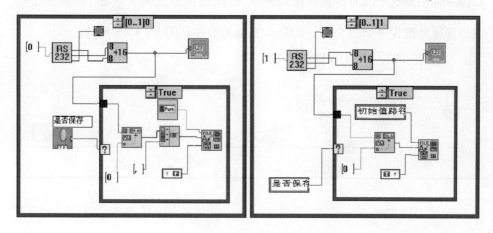

图 5-3-2　阈值电压检测模块程序

### 2. 数据采集模块

为了便于确定有效阈值电压,扩展设计了低频虚拟示波器。该示波器用于获取霍尔传感器的信号,并将其显示在前面板,便于用户监测霍尔电压。LabScene 通过发送 0x04 命令获取采集数据,并将获取的数据保存。其框图程序如图 5-3-3 所示。

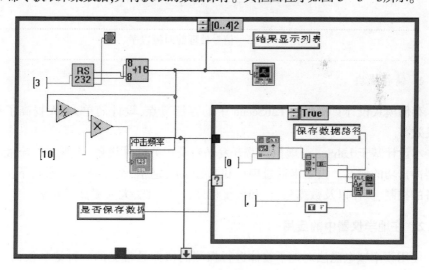

图 5-3-3　数据采集框图程序

3. 数据处理及信号获取模块

程序发送 0x68 命令给硬件设备,设备将返回测得的定时时间给 LabScene, LabScene 根据这个时间计算冲锤末速度,进而根据公式 $M = \dfrac{1}{2}mv^2$ 得到冲击功。其后面板处理程序如图 5 - 3 - 4 所示,前面板程序如图 5 - 3 - 5 所示。

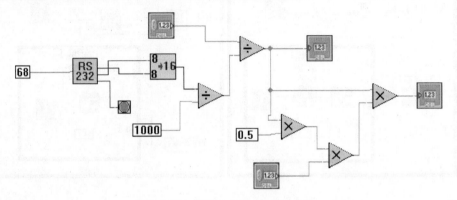

图 5 - 3 - 4　信号处理框图程序

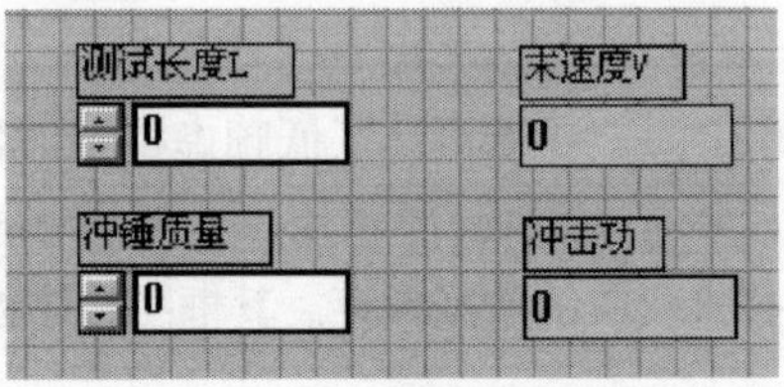

图 5 - 3 - 5　信号处理前面板程序

4. 储存模块

存储模块设计直接采用 LabScene 中的存储节点,设计简单,大大提高了程序开发效率。

本设计基于 LabScene 虚拟仪器开发平台及相关硬件设备,实现了射流液动冲击器冲击功的测试。设备卡通过串口和 LabScene 通信,在 LabScene 平台下实现对设备的控制、操作以及数据分析,和传统程序设计相比,大大提高了效率。

## 5.3.2　在地学仪器中的应用

使用频率域电磁法对地下物体进行探测的仪器是常见的一种地学仪器,我们简称为 FEM。LabScene 成功地为吉林大学仪器科学与电气工程学院的 FEM 科研小组解决了麻烦的数据处理工作。

　　FEM 中的数据处理。FEM 是利用频率域电磁法对地下物体进行探测的一种方法,一次探测回来的数据包含了很多不同的分量,对各个不同的分量进行分析才能得到地下的一些未知的信息,但是每次采回来的数据相当的多,并且 FEM 的工作方式比较特殊,其采集路径类似于一个方波信号的形状(图 5-3-6),这样就导致了采回的数据有一半是次序颠倒的,必须将颠倒的数据都调整过来。

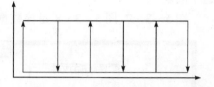

图 5-3-6　FEM 的工作方式

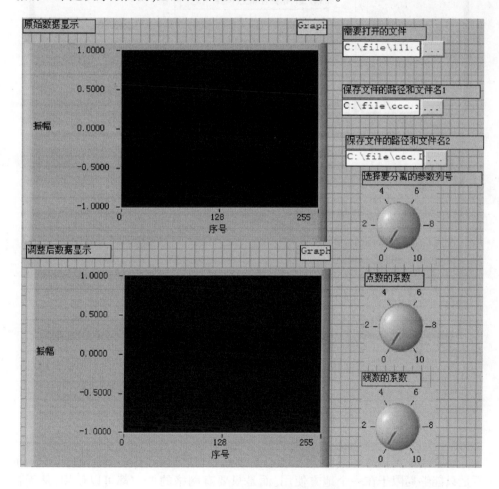

图 5-3-7　数据处理的前面板程序

　　在没有利用 LabScene 以前,一直都是靠人工来手动地分离数据,不仅浪费了大量的时间和精力,还可能造成数据的不可靠性。利用 LabScene 很容易就解决了这个问题。

　　图 5 - 3 - 7、图 5 - 3 - 8 是该数据处理方法的前后面板程序。

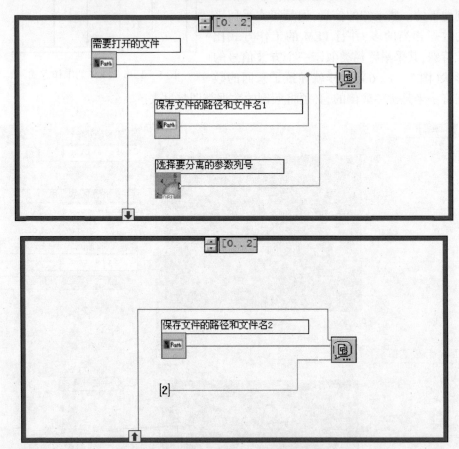

图 5 - 3 - 8　数据处理的后面板程序

## 5.4　LabScene 的网络应用

　　LabScene 不仅具有本地功能,还具有现在非常流行的网络功能,使得 LabScene 不是只能够局限于在一个地方使用,而是只要有网络的地方都可以使用,从而使 LabScene 的功能大大增强,也有了更广阔的发展前景。

### 5.4 1　网络化信号发生器

#### 1. 网络化任意波形发生器的结构与组成

虚拟任意波形发生器由一块基于 USB 总线的任意波形发生卡和相应软件组成。其操作与显示面板如图 5 - 4 - 1 所示。

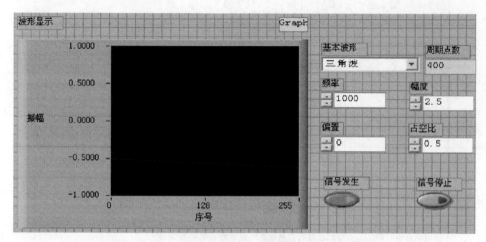

图 5 - 4 - 1　虚拟任意波形发生器的操作与显示主面板

虚拟任意波形发生器软件由驱动程序模块、波形产生模块和主模块等构成。

#### 2. 驱动程序子程序

LabScene 通过动态链接库 USB. DLL 中的接口函数的调用来实现对硬件设备卡的访问,动态链接库 USB. DLL 中包含了接口函数。

由于信号发生卡是往外输出波形的,所以我们必须将生成的波形数据发送到卡中,这些数据经信号发生卡后向外输出相应的波形。这里用 command_usb 函数来实现发送波形数据。由于硬件设备的不同,发送的数据都有一定的格式,表 5 - 4 - 1 是该信号发生卡的数据发送格式。

表 5 - 4 - 1　发送数据格式

| 包功能 | N1 | N2 | N3 | N4 | N5 | N6 | ... |
|---|---|---|---|---|---|---|---|
| 频率控制 | 0 | 控制字最高字节 | 控制字第2字节 | 控制字第3字节 | 控制字第4字节 | 控制字最低字节 | |
| 波形点数 | 1 | 包个数高字节 | 包个数低字节 | 字节数高8位 | 字节数低8位减1 | | |
| 波形数据 | 2 | 包标志高字节 | 包标志低字节 | 该包中数据个数 | 16 位数据(高位在前,低位在后,最多60 个字节,30 个点的数据) | | |
| 停止波形 | 3 | | | | | | |

下面是这个网络信号发生卡节点的载入步骤：

（1）调出 LabScene 服务器，用于对网络节点和用户的监控，其界面如图 5 - 4 - 2 所示。

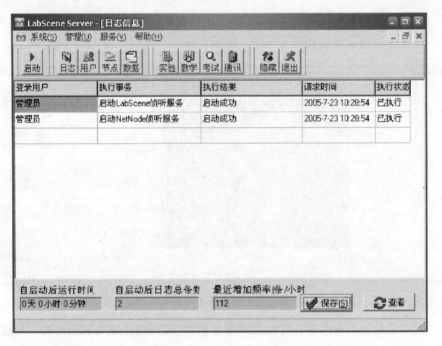

图 5 - 4 - 2　LabScene 服务器程序

（2）打开网络采集卡网络节点 Generator，并对其进行设置，如图 5 - 4 - 3 所示。

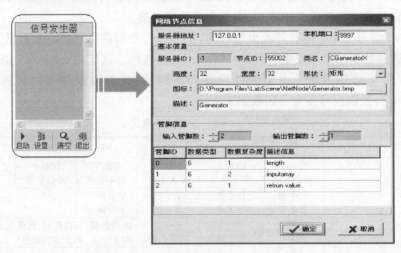

图 5 - 4 - 3　网络信号发生卡节点的设置

（3）启动 Generator 节点，发送到 LabScene 服务器，如图 5-4-4 所示。

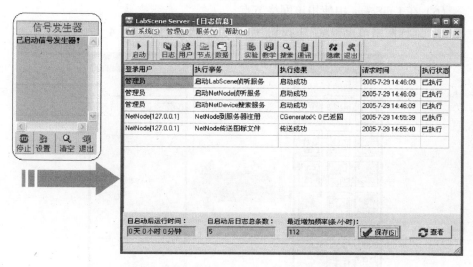

图 5-4-4　网络信号发生卡节点的启动

（4）节点启动发送到服务器之后，LabScene 用户可以登陆服务器，从服务器获取节点信息，如图 5-4-5 所示。

图 5-4-5　LabScene 用户登陆服务器

（5）成功登录后，有一个询问是否获取节点信息的对话框，切记一定要选择"是(Y)"；否则的话，将无法获得刚刚启动的节点信息，也就失去了对其的控制，

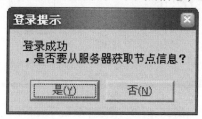

图 5-4-6　登录提示对话框

该对话框如图 5 - 4 - 6 所示。

（6）在 LabScene 中使用该网络节点。

在"远程网络节点模块"中找到"Generator"节点，如图 5 - 4 - 7 所示。

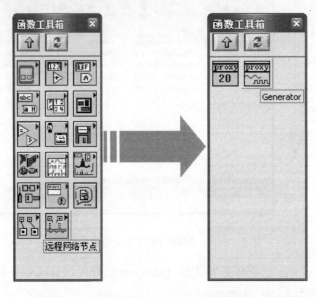

图 5 - 4 - 7　在函数工具箱中的 Generator 节点

（7）利用该节点和一个顺序结构就能够往卡中送相应的数据了。

首先是将波形的频率数据送到卡中，如图 5 - 4 - 8 所示。

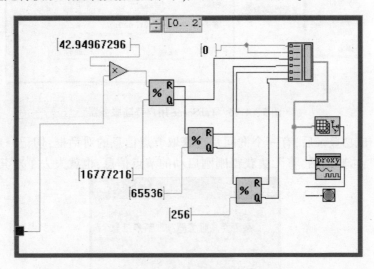

图 5 - 4 - 8　将频率数据写入卡中

然后是将周期点数和数据包个数送到卡中,如图 5 - 4 - 9 所示。

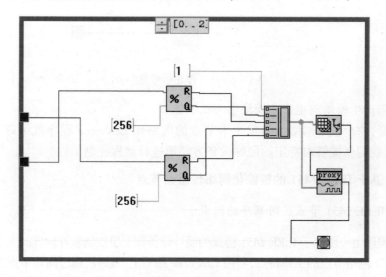

图 5 - 4 - 9　将周期点数和数据包个数数据写入卡中

最后将波形数据送到卡中,如图 5 - 4 - 10 所示。

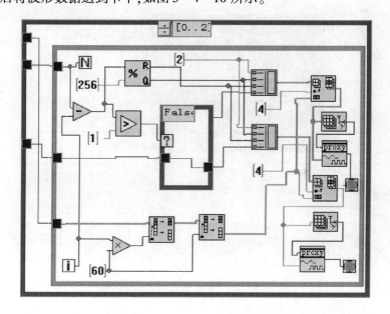

图 5 - 4 - 10　将波形数据写入卡中

这样,经过这个顺序结构之后,信号发生卡就能够往外输出相应的波形了,如果想停止波形,就得将停止信号发生的数据送到卡中,如图 5 - 4 - 11 所示。

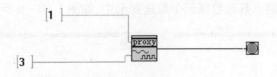

图 5 - 4 - 11　停止信号发生卡

波形产生模块与主程序模块参考 5.1.2 节。

这样,一个基于网络信号发生卡节点的网络化 LabScene 程序就编好了,利用此程序,我们就能够对特定的硬件设备方便地进行远程控制了。

### 5.4.2　基于 IEEE 1451 的智能化网络传感器节点

1. IEEE 1451 节点应用程序的组成

该程序由一块基于 IEEE 1451 协议的硬件设备和上层控制软件构成。主要是根据 IEEE 1451 网络节点的工作特点,利用 LabScene 编写上层软件,通过向该节点发送特定的命令字来使远端的硬件卡执行相应的功能。图 5 - 4 - 12 是该程序的前面板。

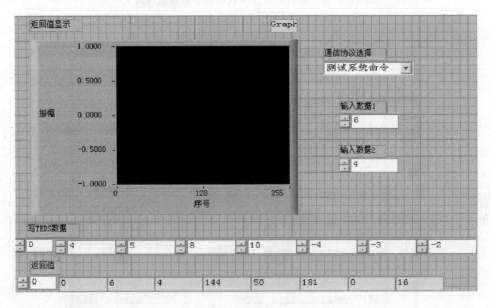

图 5 - 4 - 12　网络节点程序的前面板

2. IEEE 1451 节点的获取

要想编写发送命令程序,首先是要获得 IEEE 1451 网络节点,该节点的获取和一般的网络节点的获取有些不同,具体步骤如下:

（1）打开 LabSceneServer 服务器程序,在工具栏中点击"搜索"(图 5 - 4 - 13)。

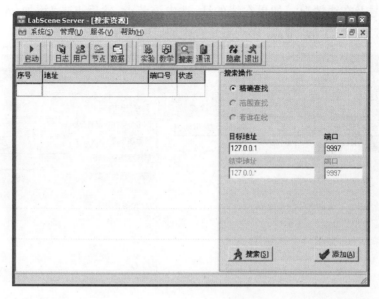

图 5 - 4 - 13　服务器程序的搜索界面

（2）打开搜索界面之后,在"目标地址"和"端口"中输入网络节点的 IP 地址及端口号,然后点击"搜索(S)",搜索对应地址的网络节点,如图 5 - 4 - 14 所示。

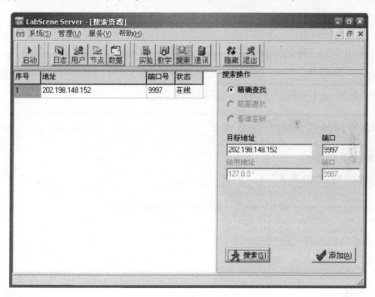

图 5 - 4 - 14　搜索网络节点

（3）搜索到网络节点之后，我们就可以看到左边显示了该网络节点的 IP 地址、端口号及在线情况。如果在线的话，选中该节点，然后点击"添加（A）"，我们可以点击工具栏上的"节点"来观察是否添加成功，如图 5－4－15 所示。

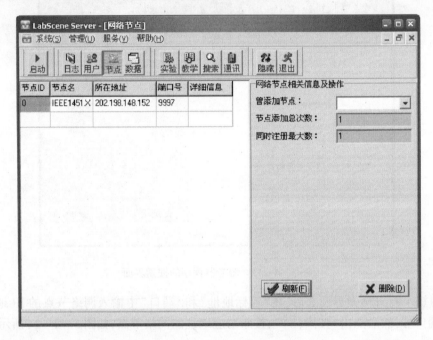

图 5－4－15　观察节点是否添加成功

添加成功之后，登陆 LabSceneServer 服务器获取节点，并在 LabScene 后面板中找到该节点。在获取了 IEEE 1451 网络节点之后，就可以给硬件设备发送命令了。采用一个 CASE 结构可以分别发送不同的命令。

3. IEEE 1451 节点的命令字发送

1）测试系统命令

发送数据格式如表 5－4－2 所示。

表 5－4－2　测试系统命令数据发送格式

| Byte No | Value Range | Meaning |
| --- | --- | --- |
| 1 | 00h | Control Byte |
| 2 | XXh | Test Command Byte |
| 3 | XXh(0~255) | Test Channel Byte |

依据表 5－4－2 的格式，就可以得到如图 5－4－16 所示的命令发送程序。

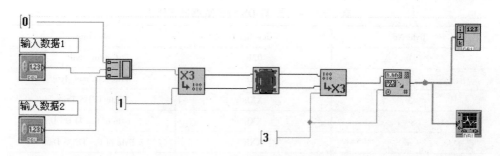

图 5 - 4 - 16　测试系统命令的发送

对应于表 5 - 4 - 2,数字常量 0 是控制字,输入数据 1 和输入数据 2 分别是测试命令字和测试通道字,由用户输入,将它们合并成一个数组一起发送。由于硬件设备只能读取"0"、"1"数据流,因此,这里用到了"任意数据到流"节点将数据转换之后再送到硬件设备,返回的流数据又利用"流到字符串"节点转换成字符串,再通过"分隔符格式字符串转换到数值"节点转换成可读的数值输出。

2) 读 TEDS 命令

发送数据格式如表 5 - 4 - 3 所示。

表 5 - 4 - 3　读 TEDS 命令数据发送格式

| Byte No | Value Range | Meaning |
| --- | --- | --- |
| 1 | 01h | Control Byte |
| 2 | XXh | Read Channel Byte |
| 3 | XXh | Read TEDS Byte |

依据表 5 - 4 - 3 的格式,就可以得到如图 5 - 4 - 17 所示的命令发送程序。

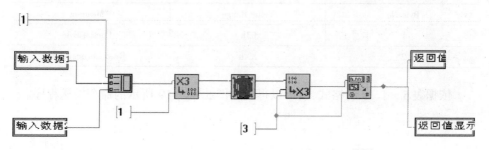

图 5 - 4 - 17　读 TEDS 命令的发送

3) 写 TEDS 命令

发送数据格式如表 5 - 4 - 4 所示。

**表 5 - 4 - 4　写 TEDS 命令数据发送格式**

| Byte No | Value Range | Meaning |
|---|---|---|
| 1 | 02h | Control Byte |
| 2 | XXh | Write Channel Byte |
| 3 | XXh | Write TEDS Type |
| … | XXh | … Byte of the TEDS Data |
| $n$ | XXh | $n$ Byte of the TEDS Data |
| len | XXh | Last Byte of the TEDS Data |

依据表 5 - 4 - 4 的格式,就可以得到如图 5 - 4 - 18 所示的命令发送程序。

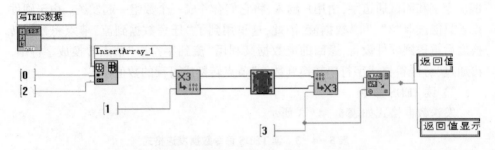

图 5 - 4 - 18　写 TEDS 命令的发送

InsertArray_1 是将控制字插入到 TEDS 数组的第一位。

4) 读传感器数据

发送数据格式如表 5 - 4 - 5 所示。

**表 5 - 4 - 5　读传感器数据命令数据发送格式**

| Byte No | Value Range | Meaning |
|---|---|---|
| 1 | 03h | Control Byte |
| 2 | XXh | Read Channel Byte |

依据表 5 - 4 - 5 的格式,就可以得到如图 5 - 4 - 19 所示的命令发送程序。

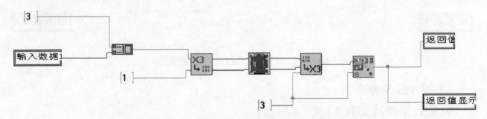

图 5 - 4 - 19　读传感器数据命令的发送

5）读 STIM 状态寄存器

发送数据格式如表 5 - 4 - 6 所示。

**表 5 - 4 - 6　读 STIM 状态寄存器命令数据发送格式**

| Byte No | Value Range | Meaning |
|---------|-------------|---------|
| 1 | 04h | Control Byte |
| 2 | XXh | Read Channel Byte |
| 3 | XXh | Read Statue Register Byte |

依据表 5 - 4 - 6 的格式,就可以得到如图 5 - 4 - 20 所示的命令发送程序。

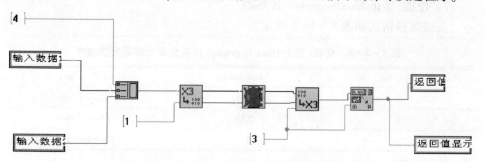

图 5 - 4 - 20　读 STIM 状态寄存器数据命令的发送

6）写中断屏蔽寄存器

发送数据格式如表 5 - 4 - 7 所示。

**表 5 - 4 - 7　写中断屏蔽寄存器命令数据发送格式**

| Byte No | Value Range | Meaning |
|---------|-------------|---------|
| 1 | 05h | Control Byte |
| 2 | XXh | Write Channel Byte |
| 3 | XXh | Write Interrupt Mask Register Type |
| 4 | XXh | First Byte of the Interrupt Mask Register Data |
| 5 | XXh | Second Byte of the Interrupt Mask Register Data |

依据表 5 - 4 - 7 的格式,就可以得到如图 5 - 4 - 21 所示的命令发送程序。

SubArray_1 是用来将数组中的前四位数据取出来作为一个新的数组,再通过 InsertArray_2 将控制字插入到新的数组中,形成发送的数据格式。

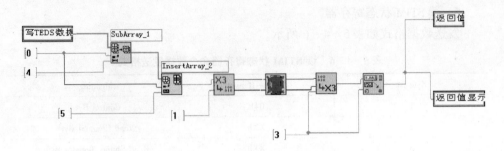

图 5 - 4 - 21　写中断屏蔽寄存器数据命令的发送

7) 使能/禁止 Data Sequence 传感器

发送数据格式如表 5 - 4 - 8 所示。

表 5 - 4 - 8　使能/禁止 **Data Sequence** 传感器命令数据发送格式

| Byte No | Value Range | Meaning |
|---------|-------------|---------|
| 1 | 06h | Control Byte |
| 2 | XXh | Channel Byte |
| 3 | 0/1 | Operation Type |

依据表 5 - 4 - 8 的格式,就可以得到如图 5 - 4 - 22 所示的命令发送程序。

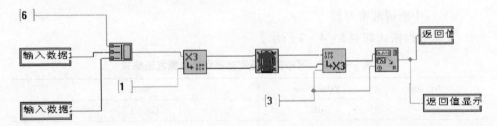

图 5 - 4 - 22　使能/禁止 Data Sequence 传感器命令的发送

8) 使能/禁止 Event Sensor 寄存器

发送数据格式如表 5 - 4 - 9 所示。

表 5 - 4 - 9　使能/禁止 **Event Sensor** 传感器命令数据发送格式

| Byte No | Value Range | Meaning |
|---------|-------------|---------|
| 1 | 07h | Control Byte |
| 2 | XXh | Channel Byte |
| 3 | 0/1 | Operation Type |

依据表 5-4-9 的格式,就可以得到如图 5-4-23 所示的命令发送程序。

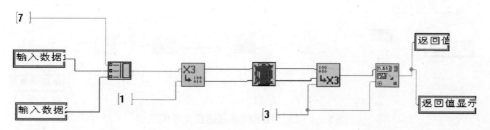

图 5-4-23　使能/禁止 Event Sensor 传感器命令的发送

9) 复位 STIM 模块

发送数据格式如表 5-4-10 所示。

表 5-4-10　复位 STIM 模块命令数据发送格式

| Byte No | Value Range | Meaning |
| --- | --- | --- |
| 1 | 08h | Control Byte |
| 2 | XXh | Channel Byte |

依据表 5-4-10 的格式,就可以得到如图 5-4-24 所示的命令发送程序。

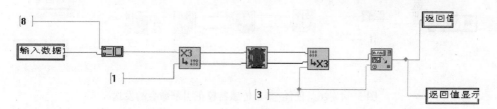

图 5-4-24　复位 STIM 模块命令的发送

10) 校正传感器通道

发送数据格式如表 5-4-11 所示。

表 5-4-11　校正传感器通道命令数据发送格式

| Byte No | Value Range | Meaning |
| --- | --- | --- |
| 1 | 09h | Control Byte |
| 2 | XXh | Calibration Channel Byte |

依据表 5-4-11 的格式,就可以得到如图 5-4-25 所示的命令发送程序。

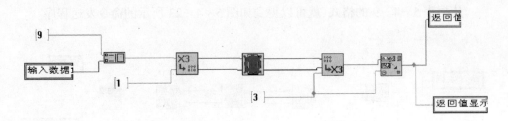

图 5 - 4 - 25　校正传感器通道命令的发送

11）使能/禁止传感器校正引擎

发送数据格式如表 5 - 4 - 12 所示。

表 5 - 4 - 12　使能/禁止传感器校正引擎命令数据发送格式

| Byte No | Value Range | Meaning |
|---|---|---|
| 1 | 0Ah | Control Byte |
| 2 | 0/1 | Operation Type |

依据表 5 - 4 - 12 的格式，就可以得到如图 5 - 4 - 26 所示的命令发送程序。

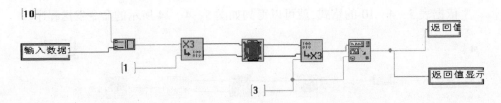

图 5 - 4 - 26　使能/禁止传感器校正引擎命令的发送

12）网络通信速率测试

发送数据格式如表 5 - 4 - 13 所示。

表 5 - 4 - 13　网络通信速率测试命令数据发送格式

| Byte No | Value Range | Meaning |
|---|---|---|
| 1 | 0Ah | Control Byte |
| 2 | 0/1 | Operation Type |

依据表 5 - 4 - 13 的格式，就可以得到如图 5 - 4 - 27 所示的命令发送程序。

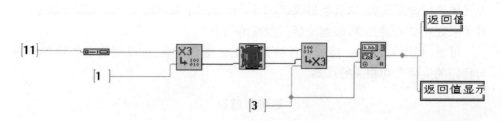

图 5 - 4 - 27　网络通信速率测试命令的发送

### 4. IEEE 1451 节点应用的主程序

前面板程序如图 5 - 4 - 12 所示,用来显示发送命令及发送后从 IEEE 节点返回的信息,其后面板程序如图 5 - 4 - 28 所示。

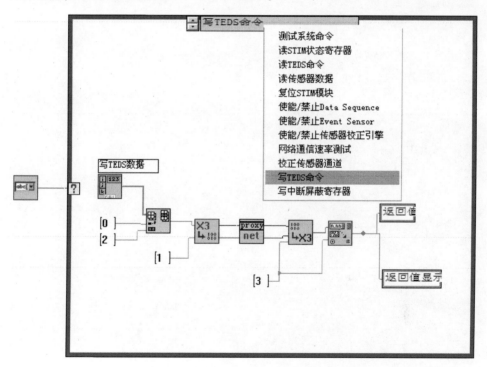

图 5 - 4 - 28　节点应用的后面板程序

利用该智能化网络传感器节点 IEEE 1451,可以很方便地访问网络中的智能传感器。只要连接一个视频设备,就可以利用该视频设备来做远程家庭安全监测,如果配上图像识别软件,就可以对监控群体中的每一个个体做具体的识辨,可以用来追踪逃跑的嫌疑犯。连接一些气体传感器设备,就可以对 $CH_4$、CO 及 $CO_2$ 等有害气体进行泄漏探测,这就使得煤矿矿井中的瓦斯泄漏问题可以得到很好地解决,对于家庭安全来讲,也可以解决煤气泄漏的问题。

可见,利用 LabScene 搭配上各种智能化传感器节点,可以创造出各种各样的与我们的生活密切相关的仪器。

### 思考与练习

(1) 利用 LabScene 中的“模拟信号发生器”节点产生一个模拟信号,对该信号进行 FFT 变换。

(2) 利用 LabScene 中 DLL(动态链接库)的调用方法,将包含信号发生卡调用方法的 DLL 加载到 LabScene 中,实现软硬件的通信。

(3) 利用 LabScene 的网络功能,实现一个网络加法器。

# 参 考 文 献

陈琳,李冶,吴忠杰,张颖. 2005. 基于片上系统 ADμC812 的智能变送器模块设计,仪器仪表学报,8(增):
　　139～142

陈鹏程,张林行,林君. 2004. Windows 下 EPP 并口的驱动程序设计及其应用. 吉林大学学报(信息科学版),
　　22(2):143～147

程德福,林君. 2004. 智能仪器设计基础. 北京:机械工业出版社

范永凯,林君,李冶. 2003. 第四代仪器——三层网络化仪器之管理层响应连接研究. 计算机工程与应用

耿晨歌等. 1999. 一种面向虚拟仪器的数据流程语言. 工程设计学报,2, 25～27

耿晨歌. 1999. 面向虚拟仪器系统的可视化编程语言研究. 浙江大学博士论文

何光渝. 2002. Visual C++常用数值算法集. 北京:科学出版社

侯捷. 2002. STL 源码剖析. 武汉:华中科技大学出版社

侯捷. 2002. 深入浅出 MFC. 第二版. 武汉:华中科技大学出版社

李理,胡于进. 2001. 基于流程动态化的工作流模型设计. 计算机工程与应用,37(7):118～120

李维. 2004. Inside 深入核心 VCL 架构剖析. 北京:电子工业出版社

林君. 2002. 现代科学仪器及其发展趋势. 吉林大学学报(信息科学版), 20(1):1～6

刘君华. 2003. 基于 LabVIEW 的虚拟仪器设计. 北京:电子工业出版社

陆起涌,李向华,张忠海. 2003. 基于计算机的虚拟仪器测试平台设计. 仪器仪表学报,27(4 增), 546～549

路军,王亚东,王晓龙. 2000. BDI Agent 解释器的研究与改进. 软件学报,(8)

罗小川等. 2001. 基于 CORBA 网络化测量系统研究. 仪器仪表学报,(6)

彭枧明. 吴忠杰,韦建荣. 2006. 射流式液动锤冲击功非接触测量系统. 石油矿场机械,(1):48～51

秦树人. 2004. 虚拟仪器. 北京:中国计量出版社

随阳轶. 2005. 虚拟仪器开发平台 LabScene 的软件实现. 吉林大学硕士论文

听雨轩. 2004. Agilent VEE 虚拟仪器工程设计与开发. 北京:国防工业出版社

王瑞荣. 2003. 基于事件触发并发数据流模型的可视化编程语言研究. 浙江大学博士论文

王梅,林君,刘俊华. 2004. 一种基于嵌入式 USB-Host 的大容量数据存储方案及应用. 计算机测量与控制,
　　12(4):384～386

王宁等. 1998. 一个基于 CORBA 的异构数据源集成系统的设计,软件学报,(5)

王强,周明,李定国. 2002. Windows API for 2000/XP 实例精解. 北京:电子工业出版社

王瑞荣,汪乐宇. 2003. 事件触发并发数据流模型. 软件学报,14(03):405～410

王宇纲,杨宗源,李术茜. 1998. 基本规则的脚本生成技术. 微型电脑应用,(4)

吴刚等. 2001. 一个基于 CORBA 和移动智能体的分布式网管集成框架,计算机学报,(1)

吴忠杰,林君,刘长胜. 2005. 基于 USB 总线微型虚拟示波器的研制. 计算机工程与应用,(11):109～111,
　　123

吴忠杰,林君,彭枧明,韦建荣,朱虹. 液动射流式冲击器冲击功测量方法及仪器研制. 仪器仪表学报(已录
　　用)

吴忠杰,林君,韦建荣,谢宣松. 2005. 虚拟测试系统中模块化仪器关键技术研究. 仪器仪表学报,8(增)

吴忠杰,林君,韦建荣,朱虹. 2005. 基于虚拟仪器技术微型阻抗测试仪的设计. 电测与仪表,42(1):38～41

吴忠杰,林君,谢宣松. 基于 PCI 的高速采集系统的设计及应用. 吉林大学学报(信息版)

谢宣松,林君. 2003. 业务流程的可配置方法. 计算机工程与应用,39(31)

谢宣松,林君. 2004. 虚拟实验室的 CORBA 解决方案. 计算机工程,30(4)

谢宣松,随阳轶,林君. 2005. G 语言运行模型及在 LabScene 中的实现. 计算机工程与应用,41(3)

谢宣松,随阳轶,林君. 2006. G 语言的硬件虚拟模型. 仪器仪表学报,4

谢宣松,随阳轶,林君. 2006. G 语言结构及运行模型. 吉林大学学报(工学版)

谢宣松,随阳轶,林君. 2006. G 语言中的内存数据管理算法. 计算机工程,3

谢宣松. 2003. 分布式仪器软件平台 LabScene 的研究与设计,吉林大学硕士论文

谢宣松. 2006. G 语言的一种结构模型及平台实现. 吉林大学博士论文

严蔚敏,吴伟民. 1997. 数据结构(C 语言版). 北京:清华大学出版社

杨乐平,李海涛,肖相生. 2001. LabVIEW 程序设计与应用. 北京:电子工业出版社

叶昀等. 2003. USB 设备在光谱仪中的应用研究. 仪器仪表学报,24(2):157～159

尹文生. 1999. 基于广义环图树的装配模型. 华中理工大学学报,27(8)

尹文生. 1998. 支持自顶向下设计的装配建模研究. 博士学位论文,华中理工大学机械科学与工程学院

占细雄,谢宣松,林君. 2004. 基于图像处理技术的同步环智能检测系统. 工业仪表与自动化装置,(1): 21～22,57

占细雄,林君,胡安. 2003. 基于 AD9850 的 8 位幅度可编程信号发生器. 吉林大学学报(信息科学版), 21(1):18～20

张毅,周绍磊,杨秀霞. 2004. 虚拟仪器技术分析与应用. 北京:机械工业出版社

郑鹏,林子禹. 1999. 脚本语言及其应用. 武汉大学学报(自然科学版),(10)

周泓,耿晨歌. 2001. 虚拟仪器系统软件结构描述语言的设计与应用. 工程设计学报,1:7～10

周泓. 1999. 虚拟仪器软件结构与接口技术的研究. 浙江大学博士论文

周之英. 2000. 现代软件工程. 北京:科学出版社

朱一清. 1997. 离散数学. 北京:电子工业出版社

Andrade HA, Kovner S. 1998. Software synthesis from dataflow models for G and LabVIEW™. *In*: IEEE, ed. Proceedings of the IEEE Conference Record of the 32nd Asilomar Conference on Signals, Systems and Computers, Pacific Grove, CA: IEEE, 2:1705～1709

Auguston M . 1997. Visual dataflow language based on iterative constructs. IEEE Proceedings of the Eighth Israeli Conference on Computer Systemsa nd Software Engineering, 91～100

Auguston M. 1996. The V experimental visual programming language. Computer Science Department, Technical report NMSU-CSTR-9611, New Mexico State University

Boecker, Heinz-Dieter. 1986. The enhancement of understanding through visual Representation. SIGCHI 1986 proceedings, 44～50

Borning. A. 1979. Thinglab—a constraint-oriented simulation laboratory. Ph. D. thesis, Stanford University

Brad Myers. 1990. Taxonomies of visual programming and programming visualization. Journal of Visual Languages and Computing, 1:97～123

Brown G. 1985. Program visualization: graphical support for software development. Computer, (8):27～35

Brown G. 1986. Visual programming-in-the-large: a practical concept? The IEEE Computer Society's Tenth Annnual International Computer Software& Applications Conference, compsac 406

Chang, S.. Principles of Visual Programming Systems. New York:Prentice Hal, 1990

Citrin W, Doherty M, Zorn B. 1994. The design of a completely visual object-oriented programming language. Visual Object-Oriented Programming: Concepts and Environments( Margaret Burnet, Adele Goldberg, Ted Lewis, eds)

Citrin W, Hal R, Zorn B. 1995. Programming with visual expressions. Proceedings of the 11th IEEE Symposium on Visual Languages

COX P T, Giles F R et al. 1989. Prograph: a step towards liberating programming from textual conditioning. IEEE Workshop on Visual Languages, 150 ~ 156

Davis A L, Keller R M. 1982. Dataflow program graph. IEEE Computer, 15(2):26 ~ 41

Doyle P, Heffernan D, Duma D. 2004. A time-triggered transducer network based on an enhanced. IEEE 1451 model. Microprocessors and Microsystems, 28:1 ~ 12

Erich Gamma, Richard Helm, Ralph Johnson, John Vlissides. 2000. 设计模式:可复用面向对象软件的基础. 北京:机械工业出版社

Geng C G. 1999. Study on visual programming language for virtual instrument systems. Zhejiang University Ph. D Dissertation. Hangzhou, P. R. China

Ghitori E, Mosconi M, Porta M . 1998. Designing new programming constructs in a dataflow VL. IEEE Symposium on Visual Languages, 78 ~ 79

Gimenes, Itana M S, Barroca Leonor. 2002. Enterprise frameworks for workflow management systems. Software-Practice and Experience, John Wiley and Sons Ltd, 0038 ~ 0644, 32:755 ~ 769

Goldberg H. 2000. What is virtual instrumentation? IEEE Instrumentation and Measurement Magazine, 3(4):10 ~ 13

Goldstine, Herman H. 1972. The computer from Pascal to von Neumann. Princeton, NJ Princeton University Press

Graf M. 1990 Lesson learned in the Trenches. IEEE Workshop on Visual Languages

Heather Osterloh. 2002. TCP/IP Primer Plus 中文版. 北京:人民邮电出版社

Helsel R. 1994. Cuting Your Test Development Time with HP VEE. HP Professional Books/Prentice Hal

Henning M, RLnoski S. 2000. 基于 C + + CORBA 高级编程. 北京:清华大学出版社

Hirakawa, Masahito, Minoru Tanaka, Tadao Ichikawa. 1990. An iconic programming system, HI-VISUAL. IEEE Trans, on Software Engineering, October, 1178 ~ 1184

Hugh Glaser, Trevor J Smedley. 1995. Psh-The next generation of com and line interfaces. Proceedings of 1995 IEEE Workshop on Visual Languages, IEEE Computer Society Press

IEEE 1451.2 A Smart Transducer Interface for Sensors and Actuators-Transducer to Microprocessor Communication Protocols and Transducer Electronic Data Sheet ( TEDS ) Formats. IEEE Standards Department. http:// 129.6.36.211/home/p1451/ieee. html,1997

Jamal R, Wenzel L. 1995. The applicability of the visual programming language LabVIEW to large real-world applications. 11th IEEE International Symposium on Visual Languages, Darmstadt, Germany, 99 ~ 106

Kimura T D, Choi J W, Mack J M . 1986. A visual language for keyboardless programming. Tech. Rep. WUCS-86-6 Science, Washington Univ. , St. Louis, MO, Dept. of Computer

Kimura T D, Choi Y Y, MackJ M. 1993. Show and Tel: A visual programming language. Proceedings of 1993 IEEE Workshop on Visual Languages, 397 ~ 404

Kimura T D. 1992. Hyperflow: a visual programming language for pen computers. IEEE Workshop on VisualLanguages, Seatle, WA, USA:125 ~ 132

Kimura T D. 1995. Object-oriented dataflow. IEEE International Symposium on Visual Languages, 180 ~ 186

Klinger M. 1999. Reusable test executive and test programs methodology and implementation comparison between HP

VEE and LabVIEW. IEEE Systems Readiness Technology Conference, SanAntonio, TX, USA, 305 ~ 312

Konstantinos K, Johm R R. 1994. The Khoros software development environment for image and signal processing. IEEE Transactions on Image Processing, 3(3): 243 ~ 252

Luo Haibin, Fan Yushun, Wu Cheng. 2000. Enterprise user oriented workflow model. Computer Intergrated manufacturing Systems CIMS 63, 1006 ~ 5911, 6:55 ~ 59

Matsumara Kazuo, Suichi Tayama. 1986. Visual man-machine interface for program design and production. IEEE Workshop on Visual Languages, 71 ~ 80

Miroslav Sveda, Radimir Vrba. 2003. Integrated smart sensor networking framework for sensor-based appliances. IEEE Sensor Journal, 3(5):579 ~ 586

Myers B A. 1983. Incense: a system for displaying data structures. ACM Computer Graphics, 17(3), 115 ~ 125

Myers B A. 1990. Taxonomies of visual programming and program visualization. Journal of Visual Languages and Computing, 1(1): 97 ~ 123

Najork M. 1965. Visual programming in 3-d. Dr. Dobb's Journal, 20(12):18 ~ 31

NI. 2004. LabVIEW7.1 技术白皮书. NI

Olson A M. 1991. Icon systems for object-oriented System Design. JVLC, 2:52 ~ 74

Olson T J, Klop N G, Hyet M R et al. 1992. MAVIS: a visual environment for active computer vision. IEEE Workshop on Visual Languages, 170 ~ 176

OMG, The Common Object Request Broker Architecture and Specification (Version 3.0 July 2002)

OMG, Unified Modeling Language Specification (Version 1.4 September 2001)

Pratt Terence W. 1973. Formal specification of software using H-graph semantics. in Elung, H., M. Nagl, and G. Rozenberg(eds), Lecture Notesin Computer Science#153: Graph Grammars and Their Application to Computer Science, Berlin: Springer-Verlag, 314 ~ 332

Pratt Terence, Daniel P Friedman. 1971. A language extension for graph processing and its formal semantics. Communications of the ACM, 14(7):460 ~ 467

Rasure J, Young M. 1992. Data flow virtual language. IEEE Potentials, 11(2):30 ~ 33

Richard W Wall, Ekpruke A. Developing an IEEE 1451.2 Compliant Sensor for Real-time Distributed Measurement and Control in an Autonomous Log Skidder. Proceedings of The 29th Annual Conference of the IEEE Industrial Electronics Society Paper, 1 ~ 6

Ronell, Marc. 2004. A C + + pooled, shared memory allocator for simulator development. Proceedings of the IEEE Annual Simulation Symposium, ANSS-37:187 ~ 195

Shu N C. 1985. Visual programming languages: A perspective and dimensional analysis. International Symposium on New Directions in Computing, August 12 ~ 14, Trondheim, Norway, 326 ~ 334

Shu Nan C. 1986. Visual programming languages: a perspective and a dimensional analysis. In S. K. Changand P. A. Ligomenides, editors, Visual Languages, 11 ~ 34

Shu Nan C. 1988. Visual Programming, New York: Van Nostrand Reinhold

Slama D, Garbis J, Russell P. 2001. CORBA 企业解决方案. 北京:机械工业出版社

Smith D C. 1975. Pygmalion: A Creative Programming Enviroment. Ph.D dissertation, Stanford University

Stanley B Lippman, 侯捷. 2001. 深度探索 C + + 对象模型. 武汉:华中科技大学出版社

Susan M, Dinesh T B. 1994. Generating Visual Editors for Formally Specified Languages. IEEE Workshop on Visual Languages

Sutherland I B. 1963. Sketchpad a man-machine graphical communication system. Proceeding of the Spring Joint

Computer Conference, 329 ~ 346

Sutherland W R. On line graphical specificaion of computer procedures. Ph. D. Thesis, MIT

Usher, Michele M, David Jackson. 1998. A Concurrent Visual Language Based on Petri Nets. In To appear in 1998 IEEE Symposium on Visual Languages, Halifax, Nova Scotia, Canada

Vose G M, Wiliams G. 1986. LabVIEW: Laboratory Virtual Instrument Engineering Workbench. Byte, McGraw-Hil (1986), 11(9):84 ~ 92

Whiting P G, Pascoe R S V. 1994. A history of data-flow languages. IEEE Annals of the History of Computing, 16(4):38 ~ 59

Wiliams C, Rasure J, Hansen C. 1992. The state of the art of visual languages for visualization. IEEE Conference on Visualization, Boston,MA, USA, 202 ~ 209

Xiao Li, Chen Songqing, Zhang Xiaodong. 2004. Adaptive memory allocations in clusters to handle unexpectedly large data-intensive jobs. IEEE Transactions on Parallel and Distributed Systems, 15:577 ~ 592

Ye Yun, Lin Jun. 2001. Design USB device with MC68HC908JB8 and its usage in analytic instrument. Proceedings of the 2001 International Conference on Embedded Systems, Beijing, 498 ~ 500

Zhou H, Wang L. 2001. Virtual instrument system software architecture description language. Journal of Chinese Zhejiang University(SCIENCE),2(4):411 ~ 415

Zhuge Hai. 2002. A process matching approach for flexible workflow process reuse. Information and Software Technology, Elsevier Science B V, 0950 ~ 5849, 44:445 ~ 450

# 附录　虚拟实验教学平台介绍

## 1. 平台结构及原理

将虚拟仪器技术引入实验室,构建集信号发生、数据采集、分析处理于一体的实验系统,实现仪器功能的自定义,不仅可以实现一套系统替代多种仪器设备的目的,而且可以实现传统实验教学设备无法实现的功能,提高实验教学的效率与质量。吉林大学虚拟仪器实验室成功开发了一套面向实验教学领域的虚拟实验教学平台。软件平台采用自主研发的图形化开发平台 LabScene,该平台提供了丰富的图形化控件和信号处理软件包。基于该平台,用户可以快捷地完成实验课程内容。硬件平台采用"一个控制器 + 多个功能模块"的结构,通过 USB2.0 接口或网络接口实现与计算机的通信。USB2.0 接口采用 CY7C68013 – 128,实现 I/O 和 DMA 两种传输方式;网络接口基于 RTL8019,实现 10Mb/s 的数据传输率。系统控制器是 LabScene 与模块化仪器之间的通信桥梁,是模块化仪器的管理者;模块化仪器提供了包括信号发生、数据采集、元器件参数测量等一系列功能,通过标准总线集成于 3U 机箱中。该系统优越的触发与同步功能可以使用户重组构建不同功能的测试仪器。此外,由于该系统采用自定义的总线,因此具有很高的性价比,特别适用于实验教学。见附图 1。

## 2. 平台特点

(1) 基于虚拟仪器技术,具有灵活的可升级性、可重组性。

(2) 一套实验系统替代多个实验室,降低实验教学的资金投入,提高性价比。

(3) 实现传统实验设备所无法完成的实验,填补传统实验设备的空白。

(4) 使实验摆脱仿真阶段,跨入实验教学和工程实际相结合阶段。

(5) 标准图形化的实验平台、高效的编程软件、丰富的信号处理数据包、工程化的开发环境,提供了对实验教学的最佳支持。

(6) 提供完善的高等学校理工科信息类实验教学解决方案。

(7) 虚拟实验教学平台不仅可以作为实验教学设备,而且可以替代示波器、信号源、万用表和电源,作为通用电子测量仪器。虚拟仪器实验教学平台总体结构见附图 2。

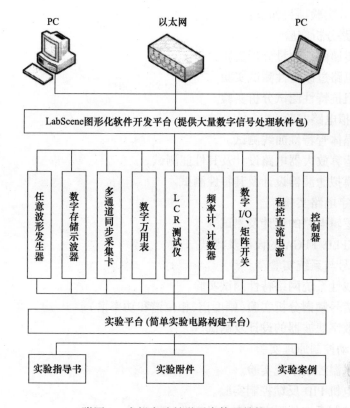

附图1　虚拟实验教学平台体系结构

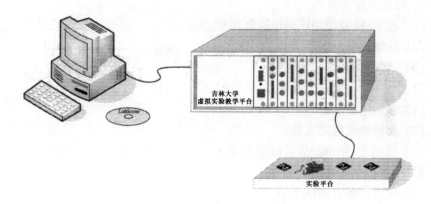

附图2　虚拟仪器实验教学平台总体结构

## 3. 实验教学项目

通过虚拟实验教学平台,用户只需搭建必要的实验电路就可以完成不同课程

的实验,部分实验项目如下:

1) 电路分析实验

(1) 传递函数测量分析实验。

(2) 电路过渡特性测试实验。

(3) 阻抗特性测试分析实验。

2) 模拟电路实验

(1) 晶体管特性曲线测试。

(2) 运算放大器电路设计及其性能测试。

(3) 模拟滤波器设计及其特性测试。

3) 数字电路实验

(1) 逻辑电路的设计及测试。

(2) CPLD/FPGA 的设计及测试。

4) 信号与系统实验

(1) 线性系统网络特性测试实验。

(2) 信号频谱分析实验(幅度谱、相位谱和功率谱)。

(3) 数字滤波器的设计及测试。

5) 自动控制原理实验

(1) 水温控制系统实验。

(2) 电机 PID 反馈控制实验。

(3) 控制系统的瞬态响应及稳定性分析实验。

6) 通信原理实验

(1) 数字/模拟锁相环同步提取实验。

(2) 伪随机码发生器实验。

(3) 调制解调实验。

7) 检测技术、智能仪器实验

(1) 基本电路实验。

(2) 相敏检波电路实验。

(3) 自相关、互相关信号提取实验。

8) 传感器原理实验

(1) 压力传感器测试实验。

(2) 位移传感器测试实验。

(3) 霍尔效应传感器测试实验。

9) 虚拟仪器实验

(1) 虚拟任意波形发生器实验。

(2) 基于 IEEE 1451 网络化智能传感器远程温度监控实验。

（3）远程数据采集实验。

## 4. 模块化仪器技术指标(见附表1)

**附表1**

| 模块化仪器 | 主要功能及指标 |
| --- | --- |
| 任意波形发生器 | 更新速率:80MSPS<br>分辨率:12bit<br>波形种类:函数波形、任意波形<br>扫频波:0.1Hz~20MHz 扫频<br>输出频率:20MHz 正弦波,1MHz 方波<br>频率分辨率:0.02Hz<br>相位分辨率:0.01°<br>触发与同步:支持 |
| 数字存储示波器 | 输入通道:2<br>分辨率:8bit<br>实时采样率:最高 80MSPS<br>等效采样率:400MSPS<br>触发方式:外部、内部、程序<br>触发类型:边沿触发、电平触发<br>输入范围:±10mV~±50V<br>触发与同步:支持 |
| 多通道同步采集卡 | 输入通道:6<br>分辨率:16bit<br>最高采样率:250KSPS<br>板载内存:4MB<br>触发方式:外部、内部、程序<br>触发类型:边沿触发、电平触发<br>采样方式:单次、连续<br>触发与同步:支持 |
| 数字万用表 | 基本量程<br>电阻:0.5Ω~10MΩ<br>电压:0~±100V<br>电流:0~1A<br>测量精度:读数的±1% |
| LCR 测试仪 | 基本量程<br>R:1Ω~10MΩ<br>C:20pF~2000μF<br>L:10μH~1000H<br>激励频率:50Hz~100kHz<br>测量精度:读数的±0.2% |

续表

| 模块化仪器 | 主要功能及指标 |
|---|---|
| 频率计/<br>计数器/定时器 | 测频范围:0.1Hz～40MHz<br>定时范围:0.1μs～100s<br>计数器位数:40<br>参考时钟:100MHz<br>测频精度:0.001% |
| 数字 I/O | I/O 通道:16<br>最高频率:20MHz<br>板载内存:64KB,每通道 32Kb<br>触发方式:外触发、数字触发、条件触发<br>同步与触发:支持 |
| 程控直流电源 | 输出通道:4<br>电压范围:0～±10V<br>电压分辨率:5mV |

## 5. LabScene 图形化开发平台

(1) 快速准确的测量。

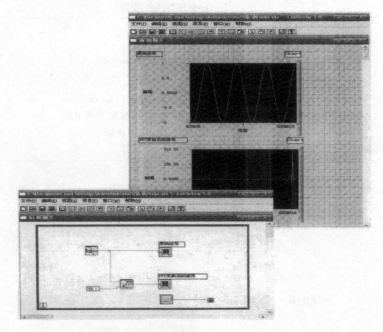

附图 3

（2）高效的工作效率。

LabScene 开发平台是国内领先的图形化应用开发环境，专为需要建立灵活的可扩展式测量与控制应用系统而设计，以满足用最小成本快速开发系统的需求。

利用 LabScene 直观的图形化开发特征，用户可以将精力集中在如何解决测量和控制任务本身，而不是如何解决编程困难上。

（3）LabScene 为用户提供：

- 完成测试、测量和控制的直观性图形化开发环境
- 全功能编程语言
- 针对数据采集、仪器控制、测量分析、通讯等应用的各种内置工具
- 内带 USB、PCI 等多种 PC 总线的驱动程序，可让用户与多种仪器进行通讯
- 各种应用模板，上千个范例程序
- 配套的教材和实验材料

（4）LabScene 信号处理工具（见附表 2）。

**附表 2**

| 测量分析 | 信号处理 | 信号生成 | 数值运算 |
| --- | --- | --- | --- |
| 幅度 | 频域 | 函数信号和波形 | 基本数值函数 |
| 频域（频谱） | 时域 | 脉冲 | 曲线拟合和数据建模 |
| 噪声 | 变换 | 伪随机信号 | 最优化 |
| 相位噪声 | 联合时频分析 | 任意波形 | 统计和随机处理 |
| 瞬态信号分析 | 小波 | 调制信号 | 插值 |